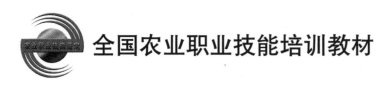

全国农业职业技能培训教材

插秧机操作工

（初级 中级 高级）

农业部农机行业职业技能培训教材编审委员会 编

中国农业科学技术出版社

图书在版编目（CIP）数据

插秧机操作工／农业部农机行业职业技能培训教材编审委员会编 . —北京：
中国农业科学技术出版社，2013.5
ISBN 978 - 7 - 5116 - 1262 - 5

Ⅰ. ①插⋯　Ⅱ. ①农⋯　Ⅲ. ①水稻插秧机 - 技术培训 - 教材　Ⅳ. ①S223.91

中国版本图书馆 CIP 数据核字（2013）第 068454 号

责任编辑　徐　毅　姚　欢
责任校对　贾晓红

出 版 者　中国农业科学技术出版社
　　　　　北京市中关村南大街 12 号　邮编：100081
电　　话　（010）82106636（编辑室）（010）82109704（发行部）
　　　　　（010）82109703（读者服务部）
传　　真　（010）82106636
网　　址　http：//www.castp.cn
经 销 者　各地新华书店
印 刷 者　北京富泰印刷责任有限公司
开　　本　787 mm×1 092 mm　1/16
印　　张　14.5
字　　数　330 千字
版　　次　2013 年 5 月第 1 版　2013 年 5 月第 1 次印刷
定　　价　36.00 元

前　言

自党的十六大至今，国家制定实施了促进农业机械化发展的一系列法律法规和农机购置补贴等支农惠农强农政策，极大地调动了广大农民购买农业机械的积极性，推动了我国农业机械化的快速发展。插秧机的拥有量快速增长，至 2012 年年底，全国插秧机的保有量已经达到 51.3 万台/219.85 万千瓦，其中乘坐式插秧机 19.41 万台/114.55 千瓦，机插秧面积为 8 919.12 千公顷。插秧机操作人员的队伍在急剧扩大，对其职业素质也提出了更高的要求。因此，为推动插秧机操作工职业技能培训和鉴定工作的开展，在插秧机操作工职业队伍中推行国家职业资格证书制度，农业部农机行业职业技能培训教材编审委员会组织有关专家，编写了《全国农业职业技能培训教材——插秧机操作工》。

本教材以《农业行业标准——插秧机操作工》（以下简称《标准》）为依据，力求体现"以职业活动为导向，以职业能力为核心"的指导思想，突出职业培训特色，本着"用什么，考什么，编什么"的原则，内容严格限定在《标准》范围内，突出技能考核要求。在编写结构上，按照插秧机操作工的基础知识及初级工、中级工、高级工三个等级职业的相关知识和操作技能分块编写，教材的基础知识部分涵盖了《标准》的"基本要求"内容；各级别部分的章和节内容分别对应于《标准》的"职业功能"和"工作内容"要求，且各节中阐述的内容全面涵盖了《标准》中的"相关知识"和"技能要求"。教材在考虑到现有插秧机操作工文化水平的限制和本职业的技能性特征明显，在文字阐述上力求言简意赅、图文并茂。教材在知识内容的编排上，既保证了知识的连贯性，又着重于掌握操作技能所直接需要的相关知识，力求精炼浓缩，突出实用性、典型性、针对性。

本书在编写过程中得到了江苏省农业机械技术推广站、苏州市农业机械技术推广站、建湖县农机化技术推广服务站、洋马农机（中国）有限公司和江苏东洋机械有限公司等单位的大力支持，在此一并表示衷心的感谢。

由于编写时间仓促，不足之处在所难免，欢迎广大读者提出宝贵的意见和建议。

农业部农机行业职业技能培训教材编审委员会

二〇一二年十二月

目　　录

第一部分　职业道德与基础知识

第二部分　插秧机操作工初级技能

第三部分 插秧机操作工中级技能

第四部分　插秧机操作工高级技能

第一部分　职业道德与基础知识

第一章　插秧机操作工职业道德

第一节　职业道德基本知识

一、道德

道德是一种社会意识，是人们行为规范和准则的总和，是调整人与人之间、个人与社会之间关系的准则。它的特点是依靠和凭借传统习惯、内心信念、思想教育、社会舆论来制约人们的思想、行为，是评价人们思想行为、是非、善恶、荣辱的标准。评价道德的标准是道德规范和道德准则。党的十七大报告指出："大力弘扬爱国主义、集体主义、社会主义思想，以增强诚信意识为重点，加强社会主义公德、职业道德、家庭美德、个人品德建设，发挥道德模范榜样作用，引导人们自觉履行法定义务、社会责任、家庭责任。"社会主义道德建设要坚持以集体主义为原则。社会主义道德建设以爱祖国、爱人民、爱劳动、爱科学、爱社会主义为基本要求。

二、职业道德

职业道德是指从事一定职业活动的人，在其职业活动整个过程中应遵守的行为规范和准则的总和。职业道德具有职业性、普遍性、鲜明的行业性和形式多样性、强烈的纪律性、较强的稳定性和历史继承性以及很强的实践性的特点。职业道德包括职业道德意识、职业道德守则、职业道德行为规范、职业道德培养以及职业道德品质等内容。职业道德基本规范包括：爱岗敬业，忠于职守；诚实守信，办事公道；服务群众，奉献社会；遵纪守法，廉洁奉公。社会主义职业道德的核心是为人民服务。

遵守职业道德，规范职业活动和行为，有利于推动社会主义物质文明和精神文明建设，有利于行业、企业的建设和发展，有利于个人品质的提高和事业的发展。

插秧机操作工的职业道德是调整插秧机操作工在职业活动中与他人、社会的行为规范的总和。这种行业行为规范是用善恶标准来评价的。其依靠社会舆论、信念和传统习惯来维持，它是插秧机操作工与雇主、同事及领导等一系列关系的总和。插秧机操作工的职业道德从属于社会公德，并受社会公德制约。

三、职业素质

职业素质是劳动者对社会职业了解与适应能力的一种综合体现，其主要表现在职业兴趣、职业能力、职业个性及职业情况等方面。影响和制约职业素质的因素很多，主要包括：受教育程度、实践经验、社会环境、工作经历以及自身的一些基本情况（如身体状况等）。职业素质包括思想政治素质、科学文化素质、身心素质、专业知识与专业技能素质4个方面，其中，思想政治素质是灵魂，专业知识与专业技能素质是核心内容。

第二节　插秧机操作工职业守则

一、插秧机操作工作业特点

插秧机操作工是水稻机械化栽插作业的主要人员，插秧机栽插作业具有快速、机动、分散等特点。

1. 流动分散性

插秧机机械化栽插的特点是点多、面广和流动分散作业。

2. 独立操作，联系广泛

由于插秧田块分散，插秧机操作工通常是一个人独立工作，要独立处理栽插过程中遇到苗情、田块、机器和气候等问题。

3. 意外因素突发性

插秧时苗情、田块情况多变，时常有意外、故障发生，需要插秧机操作工及时解决。

二、插秧机操作工职业守则

插秧机操作工在职业活动中，不仅要遵守社会道德的一般要求，而且要遵守插秧机操作工职业道德的行为准则，即职业守则，其基本内容包括遵章守法、安全生产，爱岗敬业、忠于职守，钻研技术、规范操作，诚实守信、优质服务。

1. 遵章守法，安全生产

插秧机操作工在进行机插秧作业以及插秧机转场时应遵守《中国人民共和国道路交通安全法》和《农业机械安全监督管理条例》等；不带病驾驶机器，不醉酒驾驶机器，不让未经培训的人驾驶机器；每天作业前应检查机器状态，不要让机器带着故障作业；机器作业出现故障时应首先熄火、切断动力后再进行检查，排除故障，防止因操作失误引发的人身伤害事故；在上下田埂时，应遵守操作规范，先观察情况，操作机器低速过埂，不要高速过埂，以免引发事故。

2. 爱岗敬业，忠于职守

以恭敬严肃的态度对待自己的职业，一丝不苟，尽心尽力。插秧机操作工在开始作业前应先观察苗情和田块情况，选用合格秧苗，制定合理的作业路线；根据各地实际情况，选取适宜的株距和取秧量，保证基本苗达到农艺要求。

3. 钻研技术，规范操作

要求插秧机操作工在重视科学文化知识学习的同时还要不断提高操作技能，掌握过硬的操作本领。了解插秧机构造原理，学习插秧机各部件的结构和重要尺寸，学习插秧机常见故障的现象和排除方法，了解当插秧质量不佳时机器的调整方法，做到干一行、爱一行、精一行。

4. 诚实守信，优质服务

诚实守信是做人的根本，也是树立作业信誉，建立稳定服务关系和长期合作的基础。插秧机操作工在作业服务过程中，要以诚待人，讲求信誉，同时要有较强的竞争意识和价值观念，主动适应市场，要在作业效率和服务质量上争先创优，靠优质服务占有市场。插秧机操作工应了解机插秧育秧和大田管理的要求，适时向用户说明或提示；当秧苗和大田达不到栽插要求时，应向用户说明；在保证栽插质量的前提下，研究提高作业效率的途径，提高作业收益；条件成熟的可以扩展服务种类，可提供育秧、植保、耕整、收获等多种作业服务。

第二章 机械常识

第一节 机械基础知识

一、常用法定计量单位及换算关系

1. 法定长度计量单位

基本长度单位是米（m），机械工程图上标注的法定单位是毫米（mm）。

1m = 1 000mm；1 英寸 = 25.4mm。

2. 法定压力计量单位

法定压力计量单位是帕（帕斯卡），符号为 Pa。

$1kgf/cm^2 = 9.8 \times 10^4 Pa = 98kPa = 0.098MPa$。

3. 法定功率计量单位

法定功率计量单位是千瓦，符号为 kW。1 马力 ≈ 0.736kW。

4. 力、重力的法定计量单位

力、重力的法定计量单位是牛顿，符号为 N。1kgf = 9.8N。

5. 面积的法定计量单位

面积的法定计量单位是平方米、公顷，符号分别为 m^2、hm^2。

$1hm^2 = 10\ 000m^2 = 15$ 亩。1 亩 ≈ $666.7m^2$（全书同）。

二、金属与非金属材料

1. 常用金属材料

常用金属材料分为钢铁金属和非铁金属材料（即有色金属材料）两大类。钢铁材料主要有碳素钢（含碳量小于 2.11% 的铁碳合金）、合金钢（在碳钢的基础上加入一些合金元素）和铸铁（含碳量大于 2.11% 的铁碳合金）。非铁金属材料则包括除钢铁以外的所有金属及其合金，如铜及铜合金、铝及铝合金等。常用金属材料的种类、性能、牌号和用途见表 2-1。

2. 常用非金属材料

农业机械中常用的非金属材料主要是有机非金属材料，如合成塑料、橡胶等。常用非金属材料的种类、性能及用途见表 2-2。

表 2 - 1 常用金属材料的种类、性能、牌号和用途

名 称			特点	主要性能	牌号举例	用途
碳素钢	普通碳素结构钢		含碳量小于0.38%	韧性、塑性好，易成型、易焊接，但强度、硬度低	Q195、Q215、Q235、Q275	不需热处理的焊接和螺栓连接构件等
	优质碳素结构钢	低碳钢	含碳量小于0.25%		08、10、20	需变形或强度要求不高的工件，如油底壳等
		中碳钢	含碳量0.25%~0.60%	强度、硬度较高，塑性、韧性稍低	35、45	经热处理后有较好综合机械性能，用于制造连杆、连杆螺栓等
		高碳钢	含碳量大于0.60%，小于0.85%	硬度高，脆性大	65	经热处理后制造弹簧和耐磨件
	碳素工具钢		含碳量大于0.70%，小于1.3%	硬度高，耐磨性好，脆性大	T10、T12	制作手动工具和低速切削工具及简单模具等
合金钢	低合金结构钢		在碳素结构钢或工具钢的基础上加入某些合金元素，使其有满足特殊需要的性能	较高的强度和屈强比，良好的塑性、韧性和焊接性	Q295、Q345、Q390、Q460	桥梁、机架等
	合金结构钢			有较高强度，适当的韧性	20CrMnTi	齿轮、齿轮轴、活塞销等
	合金工具钢			淬透性好，耐磨性高	9SiCr	切削刃具、模具、量具等
	特殊性能钢			具有如不锈、耐磨、耐热等特殊性能	不锈2Cr13，耐磨ZGMn13	如耐磨钢用于车辆履带、收割机刀片、弓齿等
铸铁	灰铸铁		铸铁中碳以片状石墨状态存在，断口为灰色	易铸造和切削，但脆性大、塑性差、焊接性能差	HT-200	气缸体、气缸盖、飞轮
	白口铸铁（冷硬铸铁）		铸铁中碳以化合物状态存在，断口为白色	硬度高而性脆，不能切削加工		不需加工的铸件，如犁铧
	球墨铸铁		铸铁中碳以圆球状石墨状态存在	强度高，韧性、耐磨性较好	QT600-3	可代替钢用于制造曲轴、凸轮轴等
	蠕墨铸铁		铸铁中碳以蠕虫状石墨状态存在	性能介于灰铸铁和球墨铸铁之间	RuT340	大功率柴油机气缸盖等
	可锻铸铁		铸铁中碳以团絮状石墨状态存在	强度、韧性比灰铸铁好	KTH350-10	后桥壳，轮毂
	合金铸铁		加入合金元素的铸铁	耐磨、耐热性能好		活塞环、缸套、气门座圈
铜合金	黄铜		铜与锌的合金	强度比纯铜高，塑性、耐腐蚀性好	H68	散热器、油管、铆钉
	青铜		铜与锡的合金	强度、韧性比黄铜差，但耐磨性、铸造性好	ZCuSn10Pb1	轴瓦、轴套
铝合金			加入合金元素	铸造性、强度、耐磨性好	ZL108	活塞、气缸体、气缸盖

表 2-2　常用非金属材料的种类、性能及用途

名　称	主　要　性　能	用　途
工程塑料	除具有塑料的通性之外，还有相当的强度和刚性，耐高温及低温性能较通用塑料好	仪表外壳、手柄、方向盘等
橡胶	弹性高、绝缘性和耐磨性好，但耐热性低，低温时发脆	轮胎、皮带、阀垫、软管等
玻璃	由氧化硅和另一些氧化物熔化制成的透明固体。优点是导热系数小、耐腐蚀性强；缺点是强度低、热稳定性差	驾驶室挡风玻璃等
石棉	抗热和绝缘性能优良，耐酸碱、不腐烂、不燃烧	密封、隔热、保温、绝缘和制动材料，如制动带等

（1）塑料　塑料属高分子材料，是以合成树脂为主要成分并加入适量的填料、增塑剂和添加剂，经一定温度、压力塑制成型的。塑料分类方法很多，一般分为热塑性塑料和热固性塑料两大类。热塑性塑料是指可反复多次在一定温度范围内软化并熔融流动，冷却后成型固化，如 PVC 等，共占塑料总量的 95% 以上。热固性塑料是指树脂在加热成型固化后遇热不再熔融变化，也不溶于有机溶剂，如酚醛塑料、脲醛塑料、环氧树脂、不饱和聚酯等。

塑料主要特性：①大多数塑料质轻，化学性稳定，不会锈蚀；②耐冲击性好；③具有较好的透明性和耐磨耗性；④绝缘性好，导热性低；⑤一般成型性、着色性好，加工成本低；⑥大部分塑料耐热性差，热膨胀率大，易燃烧；⑦尺寸稳定性差，容易变形；⑧多数塑料耐低温性差，低温下变脆；⑨容易老化；⑩某些塑料易溶于有机溶剂。

（2）橡胶　橡胶是一种高分子材料，有良好的耐磨性、良好的隔音性、良好的阻尼特性，有高的弹性，有优良的伸缩性和可贵的积储能量的能力，是常用的密封材料、弹性材料、减震抗震材料和传动材料，耐热老化性较差，易燃烧。

（3）玻璃　玻璃是由氧化硅和另一些氧化物熔化制成的透明固体。玻璃耐腐蚀性强，磨光玻璃经加热与淬火后可制成钢化玻璃，玻璃的主要缺点有强度低、热稳定性差。

第二节　常用油料牌号规格及适用范围

农业机械常用的油料主要有普通轻柴油、汽油、润滑油、齿轮油、液压油与润滑脂等，柴油按其质量分为优级品、一级品和合格品 3 个等级，每个等级又按凝点分为 10、0、-10、-20、-35、-50 号 6 个牌号。机油分为柴油机用机油和汽油机用机油两类，每类分为单级油和多级油，多级油是为了满足冬季和夏季通用的要求，10W/30 号柴油机机油是为了满足冬季和夏季的多级润滑油。W 代表冬季用油，W 前面的数字越小，说明低温黏度越低。常用油料的名称、牌号、规格与适用范围见表2-3。

表 2 - 3　常用油料的牌号、规格与选用方法

名　称		牌号和规格		适用范围
柴油	重柴油			转速 1 000r/min 以下的中低速柴油机
	轻柴油	10、0、- 10、- 20、- 35 和 - 50 号（凝点牌号）		选用凝点应低于当地气温 3 ~ 5℃
汽油		66、70、85、90、93 和 97 号（辛烷值牌号）		压缩比高选用牌号高的汽油，反之选用牌号低的汽油
内燃机油	柴油机机油	CC、CD、CD-Ⅱ、CE、CF-4 等（品质牌号）	0W、5W、10W、15W、20W、25W（冬用黏度牌号），"W" 表示冬用；20、30、40 和 50 级（夏用黏度牌号）；多级油，如 10W/20（冬夏通用）	品质选用应遵照产品使用说明书中的要求选用，还可结合使用条件来选择。黏度等级的选择主要考虑环境温度。
	汽油机机油	SC、SD、SE、SF、SG 和 SH 等（品质牌号）		
齿轮油	普通车辆齿轮油（CLC）	70W、75W、80W、85W（黏度牌号）		按产品使用说明书的规定进行选用，也可以按工作条件选用品种和气温选择牌号
	中负荷车辆齿轮油（CLD）	90、140 和 250（黏度牌号）		
	重负荷车辆齿轮油（CLE）	多级油，如 80W/90、85W/90		
液压油	普通液压油（HL）	HL32、HL46、HL68（黏度牌号）		中低压液压系统（压力为 2.5 ~ 8MPa）
	抗磨液压油（HM）	HM32、HM46、HM100、HM150（黏度牌号）		压力较高（>10MPa）使用条件要求较严格的液压系统，如挖掘机、工程机械
	低温液压油（HV 和 HS）			适用于严寒地区
润滑脂（俗称黄油）	钙基、复合钙基	000、00、0、1、2、3、4、5、6（锥入度）		抗水，不耐热和低温，多用于农机具
	钠基			耐温可达 120℃，不耐水，适用于工作温度较高而不与水接触的润滑部位
	钙钠基			性能介于上述两者之间
	锂基			锂基抗水性好，耐热和耐寒性都较好，它可以取代其他基质，用于挖掘机、收割机

第三节　常用标准件种类、规格和用途

一、滚动轴承

1. 滚动轴承的类型

滚动轴承主要作用是支承轴或绕轴旋转的零件。其类型按分类方法有以下 5 种。

（1）按承受负荷的方向分　①向心轴承，主要承受径向负荷；②推力轴承，仅承受轴向负荷；③向心推力轴承，同时能承受径向和轴向负荷。

（2）按滚动体的形状分　有球轴承（滚动体为钢球）和滚子轴承（滚动体为滚子），滚子又有短圆柱、长圆柱、圆锥、滚针、球面滚子等多种。

（3）按滚动体的列数分　有单列、双列、多列轴承等种类。

（4）按轴承能否调整中心分　有自动调整轴承和非自动调整轴承两种。

（5）按轴承直径大小分　有微型（外径 26mm 或内径 9mm 以内）、小型（外径 28～55mm）、中型（外径 60～190mm）、大型（外径 200～430mm）和特大型（外径 440mm 以上）。

2. 滚动轴承规格代号的含义

国家标准 GB/T272-93《滚动轴承代号方法》规定，滚动轴承的规格代号由 3 组符号及数字组成，其排列如下：

$$\boxed{前置代号} \quad \boxed{基本代号} \quad \boxed{后置代号}$$

（1）基本代号　它表示轴承的基本类型、结构和尺寸，是轴承代号的基础。基本代号由 3 组代号组成，其排列如下：

$$\boxed{轴承类型代号} \quad \boxed{尺寸系列代号} \quad \boxed{内径代号}$$

轴承类型代号由数字或字母表示；尺寸系列代号由轴承宽（高）度系列代号和直径系列代号组成，用两位阿拉伯数字表示。上述两项代号内容和具体含义可查阅标准。内径代号表示轴承的公称内径，用两位阿拉伯数字表示，表示方法见表 2-4。

表 2-4　轴承内径的表示方法

轴承内径（mm）	表 示 方 法
9 以下	用内径实际尺寸直接表示
10	00
12	01
15	02
17	03
20～480（22、28、32 除外）	以内径尺寸除 5 所得商表示
500 以上及 22、28、32	用内径实际尺寸直接表示，并在数字前加一个"/"符号

轴承基本代号举例：

示例　205 滚动轴承的内径为 25mm。

（2）前置代号　它表示成套轴承部件的代号，用字母表示。代号的含义可查阅新标准，例如：代号 GS 为推力圆柱滚子轴承座圈。

（3）后置代号　用字母和数字表示，它是轴承在结构形状、尺寸、公差、技术要求有改变时，在其基本代号后面添加的代号。如添加后置代号 NR 时，表示该轴承外圈有止动槽，并带止动环。

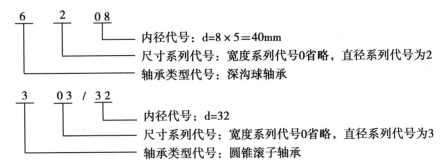

3. 滚动轴承的用途

（1）球轴承　一般用于转速较高、载荷较小、要求旋转精度较高的地方。

（2）滚子轴承　一般用于转速较低、载荷较大或有冲击、振动的工作部位。

二、橡胶油封

橡胶油封在农业机械上用得很多，主要作用是防止油或水的渗漏。按其结构不同分为骨架式和无骨架式两种，两者区别在于骨架式油封在密封圈内埋有一薄铁环制成的骨架。骨架式油封可分为普通型（只有一个密封唇口）、双口型（有两个密封唇口）和无弹簧型3种，还按适用速度范围分为低速油封和高速油封两种。油封的规格由首段、中段和末段3段组成。首段为油封类型，用汉语拼音字母表示，P表示普通，S表示双口，W表示无弹簧，D表示低速，G表示高速。中段以油封的内径d、外径D、高度H这3个尺寸来表示油封规格，中间用"×"分开，表示方法为d×D×H，单位为mm。末段为胶种代号。例如：PD20×40×10，为内径20mm、外径40mm、高10mm的低速普通型油封。

三、键

键的主要作用是连接、定位和传递动力。键的种类有平键、半圆键、楔键和花键。前3种有标准件供应，花键也有国家标准。

1. 平键

按工作状况分普通平键和导向平键两种，形状有圆头、方头和单圆头3种，其中以两头为圆的A型使用最广。平键的特点是靠侧面传递扭矩，制造简单、工作可靠，拆装方便，有较好的对中性，广泛应用于高精度、高速或承受变载、冲击的场合。

2. 半圆键

其特点是靠侧面传递扭矩，键在轴槽中能绕槽底圆弧中心略有摆动，装配方便，但键槽较深，对轴强度削弱较大，一般用于轻载，适用于轴的锥形端部。

3. 楔键

其特点是靠上、下面传递扭矩，安装时需打入，能轴向固定零件和传递单向轴向力，但对中性稍差，一般用于对中性能要求不严且承受单向轴向力的连接，或用于结构简单、紧凑、有冲击载荷的连接处。

4. 花键

有矩形花键和渐开线花键两种。通常被加工成花键轴，广泛应用于一般机械的传动装置上。

四、螺纹连接件

1. 螺纹连接件的基本类型及适用场合

螺纹连接件的主要作用是连接、防松、定位和传递动力。常用的螺纹连接基本类型有4种：①螺栓。这种连接件需用螺母、垫片配合，它结构简单，拆装方便，应用最广。②双头螺柱。它一般用于被连接件之一的厚度很大，不便钻成通孔，且有一端需经常拆装的场合，如缸盖螺柱。③螺钉。这种连接件不必使用螺母，用途与双头螺柱相似，但不宜经常拆装，以免加速螺纹孔损坏。④紧固螺钉。用以传递力或力矩的连接。

2. 螺纹连接件的防松方法

常用有6种防松方法：①弹簧垫圈。由于它使用简单，采用最广。②齿形紧固垫圈。用于需要特别牢固的连接。③开口销及六角槽形螺母。④止动垫圈及锁片。⑤防松钢丝。适用于彼此位置靠近的成组螺纹连接。⑥双螺母。

第三章　电工常识

第一节　直流电路与电磁基本知识

人们常用的电源有直流电和交流电两种。电流方向不随时间改变的叫直流电，如蓄电池等；电流方向和大小随时间作周期性变化的叫交流电，如日光灯等家用电器。交流电有单相电和三相电两种。

一、电路的组成及基本状态

电路是指电流流过的路径。基本电路是由电源、负载、导线和开关4个部分组成。电路有通路（又称闭路，电路处处连通并有电流通过）、开路（又称断路，电路某处断开，电路中无电流通过）和短路（电路中的负载被短接，此时的电流比正常工作电流大很多倍）3种状态。用国家标准规定的各种元器件符号绘制成的电路连接图，称为电路图。

二、电路的基本物理量

1. 电流

导体中电荷的定向流动形成电流。电流不但有方向，而且有强弱，通常用电流强度表示电流的强弱。单位时间内通过导体横截面的电量叫作电流强度，用公式表示：

$$I = Q/t$$

式中：I 为电流强度，单位是安培（A）；Q 为通过导体的电荷量，单位是库仑（C）；t 为时间，单位是秒（s）。

电流的方向，习惯上规定正电荷移动的方向为电流的正方向。电流的大小可以用电流表直接测量，电流表应串联在被测电路中。

2. 电压

在电路中，任意两点间的电位差称为这两点间的电压。电压是导体中存在电流的必要条件。电压的表示符号为 U，单位是伏特，用 V 表示。

电压的大小可以用电压表测量，电压表应并联在被测电路中。

3. 电阻

电子在导体中流动时所受的阻力称为电阻。电阻用符号 R 表示，单位为欧姆，用 Ω 表示。电阻反映了导体的导电能力，是导体的客观属性。实验证明，在一定温度下，导体的电阻与导体的长度 L 成正比，与导体的横截面积 S 成反比。

根据物质电阻的大小，把物体分为导体（容易导电的物体，如金、铜、铝等）、半导体（导电能力介于导体与绝缘体之间的物体，如硅、锗等）和绝缘体（不容易导电的物体，如空气、胶木、云母等）3种。

三、欧姆定律

欧姆定律是表示电路中电流、电压、电阻三者关系的定律。在同一电路中，导体中的电流与导体两端的电压成正比，与导体的电阻成反比，这就是欧姆定律，用公式表示为：

$$I = \frac{U}{R}$$

式中：U——电路两端电压，单位 V（伏特）；

R——电路的电阻，单位 Ω（欧姆）；

I——通过电路的电流，单位 A（安培）。

四、直流电路接线

直流电路就是电流的方向不变的电路（图 3-1），直流电路的电流大小是可以改变的。电流的大小方向都不变的称为恒定电流。

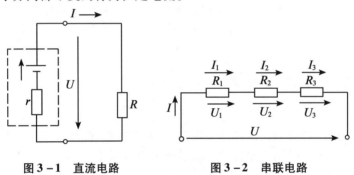

图 3-1　直流电路　　　　图 3-2　串联电路

按电线连接的方法不同，电路分为串联电路和并联电路两种。

1. 串联电路（图 3-2）

串联电路中各处的电流都相等，即 $I = I_1 = \dfrac{U_1}{R_1} = I_2 = \dfrac{U_2}{R_2} = I_3 = \dfrac{U_3}{R_3} = \cdots$

串联电路外加电压等于串联电路中各电阻电压之和，即 $U = U_1 + U_2 + U_3 + \cdots$

串联电路的总电阻等于各个串联电阻的总和，即 $R = R_1 + R_2 + R_3 + \cdots$

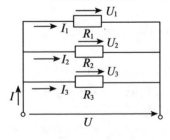

图 3-3　并联电路

2. 并联电路（图 3-3）

并联电路加在并联电阻两端的电压相等，即

$$U = U_1 = U_2 = U_3 = \cdots$$

电路内的总电流等于各个并联电阻电流之和，即

$$I = I_1 + I_2 + I_3 + \cdots$$

并联电路总电阻的倒数等于各并联电阻倒数之和，即

$$\frac{1}{R} = \frac{1}{R_1} + \frac{1}{R_2} + \frac{1}{R_3} + \cdots$$

五、电磁与电磁感应

电与磁都是物质运动的基本形式，两者之间密不可分，统称为电磁现象。通电导线的周围存在着磁场，这种现象称为电流的磁效应，这个磁场称为电磁场。

当导体作切割磁力线运动或通过线圈的磁通量发生变化时，导体或线圈中会产生电动势；若导体或线圈是闭合的，就会有电流。这种由导线切割磁力线或在闭合线圈中磁通量发生变化而产生电动势的现象，称为电磁感应现象。由电磁感应产生的电动势叫作感应电动势，由感应电动势产生的电流叫作感应电流。

第二节　交流电路基本概念

一、交流电

交流电电压、电流和电势的大小和方向随时间呈周期性变化。它的最基本的形式是正弦电流。如果它的最大值、角频率与初相位这 3 个量已定，那么，这个交流电的变化规律就完全确定。我国家用电器常用的是 220V、50Hz 的交流电。

二、三相交流电路

由三相交流电源供电的电路，简称三相电路。三相交流电源指能够提供 3 个频率相同而相位不同的电压或电流的电源，最常用的是三相交流发电机。三相发电机的各相电压的相位互差 120°。它们之间各相电压超前或滞后的次序称为相序。三相电动机在正序电压供电时正转，改为负序电压供电时则反转。因此，使用三相电源时必须注意其相序。一些需要正反转的生产设备可通过改变供电相序来控制三相电动机的正反转。

三相电源连接方式常用的有星形连接（图 3-4）和三角形连接两种，分别用符号 Y 和 Δ 表示。

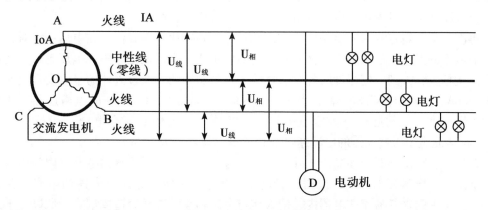

图 3-4　三相交流电星形连接

从电源的 3 个始端引出的三条线称为端线（俗称火线）。任意两根端线之间的电压称为线电压 $U_{线}$，任意一根端线（火线）与中性线之间的电压为相电压 $U_{相}$。星形连接时，线电压为相电压的$\sqrt{3}$倍，即 $U_{线} = \sqrt{3}\,U_{相}$。我国的低压供电系统的线电压是 380V，它的相电压就是 380V$/\sqrt{3}$ =220V；3 个线电压间的相位差仍为 120°，它们比 3 个相电压各超前 30°。星形连接有一个公共点，称为中性点。三角形连接时线电压与相电压相等，且 3 个电源形成一个回路，只有三相电源对称且连接正确时，电源内部才没有环流。

三、交流电的优点

交流电具有容易产生、传送和使用的优点，因而被广泛地采用。远距离输电可利用变压器把电压升高，减小输电线中的电流来降低损耗，获得经济的输电效益。在用电场合，可通过变压器降低电压，保证用电安全。此外，交流发电机、交流电动机和直流电机相比较，具有结构简单、成本低廉、工作安全可靠、使用维护方便等优点，所以交流电在国民经济各部门获得广泛采用。

第三节　安全用电知识

不懂得安全用电知识就容易造成触电、电气火灾、电器损坏等意外事故，安全用电，至关重要。

一、用电事故的原因

首先，从构成闭合电路这个方面来说。有两种类型的触电，分别是双线触电和单线触电。人体是导体，当人体成为闭合电路的一部分时，就会有电流通过。如果电流达到一定大小，就会发生触电事故。假如，有个人的一只手接触电源正极，另一只手接触电源负极。这样，人体、导线与供电设备就构成了闭合电路，电流流过人体，发生触电事故，这类就叫双线触电。另一类，若这个人的一只手只接触正极，而另一只手虽然没有接触负极，但是由于人体站在地上，导线、人体、大地和供电设备同样构成了闭合电路，电流同样会流过人体，发生触电事故，这类就叫单线触电。

再次，从欧姆定律和安全用电这方面来说。欧姆定律告诉我们：在电压一定时，导体中的电流的大小跟加在这个导体两端的电压成正比。人体也是导体，电压越高，通过的电流就越大，大到一定程度时就会有危险了。经验证明，通过人体的平均安全电流大约为 10mA，平均电阻为 360kΩ，当然这也不是一个固定的值，人体的电阻还和人体皮肤的干燥程度、人的胖瘦等因素有关，故通常情况下人体的安全电压一般是不高于 36V。科学证明，通过人体的电流超过 0.05A 时，就将危及生命。

在平时，除了不要接触高压电外，我们还应注意不要用湿手触摸电器。因为当人体皮肤潮湿时，电阻会小一些，根据欧姆定律，在电压一定时，通过人体的电流就会大些。而且手上的水容易流入电器内，使人体与电源相连，这样会造成危险。所以，千万不要用湿手触摸电器。

二、如何避免用电事故

1. 认识了解电源总开关，开关须接在火线上，学会在紧急情况下关断总电源。

2. 不用手或导电物（如铁丝、钉子、别针等金属制品）去接触、探试电源。

3. 不用湿手触摸电器，不用湿布擦拭蓄电池等带电体。

4. 不随意拆卸、安装电源等带电体，不私拉电线，增加额外电器设备。私自改装使用大功率用电器很容易使输电线发热，甚至着火的可能。

5. 使用中发现电器有冒烟、冒火花、发出焦糊的异味等情况，应立即关掉电源开关，停止使用。

6. 选用合格的电器配件，各种用电器应保护接地或保护接零，不要贪便宜购买和使用假冒伪劣电器、电线、线槽（管）、开关等。

三、发生触电事故如何处理

如果发现有人触电，要设法及时关断电源，或者用干燥的木棍等绝缘物将触电者与带电的设备分开，不要用手去直接救人。触电者脱离电源后迅速移至通风干燥处仰卧，将其上衣和裤带松开，观察触电者有无呼吸，摸一摸颈动脉有无搏动。若触电者呼吸及心跳均停止，应及时做人工呼吸，同时实施心肺复苏抢救，并及时打电话呼叫救护车，尽快送往医院。

如果发现电器设备着火时应立即切断电源，用灭火器把火扑灭；无法切断电源时，应用不导电的灭火剂灭火，不能用水及泡沫灭火剂。火势过大，无法控制时要撤离机械，并迅速拨打"110"或"119"报警电话求救，疏散附近群众，防止损失进一步扩大。

第四章 水稻机插秧基础知识

第一节 水稻机插秧技术概述

水稻一直是我国的主要粮食作物，水稻栽植环节的机械化是水稻生产全程机械化的难点和重点，实现水稻栽植机械化的方法较多，如机插秧、机直播、机抛秧、机械摆秧等，其中，水稻机插秧技术是解决种植机械化问题的重要技术手段，也是最有效的途径之一。目前，水稻机插秧技术已经成熟，日本、韩国等国家以及我国台湾地区的水稻生产全面实现了机械化插秧。江苏省在国内率先推进机插秧技术，实现肥床育苗、高密度播种、中小苗移栽、宽行窄株、少本浅栽、定苗定穴栽插为主要特点的群体质量栽培与精确定量栽培技术，持续多年实现了高产稳产，取得了明显成效。现全国都在推广水稻机插秧技术。

一、机插秧技术的基本内容

水稻机插秧技术是指采用高性能插秧机代替人工栽插秧苗的移栽方式。主要内容包括高性能插秧机的操作使用、适宜机械栽插要求的秧苗培育、符合中小苗带土移栽的大田耕整、栽后大田农艺管理措施的配套等，突出机械与农艺的协调配合，以机械化作业为核心，实现育秧、栽插、田间管理等农艺配套技术的标准化。

二、机插秧技术的特点

机插秧技术与传统的移栽水稻有许多相似之处，但也有其独特的技术特点，表现在以下几个方面。

1. 节省秧田

由于机插秧采用的是毯状秧苗，其播种密度较高，育秧方式高度集约化，因而大大提高了秧田的利用率。机插秧常规品种的秧本比为 $1:80 \sim 1:100$，杂交品种的秧本比为 $1:100 \sim 1:120$，与传统的移栽稻秧本比 $1:6 \sim 1:15$ 相比，可节省秧田面积90%以上，与常规肥床旱育秧、水育秧相比，秧田利用率也可提高 $5 \sim 10$ 倍。

2. 省工节本

与传统的手工种植方式相比，机械化作业可大幅度降低劳动强度，具有明显的省工节本优势。如一般人工栽插（含播秧）1 亩水稻田需 1.5 个工日，而采用步行式和乘坐式插秧机作业，每亩分别只需 0.13 个工日和 0.05 个工日，分别提高效率11.5 倍和30倍，降低生产成本 $75 \sim 140$ 元。

3. 高产稳产

采用机械化插秧作业，容易获得高产稳产。一是与常规移栽稻相似，其抗倒性比直播稻、抛秧稻要好，"稻倒一半，麦倒全完"，倒伏对产量有很大的影响；二是与常规移栽稻一样，草害明显减轻，不存在直播稻"草比苗长得快、草与苗争肥"的现象；

三是宽行窄距的栽植方式，通风透光性明显好于直播稻、抛秧稻；四是群体质量易于调控，克服了直播稻生育期短、种植区域受限制及抛秧稻无序性种植、群体质量难以控制的弊端。

4. 生态高效

机插育秧在育秧苗期易于集中管理，可大大提高肥、水、药的使用效果，减少施用量，特别是除草剂的使用量。在大田生长期，采用薄水活棵、浅水促蘖、间歇灌溉的灌水方式，可节省大量水资源。适当调节用肥比例与用肥时机，可大大提高施肥效果。有序栽植，便于通风，方便管理，减少病虫害。实践证明，机栽水稻节水、节肥、节药效果明显，有利于减轻肥、药对生态环境的破坏，并能显著提高稻米的质量安全水平。

5. 有利于实现规模服务

发展水稻种植机械化作业，有利于实现规模服务。通过农机专业合作社等服务组织，提供育秧与机插一体服务、单纯机插服务或从育、种到收的全程机械化服务等方式，既为农民服务，又提高了插秧机使用效率，也提高了投资回报率。目前，一般单纯机插作业收费在 40~50 元/亩，育秧、机插联合作业服务收费为 80~100 元/亩，据测算，如果采用步行式插秧机，一般机手单机年收入可达 0.6 万元以上，3 年即可收回投资，受益期在 5 年以上。

6. 需有合格的秧苗

在机械正常作业状态下，保证栽插的质量，满足农艺要求，这就取决于育秧的方式和秧苗的质量。机插秧必须要有能满足机械化作业的合格秧苗，否则就谈不上机插秧。合格秧苗质量是机械化插秧的前提条件，将直接关系到机插秧技术推广的成败。

7. 对大田平整度要求高

机插秧大田平整度要求比人工栽插秧的要求高，因机插秧苗小，要求机插大田高低差不超过 30mm，表土硬软适中，表土泥浆层 50~80mm，泥脚深度不大于 300mm。

第二节　水稻高产的基本栽培模式

一、水稻产量的形成及其影响因素

水稻的产量由单位面积内的有效穗数、穗粒数、结实率和千粒重四大因素构成。

1. 有效穗数

有效穗数是指每穗有 5 粒以上饱满谷粒的穗数。单位面积穗数是由主茎数、单株分蘖数、分蘖成穗率三者组成。主茎数取决于插秧的密度及移栽成活率，其基础是在苗期，育好秧、育壮秧是确保栽后早返青、早分蘖、多成穗的关键。决定单位面积穗数的关键时期是在分蘖期。在壮秧、适宜栽植密度的基础上，单位面积穗数多少，便取决于单株分蘖数的成穗率。一般分蘖越早，成穗的可能性越大，后期出生的分蘖，不容易成穗。

2. 穗粒数

穗粒数包括饱满粒、不受精的空粒和受精后不能发育的半空粒。穗粒数主要在拔节期间形成，决定每穗粒数的关键时期是在长穗期。穗型的大小，结粒的多少，主要取决于幼穗分化过程中形成的小穗数目和小穗结实率。在幼穗形成过程中，如养分跟不上，常会中途停止发育，造成穗小粒少。

3. 结实率

结实率是指饱满谷粒占总粒数的百分率，结实率在长穗的后期以及开花受精期甚至到灌浆初期才能决定。在正常的气候和栽培条件下，水稻的结实率为85%～95%；但在不正常的年份，结实率可能只有60%～70%，甚至更低，这对水稻产量影响很大。

4. 千粒重

千粒重是指1 000粒稻谷的平均重量，主要由结实成熟期决定。一般情况下，水稻穗上部的粒重较高，下部较轻（上部为优势花部位）；一次枝梗上的籽粒较重，二次枝梗上籽粒较轻。水稻粒重是由谷粒大小及成熟度所构成。籽粒大小受谷壳大小的约束，成熟度取决于结实灌浆物质积累状况。籽粒中物质的积累主要决定于这个时期光合产物积累的多少。如水稻出现早衰或贪青徒长以及不良气候因素的影响，就会灌浆不好，影响成熟度，造成空秕粒，降低粒重。

在以上4个因素中，单位面积的有效穗数和穗粒数对水稻产量影响最大。一般单季晚稻高产栽培技术的穗粒结构指标是：常规粳稻每亩有效穗22万～26万穗，每穗总粒100～130粒；杂交水稻每亩有效穗15万～18万穗，每穗总粒150～180粒。

因此，在栽培上要根据品种、熟制、区域特点，结合机插水稻的生长发育特性，合理控制群体生长。如早稻、连作晚稻，因其生育期短、有效分蘖少，一般通过合理密植、增加基本苗的方式，以提高单位面积的有效穗数，达到提高单产的目的。单季晚稻因其生育期长，分蘖期长，分蘖多，为防止穗数过多，应适当减少基本苗，控制高峰苗，防止群体过大，在确保足够有效穗数的基础上，主攻大穗，提高穗粒数和千粒重，以提高单产。而杂交水稻因其分蘖优势明显，一般采取少本稀植的方式。

二、水稻的分蘖特性

水稻的一生要经历营养生长和生殖生长两个时期，其中，营养生长期主要包括秧苗期和分蘖期。秧苗期指种子萌发开始到起秧移栽这段时间；分蘖期是指秧苗移栽后返青到拔节这段时间。秧苗移栽后由于根系受到损伤，需要5～7天时间根系萌发出新根，地上部才能恢复生长，这段时期称返青期。秧苗返青后分蘖开始发生，直到开始拔节时分蘖停止。一般地上部的伸长节与地下部的基部茎节（在栽插条件下），常不能发生分蘖，只有茎秆靠近地表的数个茎节才能发生分蘖。一部分分蘖具有一定量的根系，以后能抽穗结实，称为有效分蘖；一部分出生较迟的分蘖以后不能抽穗结实或渐渐死亡，这部分分蘖称为无效分蘖。分蘖前期产生有效分蘖，这一时期称有效分蘖期，而分蘖后期所产生的是无效分蘖，称无效分蘖期。分蘖出现的最低节位称为最低分蘖位，独立生长期长、蘖节粗，可孕大穗，有利增产。分蘖出现的最高节位称为最高分蘖位，高节位的分蘖穗小，易形成无效分蘖，导致减产、减收。

三、机插秧与水稻高产栽培技术的有机融合

机插秧技术充分利用培育规格化壮秧，量化取秧，合理密植，利用水稻低节位的分蘖，浅栽早发，增加有效分蘖，既保证个体壮实，又保证水稻群体的质量，是水稻高效

优质高产栽培模式。

1. 合理的机插秧栽插密度

常规粳稻产量构成因素中，穗数与产量的相关最密切。穗数也是制约机插稻产量提高的主要因子，确保足穗是机插稻栽培的主攻目标。合理的栽插密度是确保足穗的基础，成为水稻机械化插秧的关键技术之一。秧苗的栽插密度是以每亩秧苗的穴数和每穴秧苗的株数来衡量的。机插秧合理的栽插密度应结合插秧机的技术特点和选用的水稻品种来确定。常规（粳稻）品种机插秧的栽插密度要求每亩达 1.8 万穴，每穴苗数 3～5 株，基本苗控制在 8 万株左右；杂交水稻品种机插秧的栽插密度要求每亩达 1.5 万穴，每穴苗数 2～3 株，基本苗控制在 4 万株左右。

2. 突出浅栽早发的特征

根据农艺要求，机插到大田的秧苗要求做到"不漂不倒，越浅越好"。水稻的分蘖处于地表层，早发的低节位分蘖（1～3）是增加有效穗数的主要节位。如栽插过深，会使分蘖节部的节间伸长，形成较长的根茎和"二段根"、"三段根"，将分蘖节送至较浅的土层后才能发生分蘖，每拔长一个地下节间，大致需要 5 天，这就白白地浪费营养和时间，并且营养消耗多、分蘖时间迟，其素质很差，影响早发，难以形成大穗。所以，插秧要浅，浅而不倒为宜。

第三节　水稻机插育秧知识

一、育秧设备

（一）塑料秧盘

1. 塑料秧盘种类与维护

塑料秧盘的作用是为机插秧培育规格化秧苗，保证秧苗在运输过程中完好，适合插秧机作业，有利于提高机插质量。秧盘有软盘和硬盘 2 种。每 666.7m² 机插秧所需的盘数，对于分蘖性一般的常规粳稻备秧盘 30～35 盘，对于分蘖性较好的常规粳稻备秧盘 20～25 盘，杂交稻一般备秧盘 13～20 盘。

（1）塑料软盘　采用无公害的聚氯乙烯吹塑薄膜（PVC），以塑料薄片热压（吸）塑而成长方盒形，底部有整齐排列、渗水用的多孔。它可以衬套在硬塑盘内，在播种流水线上播种后脱离硬盘并排放在秧板上进行立苗绿化，也可以先排在秧板上，再装土、播种、育苗。软盘特点：造价较低，应用广泛，使用寿命只有 1～2 年。软盘要求表面应光滑无皱褶、无扭曲、无残缺、边缘部位无毛刺，色泽一致，不应有明显白印、塑化不良现象。

（2）塑料硬盘　包括盘底和边框，盘底上布置有多个渗水孔并具有加强筋，加强筋、翻边及凸筋，在减轻重量的同时提高育秧盘的刚性和强度，搬运时能保持秧苗自然状态，避免受损。其特点是：使用寿命长，易于育秧播种流水线操作，育成秧苗素质好，有利于提高机插秧质量，多在商品化育秧基地中应用，但造价较高，一次性投资较大。

（3）塑料秧盘维护　使用后或长时间不用时应冲洗干净叠好，堆放在阴凉且晒不到太阳的地方，保持通风透气。水稻塑料育秧盘是易燃物品，必须注意防火安全，严防火灾等危险事故发生。硬质育秧盘捆扎后平整堆放在室内，以便第二年使用。软盘堆放不要过高，有条件的打成木架定型堆放在室内，这样就不容易变形。

2. 塑料秧盘质量要求

（1）规格尺寸　硬盘长×宽×高为 580×280×25（mm），壁厚度为 2.2mm；软盘的标准规格为长（580±1）mm、宽（280±1）mm、高（30±5）mm、厚度 0.15～0.3mm，软盘质量≥50g。

（2）盘底部渗水孔要求　孔径为 ϕ3～4mm，孔距为 25～40mm。

（二）水稻盘育秧播种流水线

1. 水稻盘育秧播种流水线简介

水稻盘育秧苗全程机械化技术所用机械主要包括播种流水线、脱芒机、碎土机、筛土机、秧盘和浸种催芽设备等。播种流水线是培育规格化秧苗的关键设备，装土、浇水、播种、覆土等作业环节均在流水线上一次完成。有的流水线还有秧盘供送、秧盘叠放的工序。脱芒机用于去除杂草与小枝梗，以提高种子的纯度，确保播种的均匀度。碎土机用于粉碎泥土。筛土机用于筛掉小石子及杂草。床土中如有异物，不仅不能保证播种的均匀度，播种时引起漏播、缺棵，而且易损坏插秧机。浸种催芽设备可使种子在一定的温度、湿度下破胸露白，达到流水线播种的要求。

2. 水稻盘育秧播种流水线技术参数

以 2BL-280B 型水稻盘育秧播种流水线为例，其技术参数见下表。

2BL-280B 型水稻盘育秧播种流水线参数表

项目名称		参数
机器尺寸（mm）	长	4650
	宽	530
	高	1100
质量（kg）		120
动力		50Hz　220V　300W 电机 3 台
容积（L）	铺土箱	45
	播种箱	30
	覆土箱	45
播种量的调节方式		由调速电机的旋钮控制
播种量范围（干种/g）	杂交稻	50～90g/盘
	常规稻	100～200g/盘
铺土厚度（mm）		20～25
覆土厚度（mm）		3～5

3. 水稻盘育秧播种流水线工作过程

2BL-280B 型水稻盘育秧播种流水线由自动送盘装置、铺土总成、洒水总成、播种总成、覆土总成和传动系统以及机架等组成。它的动力分别由3台电机提供：一台电机带动铺土总成及传动系统，一台调速电机带动播种总成，另一台电机带动覆土总成及传动系统。作业时，秧盘先通过铺土总成铺底土，再通过洒水装置将底土洇足水分，播种总成完成均匀播种、表面覆土后，再经过毛刷和刮平装置，一次完成铺土、洒水、播种、覆土等多道工序的流水作业。外形结构如图4-1所示。

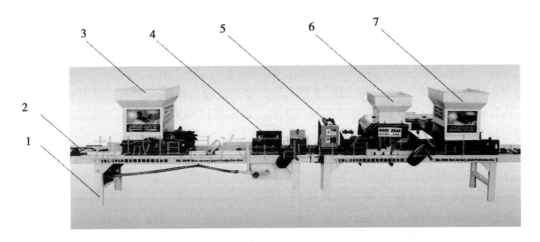

图4-1 2BL-280B型水稻盘育秧播种流水线结构示意图
1-机架；2-自动送盘装置；3-铺土总成；4-洒水总成；
5-传动系统；6-播种总成；7-覆土总成

4. 水稻盘育秧播种流水线主要结构

（1）自动送盘装置 自动送盘机构的作用是将秧盘按设定的节拍有序地供给后续工序。每次可放6~8只秧盘，该装置设有限位口，可确保每次只带动一只秧盘，利用重力自动完成送盘。

（2）毛刷及刮土装置 铺土和覆土作业时，毛刷用来清除秧盘上层多余的细土，毛刷分四挡可调节，保证铺土厚度20~25mm，刮土装置用来去除多余土壤，可根据农艺要求调到最佳状态。

（3）播种装置 播种装置的作用是将稻种根据播种量的多少均匀地播入秧盘中。流水线中最关键的工作部件是排种器，它对播种均匀性等技术指标产生直接的影响，直至决定秧苗素质、机插质量的好坏。排种器的种类分为：直槽轮式排种器、螺旋槽式排种器、窝眼式排种器、气力式排种器和振动式排种器5类。螺旋槽式排种器，可使种子连续均匀下落，提高播种的均匀性。

（4）洒水装置 水管的一端接入水源，通过手柄控制阀调节水压和水量，阀门打开，水进入喷水管，从喷头喷出。

二、育秧准备

1. 秧池的准备

（1）床址选择 育秧床址选择应根据机插大田的位置及育秧的形式而定。若采取集中育秧的，应选择靠近机插大田、排灌方便、光照充足、土壤肥沃、运秧方便、便于操作管理的田块作秧田，以便于集中管理和节约移栽时的运秧用工，同时又可防止远距离运输而伤苗。以农户为单位分散育秧的，可利用农户房前屋后阳光充足的空闲地作育秧床址。

（2）秧池大田比　机插育秧的秧池大田应按1：（80~100）亩的比例留足秧田。

（3）精做秧板　在播种前10天精做秧板，上水耖田耙地，开沟做板，秧板做好后需排水晾板，使板面沉淀。播前2天铲高补低，填平裂缝，并充分拍实，板面达到"实、平、光、直"。秧田四周开围沟，确保灌排畅通，播种时板面沉实、不发白、不陷脚。

（4）秧板规格　板面宽1.4~1.5m，板间沟宽0.25~0.30m，深0.15~0.20m；四周围沟宽0.5m，深0.2m。板面应平整光洁，全田秧板面高低差应不超过10mm，3m秧板内高低差应不超过5mm。秧田四周开围沟，确保灌排畅通，播种时板面沉实湿润。

2. 稻种的准备

（1）品种的选择　选用当地农业部门提供的主栽品种。也可根据不同茬口、品种特性及安全齐穗期，选择适合当地种植的生育期适宜的优质、高产、稳产的穗粒并重型品种。每666.7m² 大田机插育秧具体备足精选种子的数量，主要根据品种类型而定，一般杂交稻需种子1~1.5kg，常规稻种需3~4kg。此外，双膜育秧由于要切块除边，用种量略高于盘育秧。

（2）播种期的推定　机插育秧与常规育秧有明显的区别：一是播种密度高，二是秧苗根系仅在厚度为20~25mm的薄土层中交织生长，秧龄弹性小。在确定播种期时，必须根据水稻品种特性、安全齐穗期及茬口安排确定播期。一般根据适宜移栽期，南方按照15~20天、北方按照30~35天秧龄倒推计算播种期。在适宜播期范围内，栽插面积较大时还应根据机具、劳力和灌溉水及栽插进度等生产条件实施分期播种，以保证秧苗适龄移栽，不栽超龄秧。

（3）选种　选种方法为晒种、脱芒、筛种、盐水或泥水选种和风选种等。对有芒的种子先进行脱芒，浸种前晒种1~2天。采用盐水或泥水选种时，选种液的比重粳稻一般在1.10~1.12，籼稻一般在1.06~1.1。盐水选种液配制方法：1L水中每加20g食盐，水溶液的比重提高0.01（比重为1.10的选种液测定方法可采用新鲜鸡蛋放入盐水中，浮出水面面积为2分硬币大小）。盐水选种后应立即用清水淘洗种子，清除谷壳外盐分，避免影响发芽，洗后直接浸种。杂交稻品种宜采用风选法选种，然后用清水漂洗，分浮、沉两部分，分别催芽、播种，可使同一盘秧苗生长相对整齐，以利于机插和大田管理。

（4）药剂浸种　药剂浸种的目的主要是杀灭稻种携带的病菌。水稻种子传播的主要病害有恶苗病、稻瘟病、稻曲病、白叶枯病，此外还有苗期灰飞虱传播的条纹叶枯病等。目前水稻育秧常用的浸种药剂有"使百克"、"施保克"、"吡虫啉"等。使用方法：浸种时选用"使百克"或"施保克"2ml加10%"吡虫啉"10g，对水6~7kg，浸5kg种子，浸种后不必淘洗可直接催芽。种子吸足水分的标准是谷壳透明，米粒腹白可见，米粒易折断而无响声。浸种时间长短应随气温而定，一般籼稻种子浸足60℃·日（2~3天），粳稻种子浸足80℃·日（3~4天）。

（5）催芽　稻种准备播种前应进行催芽，分三个阶段：38℃内高温破胸、

25～30℃适温催芽、室温摊晾炼芽。主要技术要求是："快、齐、匀、壮"。"快"是指两天内催好芽，要求破胸露白率达90%；"齐"是指要求发芽势达85%以上；"匀"是指芽长整齐一致；"壮"是指幼芽粗壮，根、芽长比例适当；颜色鲜白，气味清香，无酒糟味。摊晾炼芽是增强芽谷播种后对外界环境的适应能力和提高生命力的重要途径。一般在芽谷催好后，置室内摊晾4～6h，达到内湿外干即可播种。

注意事项：催芽时，自稻谷上堆至种胚突破谷壳露出时，称为破胸。种子吸足水分后，适宜的温度是破胸快而整齐的主要条件。在38℃的高温上限内（即最高温度不得超过38℃），温度越高，种子的生理活动越旺盛，破胸也越迅速而整齐；反之，则破胸慢，且不整齐，播种后易形成大小苗。为此，催芽时若气温较低应采取增温措施。其次，上堆后的稻谷在自身温度上升后要掌握谷堆上下内外温度一致，必要时进行翻拌，使稻种间受热均匀，促进破胸整齐迅速。

3. 床土的准备

（1）床土的选择　适宜作床土的有土壤肥沃疏松的菜园地、耕作熟化的旱地或经秋耕、冬翻、春耖的稻田表层土，土壤中应无硬杂质，杂草、病菌少。重黏土、沙土和pH值超过7.8的田块的土不宜作床土，且不宜在荒草地及当季喷施过除草剂的田块取土。

（2）床土的培肥　肥沃疏松土壤可直接用作床土；需要培肥的，在播种前30～40天，对取土地块进行施肥，每亩匀施腐熟人畜粪1 000～2 000kg（禁用草木灰），以及25%氮、磷、钾复合肥60～70kg，或用硫酸铵30kg、过磷酸钙40kg、氯化钾5kg等无机肥。提倡使用适合当地土壤性状的壮秧剂代替无机肥。培肥后床土有效氮含量250～300mg/kg为宜，施肥后连续机旋耕2～3遍，取150mm表土堆制并覆农膜封闭至床土熟化。

（3）床土的搜集　合格营养土的数量，应根据土质及育秧方式而定。一般每亩机插秧大田约需合格营养（拌过肥的）细土100kg，另备未培肥过筛细土25kg左右用以盖种用。床土应过筛，在床土加工过筛时，每100kg细土匀拌0.5～0.8kg旱秧壮秧剂。过筛后的细土粒径不大于5mm，其中2～4mm粒径达60%以上；细土含水量掌握在15%左右，达到手捏成团，落地即散的要求，并继续覆膜堆闷。

注意事项：床土提前培肥加工堆闷并把握适宜含水量的目的是促使肥土充分熟化、肥土交融。若培肥过迟或含水量过低，有机肥不能充分腐熟，无机肥不能充分溶解，播种后易形成肥害，秧苗盘根不好，素质不高，影响栽插质量。

（4）床土调酸　土壤pH值应为5.5～7.5，育秧期间温度较低的地区可用下限，温度偏高的地区可用上限。播种前10天，对土壤pH值偏高的田块可酌情增施过磷酸钙以降低pH值，对pH值不达标的床土应进行调酸处理。

三、规格化秧苗盘育秧操作技术

（一）水稻机插育秧操作流程

水稻机插育秧方式较多，常用的有盘育秧和双膜育秧，盘育秧分为硬盘和软盘两种。现双膜育秧因其浪费较大，逐渐被盘育秧取代。水稻盘育秧和双膜育秧操作流程见图4-2。

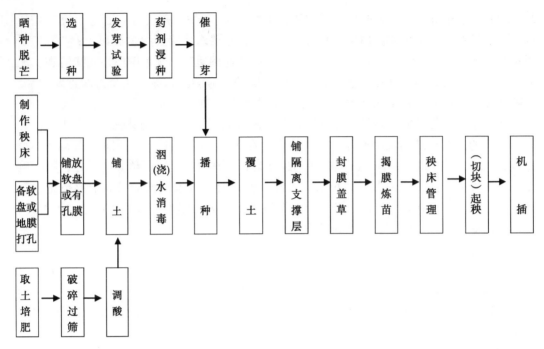

图4-2 机插育秧操作流程图

（二）软盘育秧工艺

软盘育秧是将种子播于塑料软盘中的一种育秧方式。其特点是简便易行、成本较低、质量较好、易于操作、成功率高，适合于机械化插秧要求。软盘育秧按播种方式分为手工播种和机械播种2种。手工播种是软盘排放铺土合格后，直接用手对软盘分2～4次进行撒种。机械播种是先将软盘装入硬盘，在盘育秧播种流水线上一次完成铺土、播种、洒水、覆土等工艺，然后人工搬运硬盘到秧板上进行脱盘，再把软盘依次紧密平铺放，进行覆盖保温、浇水保湿、立苗、炼苗、肥水管理等。其特点是生产率高、质量保证、劳动强度低，但机械、一次性投资大。

1. 铺盘、铺土、洇水

为充分利用秧板和便于起秧，每块秧板横排两行软盘，依次平铺，铺放软盘紧密相靠，盘与盘的飞边要重叠排放，盘底与床面紧密贴合，确保软盘不变形，不翘边翘角。软盘最外侧四周要用淤泥围护，保证不涨盘，使秧块不变形，秧板四周的软盘不失水枯苗死苗。

软盘铺土为避免盘间厚度不一，应先铺一标准盘，厚度为20mm，而后将标准盘土倒入事先准备好的固定容器确定盛土位置，再按该容器盛土标记装土依次倒入铺放好的软盘中，并用木尺刮平。

播种时床土相对含水率应达到85%～90%。补水方法：一种是在播种前一天灌平沟水，待铺好的床土（盘土）充分吸湿后迅速排水；一种是在播种前直接用喷壶洒水，洇水要达饱和状态，但床面不积水。

在低温下育秧，可结合播种前浇底水，用1 000～2 000倍液浓度的敌克松药液，或在专业人员指导下用其他药液对床土进行喷洒消毒。

2. 播种、覆盖

（1）播种　为培育适合机插的健壮秧苗，确定机插育秧适宜落谷密度的基本原则是均匀、盘根，即参照大田栽插的每穴苗数，在确保播种均匀与秧苗根系能够盘结的前提下，根据品种、气候等因素可适当降低播量，以提高秧苗素质，增加秧龄弹性。播种时双膜育秧要求按秧板面积称种，软盘育秧要求按盘数称种，并做到分次细播、匀播。一般每盘播芽谷量：杂交稻为 80～120g、常规粳稻为 120～150g；秧板均匀播芽谷常规粳稻 740～930g/m²、杂交稻 500～700g/m²，每亩大田 4kg 左右，分 3～4 次均匀撒播。一般要求 1cm² 秧块上常规粳稻成苗 1.7～3 株，杂交稻成苗 1 株～1.5 株，否则会造成漏插或分株不匀。注意：如果发芽率每减少 1%，播种量增加 2g 左右。

（2）盖籽土　播种后要均匀撒盖籽土，用未培肥调酸的非营养土（素土）覆盖，以看不到种子为宜，一般土厚 3～5mm。盖籽土撒好后不可再洒水，以防止表土板结影响出苗。

（3）覆盖农膜或无纺布　每亩机插秧大田，一般用 2m 幅宽农膜约 4m 进行覆盖。单季稻或双季早稻育秧，覆膜前在秧盘上每隔 500～600mm 用总长度为 7～8m 的芦苇秆或细竹竿做支撑物，为防止盖膜紧贴床土形成闷种烂芽，俗称"贴膏药"，使薄膜与秧床表面有气隙，覆膜要严实保温。每米长秧板农膜上覆盖无病稻麦秸秆约 1.2kg 或草帘，盖草厚度以基本看不见盖膜为宜。若盖草过薄，晴天中午高温易灼伤幼芽，过厚出苗不整齐。双季晚稻无须覆盖薄膜或遮阳网。膜内温度宜控制在 28～35℃。

在环境温度大于 15℃ 时，苗床表面覆膜可以采用无纺布替代覆盖。无纺布有较好的保温性和透光性，能充分满足水稻秧苗生长发育对温光的需要。苗床内温度和水蒸气通过布表面细密的缝隙有限度地向外扩散，不会出现水蒸气凝结，从而为水稻秧苗生长创造了自然平缓变化的温湿度条件，不易得立枯病，更有助于秧苗均衡生长，能够很轻松地培育出整齐、成苗率高、无病害的健壮秧苗。近年来示范推广表明，无纺布替代薄膜覆盖，可比农膜覆盖出苗整齐、成秧率高、分蘖多、长势强、茎秆粗壮、根多、根系活力强，能更有效地吸收和利用养分，水分利用率高，移栽后返青快，分蘖早，发根力强，为水稻高产打下良好的物质基础。其省工节本明显：一是不用揭膜。采用无纺布旱育秧不用揭布通风，完全免除了农膜覆盖高温揭膜的烦琐劳动，而且不用担心高温烧苗。二是减少浇水次数。无纺布透水，下雨时雨水可透过无纺布进入苗床土，而农膜则不能，因而减少了浇水次数。三是减少喷药用工。无纺布覆盖可防虫防病，既省药又省工。

3. 田间立苗

播种后适宜的温度是确保一播全苗的关键，同时床土湿度应保持在 90% 左右。若出苗期遇雨，易造成床土湿度过大，形成闷种烂芽，影响全苗。采取的措施是：开好秧田排水缺口，预防雨水淹没秧田；雨后及时清除盖膜上的积水，以避免床面局部受压"贴膏药"，保证一播全苗。对气温较低的早春育秧或倒春寒多发地区，播种时，最低气温不能稳定在 15℃ 时，要在封膜的基础上搭建拱棚增温立苗。当幼芽顶出土面后，晴天中午棚内地表温度应控制在 35℃ 以下，遇更高温度时可采用通风或盖草帘降温，以防高温灼伤幼苗。

注意事项：要防高温或低温，保温保湿。覆膜内要求控温（28～35℃）、保湿

（＞90％）、出齐苗，严防高温（＞35℃）烧苗、低温（＜15℃）僵苗和积水烂芽。

4. 揭膜炼苗

最佳揭膜炼苗期为齐苗后，第一完全叶抽出 8～10mm 时，即播后 3～5 天揭膜炼苗。若覆盖时间过长，遇高温晴好天气，容易烧苗；覆盖时间过短，出苗不整齐，成苗率下降。揭膜的原则是：晴天傍晚揭，阴天上午揭，小雨雨前揭，暴雨雨后揭。若遇低温天气，即最低温度低于10℃时，应推迟揭膜，并做到日揭夜盖。揭膜绿化时，要补足床水。

5. 肥水管理

（1）湿润秧板管理　揭膜当天补一次足水，而后保持床土湿润不发白、湿润管理为主，缺水补水，一般以平沟水为好，秧苗晴天中午也不应卷叶。早茬秧遇低温可灌半腰水护苗，防止低温冻害和温差变化过大而造成烂秧和死苗，回暖后换水保苗，常温后排水透气发根，提高秧苗根系活力。晴天中午秧苗卷叶时，灌薄水护苗，雨天放干沟水，达到以水调气、以气促根的目的。补水方法：秧田集中地块可灌平沟水，零散育秧可采取早晚洒水补湿，移栽前 2～3 天排水，降湿炼苗，促进秧苗盘根，增加秧块拉力，便于起秧机插。

（2）看苗情巧施肥　施断奶肥应视床土肥力、秧龄和天气等具体情况进行。一般在揭膜时或其后 1～2 天，即播后 7～8 天秧苗一叶一心期进行，每亩秧田用粪清10担对水 20 担或用尿素 4kg 对水 500kg（6g/m² 左右），于傍晚秧苗吐露时浇施或洒施，具体肥料用量因苗而异，床土肥沃的可免施。

出嫁肥：秧苗移栽前 3～4 天，具体用肥量可根据苗情、秧龄调节。每亩用尿素 5kg（10g/m² 左右），对水 500kg 于傍晚均匀喷洒或泼浇，施后并洒一次清水以防肥害烧苗；叶色正常、叶挺拔而不下披苗，每亩用尿素 1～1.5kg 对水 100～150kg 进行根外喷施；叶色浓绿且叶片下披苗，切勿施肥，应采取控水措施来提高苗质。

注意事项：切记过量施肥或不加足水洒施，导致烧苗烂根，盘根不好。

（三）硬盘育秧工艺

硬盘育秧是将硬盘放在盘育秧播种流水线上一次完成铺土、洒水、播种、覆土等工艺，然后人工搬运硬盘到秧板或厂房内的育秧架子上，分层依次紧密平铺放，进行浇水保湿、保温立苗、通风炼苗、肥水管理、控水炼苗等。

第四节　水稻插秧机概述

一、水稻插秧机的类型

水稻插秧机的种类很多，分类的方法也很多，常用的分类方法有以下几种：

1. 按作业行数分

可分为 2 行、4 行、5 行、6 行、8 行五种。

2. 按插秧机插植臂作业方式分

可分为曲柄摇杆式和偏心齿轮行星系式两种。

3. 按照操作方式分

可分为步进（手扶）式和乘坐式两种。

二、水稻插秧机的总体构造

插秧机主要由发动机、传动系统、机架及行走系统、液压仿形及插深控制系统、插植系统、操作系统等组成。

步进式插秧机以东洋 PF48 型插秧机为例，其结构示意图见图 4－3。该机一般为双轮驱动手扶式插秧机，其主要操作手柄都在机器后部，通过拉杆、拉线与各控制部分相连。作业时，机手在插秧机后面一边行走一边进行操作。插植系统（苗箱与插植臂等）也在插秧机的后部，便于机手监控作业情况、添加秧苗。该机结构简单、轻巧、操作灵便，使用安全可靠，容易控制插秧质量，价格较低，是一种适合我国目前农村自然及经济条件的机型，保有量较大。

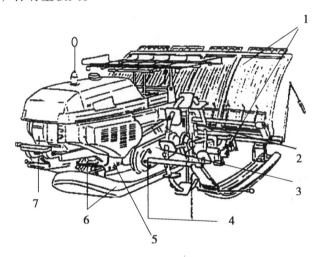

图 4－3　步进式 PF48 型插秧机结构示意图

1－插植系统；2－传动系统（插植齿轮箱）；3－传动系统（驱动链条箱）；
4－机架及行走系统；5－传动系统（齿轮箱）；6－液压仿形及插深控制系统；7－发动机

乘坐式插秧机是由步进式插秧机发展而来，其结构比步进插秧机要复杂很多，但主要工作部件结构与步进式插秧机类似，操作手柄主要集中在操作台周围。乘坐式插秧机是具有高科技含量的机型，与步进式机型相比具有舒适、高性能、高速、高效率的优势，适用于大田块、大农户、农场的栽秧作业，美中不足的是机器重、价格高。

三、插秧机主要结构

1. 发动机

发动机是整个插秧机的"心脏"，是产生并输出动力的部件。它把燃料燃烧产生的热量转变成机械能。常用动力有汽油发动机和柴油发动机两种。步进式等插秧机采用汽油发动机，其优点为：重量轻（同样功率是柴油机重量的 1/3），启动方便；缺点是油料价格高（相同功率消耗下）。VP6D 型和 2ZT 系列等插秧机采用了柴油发动机。在相同功率情况下，柴油机比汽油机功率大、经济性能好，相对节能环保，二氧化碳排放低。步进式插秧机现用发动机排量在 130～170ml、功率在 1.69～3.68kW；乘坐式插秧机用的发动机功率在 13.2～15.5kW。

2. 传动系统

插秧机传动系统由主变速箱、插植变速箱、株距变速箱、侧边传动箱等组成，将发动机动力传递到各工作部件，主要有两个方向：传向驱动车轮和由万向节传送到传动箱。传动箱又将动力传递到送秧机构和分插机构。分插机构前级传动配有安全离合器，防止秧针取秧卡住时，损坏工作部件。传动箱是传动系统中间环节，又是送秧机构的主要工作部件。变速方式有挡位变速和无极变速，无极变速有 CVT、HST、HMT 等，其中 HMT 传动效率最高，无极变速可零速启动，启动平稳，速度变化顺畅。

3. 机架及行走系统

机架是支撑发动机及插秧机各系统的骨架。行走系统由行走轮和船体两部分组成。常用的行走装置（除船体外）一般分为四轮、二轮和独轮 3 种，所用的行走轮都具备以下 3 个性质：①泥水中有较好的驱动性，轮圈上附加加力板；②轮圈和加力板不易挂泥；③具有良好的转向性能。乘坐式还分为二轮驱动和四轮驱动。一般以后两轮驱动为主，四轮驱动在崎岖的田埂和后轮失去抓地的时候可起到额外的驱动力。辅助车轮。在特殊情况，如田块较烂，泥水很深时，还可追加辅助后车轮，形成六轮或以上，能增加行走驱动性能和通过性。

4. 液压仿形及插深控制系统

该系统主要由液压泵、油罐、控制阀、控制阀臂、仿形连动臂、油压连动臂、控制手柄、拉线和浮板等组成。作用是利用浮板与机体之间的相对位置变化来控制液压油缸的动作，改变行走轮与机体的位置，使机体与浮板保持一个稳定的相对关系，从而达到稳定插秧深度的目的。按对液压控制阀门的控制方式可分为手动控制的液压升降系统和浮板控制的液压仿形插深控制系统两种。

5. 插植系统

插植系统主要由送秧机构和栽植机构组成，完成送秧、取秧和栽插作业。送秧机构分横向送秧和纵向送秧机构两种，其作用是从横向和纵向两个方向将秧箱中的秧苗不断地、均匀地向秧门输送，供秧针取秧。送秧方式主要有星轮式和皮带式两种，一般由插植传动箱驱动。在每次分插机构取秧后，横向送秧机构带动秧苗横向移动，填补已取秧位置，为下一次取秧做准备。每横向取完一排秧苗，纵向送秧机构送秧一次，将秧苗推向下方，为取下一排秧做准备。横向送秧分为连续式和间歇式。间歇式从理论上讲，切下秧块比较平整，但是间歇式横向送秧振动太大，目前大多已被连续式送秧机构替代。连续式送秧机一般与分插机构同步联动，对于曲柄摇杆式分插机构是，曲柄旋转一周，移动一个取秧宽度距离；对于偏心齿轮行星系分插机构，则旋转一周，移动两个取秧宽度距离。

栽植机构（或称移栽机构）在插秧机上统称分插机构，是插秧机的主要工作部件之一。其作用是将秧门处的秧苗取出，并按照特定的运动轨迹将秧苗插入大田中。常见的分插机构是曲柄摇杆式分插机构和偏心齿轮行星系分插机构（配置高速插秧机上），其栽植臂的结构、功能和原理大致相同。取秧前，凸轮使推秧杆收回，秧针（秧爪）前部腾出位置取秧，顺着秧门导板向下输送，当秧针随同秧苗插入土壤中时，凸轮转到缺口处，拨叉在弹簧作用下，推动推秧杆将秧苗推离秧针，秧爪迅速收回，秧苗直立于土壤中。

6. 操作系统

插秧机的操作控制主要是由各类操作手柄来完成的。该系统主要包括：变速杆、主离合器手柄、插植离合器手柄、液压升降控制手柄、转向离合器手柄、油门手柄、纵向取苗量调节手柄、横向取苗次数调节手柄、株距调节手柄和插深调节手柄等。

四、高性能插秧机的主要特点

高性能插秧机技术是与当今世界插秧机设计、制造技术接轨的高新技术，它与过去的插秧机有明显的区别，其主要特点如下：

1. 机插秧为水稻高产稳产奠定了良好的基础

高性能插秧机所具有的机器性能依据现代水稻高产稳产群体质量栽培理论：定穴、定量、宽行、浅栽而设计的，这种栽培能保证基本苗的数量、秧苗浅栽的低节位分蘖、宽行的通风透光特性等生长优势，为水稻高产稳产奠定了良好的基础。目前又出现了在宽行机基础上演变的窄行机，行距稍窄（如250mm），适应相关地区的密行栽植作业。

2. 基本苗、栽插深度、株距等指标可以量化调节

插秧机所插基本苗由每亩所插的穴数（密度）及每穴株数所决定。根据水稻群体质量栽培扩行减苗等要求，插秧机行距固定为300mm，株距一般在120～280mm可多挡调节，基本上能够满足早稻、晚稻、杂交稻等不同熟制、不同品种特性对栽插密度的要求。通过调节横向移动手柄（多挡或无级）与纵向送秧调节手柄（多挡）来调整所取小秧块面积（每穴苗数），达到适宜的基本苗，同时，插深也可以通过手柄方便地精确调节，能充分满足农艺技术要求。

3. 机插秧质量高

高性能插秧机所插的秧苗是通过标准化的育秧规范培育而成的，按育秧类型分为毯式苗和钵式苗等，秧苗规格基本一致。插秧机就是为这样的秧苗进行精心设计的，所以高性能插秧机的栽插质量比过去的机插秧质量高得多，这符合现代的前后工序衔接的工业化生产原理，显然与形态千差万别的手拔秧苗机插秧有着本质的区别，可以说是现代农业发展的必然结果。

4. 采用多轮驱动

高性能插秧机的行走底盘与早期独轮驱动的机动插秧机不同。高性能插秧机不论是步行机还是高速机，均采用多轮驱动，机动性能和水田通过性更好。乘坐式插秧还具有高离地间隙和避震悬挂等特点，有机型还有速度固定装置，大大降低中大型田块的操作强度。

5. 配有液压仿形系统提高了水田作业的稳定性

高性能插秧机的分体式浮板及液压仿形装置可以随着大田表面及硬底层的起伏，不断调整机器状态，保证机器平衡和插深一致。同时随着土壤表面因整田方式而造成的土质硬软不同的差异，保持船板一定的接地压力，避免产生强烈的壅泥、壅水及栽插深度不一致等弊端，确保了机插质量的稳定。

6. 量化调节方便

高性能插秧机上配有多个调节手柄，机手根据农艺要求随时通过手柄进行量化调节，操作方便。如调整取秧数量的手柄，可以方便调整所取秧苗的数量，插秧机抓取的是带苗的小土块，改变所取小土块的面积，就可以改变所取秧苗的数量。由纵向送秧与横向送秧手柄配合能提供 $0.9 \sim 2.4 cm^2$ 内 30 个量化的面积和形状，由机手根据农艺要求可随时进行调节，量化取秧是高性能插秧机的重要特点。

7. 取秧采用切块的原理

采用切块的原理进行取秧，它有别于过去插秧机秧爪直接抓取秧苗造成叶伤、折伤、切断等伤秧情况，这种原理是世界上众多从事此行研究的工程技术人员（包括能工巧匠）的研究结果，因此这项技术达到先进水平。

8. 机电一体化程度高

高性能插秧机还带有大量的传感器。能及时地告知操作者插秧状态，出错报警，调控作业姿态，机电一体化、自动化、智能化程度大大提高、操作灵活自如，具有世界先进技术水平。如洋马 VP6D 插秧机，采用四冲程柴油发动机，四轮驱动，油门连动变速机构和世界先进的 HMT 无级变速机构，充分保证了机具的可靠性、适应性和操作舒适性、灵活性。

9. 作业效率高，省工节本增效

步进式插秧机的作业效率一般在 $0.133 \sim 0.2 hm^2/h$，乘坐式高速插秧机可达 $0.27 \sim 0.6 hm^2/h$，远远高于人工栽插的效率。高性能插秧机在插秧的同时还能增加施肥、整地等辅助功能，使几道工序整合到一起完成，提高时效和收益。

10. 选用高强度材料

高性能插秧机大量采用高强度铝合金、工程塑料等材料，通过先进的工艺及设备制造而成，整机重量轻，机动性好，从而保证了机器使用的耐久性与可靠性。

五、我国水稻插秧机发展历程

我国在新中国成立后就开始了对水稻插秧机械的研究，是世界上首批拥有机动插秧机的国家之一。我国水稻插秧机经历了以下 3 个发展阶段：

1. 人力水稻插秧机发展阶段

1953 年现南京农机化所将水稻插秧机列入科研课题，于 1956 年采用滚插原理设计出第一台人力插秧机试验样机，经多次改进后于 1959 年投入使用；1965 年，广西 65型人力夹式插秧机通过部级鉴定，并投入生产。

2. 机动水稻插秧机发展阶段

我国从 1964 年开始出现机动水稻插秧机，在 1965 年和 1967 年先后在世界首创"人力式拔洗秧苗插秧机"和"机动式拔洗秧苗插秧机"。1967 年采用滚动直插秧方式的"东风 – 2S 型"机动水稻插秧机通过鉴定，获国家科技发明奖；进入 20 世纪 70 年代以后，大小苗两用的各种人力插秧机和机动插秧机在全国相继出现，在 1979 年代表当时最高水平的 2Z 系列插秧机通过部级鉴定，基本满足我国各地农业技术要求，进入了专业化生产阶段，得到了推广使用。但这种机型存在取秧可靠性差、插秧质量不高、综合效率低等诸多缺点而未能大量推广，相关技术的研究也被放缓。

3. 实用插秧机应用普及、插秧机进入高速发展阶段

70 年代末，我国从日本引进实用型插秧机，并在 2Z 系列插秧机的基础上，参照日本插秧机的曲柄摇杆式分插机构，于 1982 年研制成功 2ZT 系列机型，该机分插频率可达 263 次/分，用于栽插带土的小苗较为理想。从 20 世纪 90 年代起，众多高校、研究院所和企业，开始着手引进、研究和开发高速水稻插秧机的关键部件和整机。目前，我国高速水稻插秧机已出现一批成熟机型，高速乘坐式水稻插秧机将逐步取代传统的机动插秧机，成为插秧机发展的主流趋势。随着农业机械化的迅速发展，插秧机开始进入高速发展阶段。至 2012 年年底，全国插秧机的保有量已经达到 51.3 万台，219.85 万 kW，其中乘坐式插秧机 19.41 万台、114.55kW，机插秧面积为 8 919.12 万 hm²。

日本自然条件、农业生产特点与我国相似，日本在对我国水稻插秧机研究的基础上，用了 20 多年的时间实现了水稻种植机械化。日本水稻插秧机的发展经历了 3 个时期：实用插秧机出现前的开发期（1964～1968 年），实用插秧机普及期（1970～1972 年），乘坐式插秧机出现到高速插秧机普及期（1967 年始）。

第五章　相关法律、法规知识

随着我国经济体制改革的不断深入，我国的经济发展正逐步走上法制化的轨道。与插秧机使用管理有关的法律法规有《中华人民共和国农业机械化促进法》、《中华人民共和国农业技术推广法》、《中华人民共和国合同法》、《农业机械安全监督管理条例》、《农业机械产品修理、更换、退货责任规定》、农业行业标准：NY/T989—2006《机动插秧机　作业质量》等。学习和掌握有关法规，不仅可以促使自己遵纪守法，而且可以懂得如何维护自己的合法权益。

第一节　《中华人民共和国农业机械化促进法》的相关知识

《中华人民共和国农业机械化促进法》由中华人民共和国第十届全国人民代表大会常务委员会第十次会议于 2004 年 6 月 25 日通过，自 2004 年 11 月 1 日起施行，全文共八章三十五条。

一、立法目的

为了鼓励、扶持农民和农业生产经营组织使用先进适用的农业机械，促进农业机械化，建设现代农业。

二、适用范围

本法适用于促进农业机械化和农业机械的发展。农业机械化是指运用先进适用的农业机械装备农业，改善农业生产经营条件，不断提高农业的生产技术水平和经济效益、生态效益的过程。农业机械是指用于农业生产及其产品初加工等相关农事活动的机械、设备。

三、指导思想

县级以上的人民政府应当把推进农业机械化纳入国民经济和社会发展计划。采取财政支持和实施国家规定的规定税收优惠政策以及金融扶持等措施，逐步提高对农业机械化的资金投入，充分发挥市场机制的作用，按照因地制宜、经济有效、保障安全、保护环境的原则，促进农业机械化的发展。

四、相关内容

1. 国家引导、支持农民和农业生产经营组织自主选择使用先进适用的农业机械。任何单位和个人不得强迫农民和农业生产经营组织购买其指定的农业机械产品。

2. 国家采取措施，开展农业机械化科技知识的宣传和教育，培养机械化专业人才，推进农业机械化信息服务，提高农业机械化水平。

3. 农业机械生产者、销售者应当对其生产、销售的农业机械产品质量负责，并按照国家有关规定承担零配件供应和培训等售后服务责任。农业机械生产者应当按照国家标准、行业标准和保障人身安全的要求，在其生产的农业机械产品上设置必要的安全防护装置、警示标志和中文警示说明。

4. 农业机械产品不符合质量要求的，农业机械生产者、销售者应当负责修理、更换、退货；造成损失的，应当依法赔偿损失。

5. 农业机械使用者作业时，应当按照安全操作规程操作农业机械，在有危险的部位和作业现场设置防护装置或者警示标志。

6. 各级人民政府应当采取措施，鼓励和扶持发展多种形式的农业机械服务组织，推进农业机械化信息网络建设，完善农业机械化服务体系。农业机械服务组织应当根据农民、农业生产经营组织的需求，提供农业机械示范推广、实用技术培训、维修、信息、中介等社会化服务。

7. 基层农业机械技术推广机构应当以试验示范基地为依托，为农民和农业生产经营组织无偿提供公益性农业机械技术的推广、培训等服务。

8. 从事农业机械维修，应当具备与维修业务相适应的仪器、设备和具有农业机械维修职业技能的技术人员，保证维修质量。维修质量不合格的，维修者应当免费重新修理；造成人身伤害或者财产损失的，维修者应当依法承担赔偿责任。

第二节 《中华人民共和国合同法》的相关知识

合同又称契约，是平等主体的自然人、法人、其他组织之间设立、变更、终止民事权利义务关系的协议。合同法是调整因合同产生的以权利义务为内容的社会关系的法律规范的总称。《中华人民共和国合同法》（以下简称合同法）于 1999 年 3 月 15 日第九届全国人民代表大会第二次会议通过，自 1999 年 10 月 1 日起施行。全文分二十三章四百二十八条。自《合同法》施行之日起，《中华人民共和国经济合同法》、《中华人民共和国涉外经济合同法》、《中华人民共和国技术合同法》同时废止。

一、制定目的

为了保护合同当事人的合法权益，维护社会经济秩序，促进社会主义现代化建设。

二、适用范围

适用于平等主体的自然人、法人、其他组织之间设立、变更、终止民事权利义务关系的协议。

三、相关内容

1. 合同的订立

（1）合同法的基本原则　①平等原则。②自愿原则。③公平原则。④诚实信用原则。⑤合法原则。⑥约束原则。

（2）合同的形式　①书面形式。指以文字写成书面文件的方式达成的协议。书面形式包括合同书、信件、电报、电传、传真以及电子数据交换、电子邮件等形式。②口头形式。指当事人面对面地谈话，或者以通信设备如电话交谈达成的协议。③其他形式。有默认合同等。

（3）合同订立的程序　①要约。要约是希望与他人订立合同的意思表示。发出要约的人称为要约人，接受要约的人称为受要约人。在要约到达受要约人时，要约生效。要约可以撤回，也可以撤销。②承诺。承诺是受要约人同意要约的意思表示。受要约人一旦承诺，合同即告成立。承诺的构成要件是：承诺必须由受要约人表示；承诺应当在要约确定的期限内到达要约人；承诺的内容应当与要约的内容一致。承诺也可以撤回。③合同的成立。合同的成立是指合同对当事人具有约束力，其权利和义务确立。承诺生效时合同成立；当事人采用合同书形式订立合同的，自双方当事人签字或者盖章时合同成立；当事人采用信件、数据电文等形式订立合同的，可以在合同成立之前要求签订确认书，签订确认书时合同成立。

（4）合同的主要条款　①当事人的名称或者姓名和住所。②标的。指合同当事人的权利义务指向的对象，是合同法律关系的客体。③数量。即标的量的规定，是对标的计量，是确定合同标的具体条件。④质量。即标的质的规定性。⑤价款或者报酬。⑥履行期限、地点和方式。⑦违约责任。⑧解决争议的方法。合同争议的解决途径和方式一般有四种：一是双方通过协商和解；二是由第三人进行调解；三是通过仲裁解决；四是通过诉讼解决。

2. 合同无效及被撤销

（1）合同无效　《合同法》规定，有下列情形之一的，合同无效。①当事人一方以欺诈、胁迫的手段订立合同，损害国家利益。②恶意串通，损害国家、集体或者第三人利益。③以合法形式掩盖非法目的。④损害社会公共利益。⑤违反法律、行政法规的强制性规定。

（2）撤销合同　《合同法》规定，下列合同，当事人一方有权请求人民法院或仲裁机构变更或者撤销。①因重大误解订立的。②订立合同时显失公平的。

3. 合同的履行

（1）合同履行是整个合同制度的核心内容，是指债务人通过完成合同规定的义务，使债权人的合同权利得以实现的行为。

（2）合同履行应当遵守的原则　①按照合同约定全面履行合同。②根据诚实信用的原则履行合同的附随义务。③公平合理地促使合同的履行。

第三节　《农业机械安全监督管理条例》的相关知识

《农业机械安全监督管理条例》（以下简称《条例》）已于2009年9月7日国务院第80次常务会议通过，自2009年11月1日起施行。全文共七章六十条，现介绍其相关内容。

一、制定目的

为了加强农业机械安全监督管理，预防和减少农业机械事故，保障人民生命和财产安全。

二、适用范围

适用于在中华人民共和国境内从事农业机械生产、销售、维修、使用操作以及安全监督管理等活动。

三、相关内容

1. 生产、销售和维修

（1）农业机械生产者应当按照农业机械安全技术标准组织生产，并建立健全质量保障控制体系；对生产的农业机械进行检验；农业机械经检验合格并附具详尽的安全操作说明书和标注安全警示标志后，方可出厂销售；依法必须进行认证的农业机械，在出厂前应当标注认证标志。

农业机械生产者应当建立产品出厂记录制度，出厂记录保存期限不得少于3年。

（2）农业机械销售者对购进的农业机械应当查验产品合格证明。对依法实行工业产品生产许可证管理、依法必须进行认证的农业机械，还应当验明相应的证明文件或者标志。

农业机械销售者应当建立销售记录制度，销售记录保存期限不得少于3年。

农业机械销售者应当向购买者说明农业机械操作方法和安全注意事项，并依法开具销售发票。

（3）农业机械生产者、销售者应当建立健全农业机械销售服务体系，依法承担产品质量责任。

（4）从事农业机械维修经营，应当有必要的维修场地，有必要的维修设施、设备和检测仪器，有相应的维修技术人员，有安全防护和环境保护措施，取得相应的维修技术合格证书，并依法办理工商登记手续。

农业机械维修经营者应当遵守国家有关维修质量安全技术规范和维修质量保证期的规定，确保维修质量。

2. 使用操作

（1）农业机械操作人员可以参加农业机械操作人员的技能培训，可以向有关农业机械化主管部门、人力资源和社会保障部门申请职业技能鉴定，获取相应等级的国家职业资格证书。

（2）拖拉机、联合收割机投入使用前，其所有人应当持本人身份证明和机具来源证明，向所在地县级人民政府农业机械化主管部门申请登记，办理相关证件。

（3）农业机械操作人员经过培训后，应当参加县级农业机械化主管部门组织的考试、考核合格后，办理相应的操作证件，有效期为6年。

（4）拖拉机、联合收割机应当悬挂牌照。农业机械上道路行驶、转场作业等，其操作人员应当携带操作证件。禁止使用拖拉机、联合收割机违反规定载人。

（5）农业机械操作人员作业前，应当对农业机械进行安全查验；作业时，应当遵守农业机械安全操作规程。

3. 事故处理

农业机械事故是指农业机械在作业或者转移等过程中造成人身伤亡、财产损失的事件。

农业机械在道路上发生的交通事故,由公安机关交通管理部门依照道路交通安全法律、法规处理。

在道路以外发生的农业机械事故,操作人员应当立即停机,保护现场,造成人员伤亡的,应当立即采取措施,抢救受伤人员。因抢救受伤人员变动现场的,应当标明位置。同时应当向事故发生地农业机械化主管部门报告;造成人员死亡的,还应当向事故发生地公安机关报告。

4. 法律责任

经检验、检查发现农业机械存在事故隐患,经农业机械化主管部门告知拒不排除并继续使用的,由县级以上地方人民政府农业机械化主管部门对违法行为人予以批评教育,责令改正;拒不改正的,责令停止使用;拒不停止使用的,扣押存在事故隐患的农业机械。

违反《条例》规定,造成他人人身伤亡或者财产损失的,依法承担民事责任;构成违反治安管理行为的,依法给予治安管理处罚;构成犯罪的,依法追究刑事责任。

第四节 《农业机械产品修理、更换、退货责任规定》 的相关知识

《农业机械产品修理、更换、退货责任规定》(以下简称新《规定》)于 2009 年 9 月 28 日经国家质量监督检验检疫总局、国家工商行政管理总局、农业部、工业和信息化部审议通过,自 2010 年 6 月 1 日起施行。1998 年 3 月 12 日发布的《农业机械产品修理、更换、退货责任规定》(国经贸质〔1998〕123 号)同时废止。新《规定》有力地促进了农机产品的售后服务工作,同时也为加强农机产品质量投诉监督工作,妥善解决农机产品质量纠纷,提供了具体法律依据。

一、制定目的

为维护农业机械产品用户的合法权益,提高农业机械产品质量和售后服务质量,明确农业机械产品生产者、销售者、修理者的修理、更换、退货(以下简称为"三包")责任。

二、适用范围

适用于在中华人民共和国境内从事农机产品的生产、销售、修理活动。

三、相关内容

1. "三包"责任

新《规定》详细规定了农机销售者、修理者、生产者应承担的责任。

(1)新《规定》明确指出:"农业机械产品实行谁销售谁负责'三包'的原则","不能保证实施本规定的,不得销售产品。"这样提高了"三包"服务的效率,更好地维护了农民的合法权益。

销售者承担三包责任，换货或退货后，属于生产者的责任的，可以依法向生产者追偿。在"三包"有效期内，因修理者的过错造成他人损失的，依照有关法律和代理修理合同承担责任。

（2）新《规定》对农机销售者规定了 5 条义务，其主要内容是：销售者应当执行进货检查验收制度；销售农机产品时，应当建立销售记录制度，并按照农机产品使用说明书告知有关内容；销售者交付农机产品时，应当面交验、试机，交付随附的工具、附件、备件，提供财政税务部门统一监制的购机发票、"三包"凭证、中文产品使用说明书及其他随附文件，明示农机产品"三包"有效期和"三包"方式等有关要求；销售者可以同修理者签订代理修理合同，在合同中约定"三包"有效期内的修理责任以及在农忙季节及时排除各种农机产品故障的措施；销售者应当妥善处理农机产品质量问题的咨询、查询和投诉。

（3）新《规定》对农机修理者规定了 7 条义务，其主要内容是：修理者应当与生产者或销售者订立代理修理合同，按照合同的约定，保证修理费用和维修零部件用于"三包"有效期内的修理；修理者应当承担"三包"期内的属于新《规定》范围内免费修理业务，按照合同接受生产者、销售者的监督检查；修理者应当严格执行零部件的进货检查验收制度，不得使用质量不合格的零部件，认真做好维修记录；修理者应当向农机用户当面交验修理后的农机产品及修理记录，试机运行正常后交付其使用，并保证在维修质量保证期内正常使用等。

（4）新《规定》对农机生产者规定了 6 条义务，可归纳为：严格执行出厂检验制度，未经检验合格的农机产品，不得销售；农机产品应当具有产品合格证、产品使用说明书、产品"三包"凭证等随机文件；生产者应当在销售区域范围内建立农机产品的维修网点，与修理者签订代理修理合同，依法约定农机产品"三包"责任等有关事项；生产者应当保证农机产品停产后五年内继续提供零部件；生产者应当妥善处理农机用户的投诉、查询，提供服务，并在农忙季节及时处理各种农机产品"三包"问题。农机企业的义务就是农机使用者的权益，对于上述条款，广大农机使用者应逐条了解和掌握。

2. "三包"有效期

为了进一步规范企业的"三包"行为，新《规定》在划分责任的同时，还对"三包"有效期作出了详细的规定。农机产品的"三包"有效期自销售者开具购机发票之日起计算，"三包"有效期包括整机"三包"有效期，主要部件质量保证期，易损件和其他零部件的质量保证期。

3 个月，是二冲程汽油机整机"三包"有限期。

6 个月，是四冲程汽油机整机"三包"有限期、二冲程汽油机主要部件质量保证期。

9 个月，是单缸柴油机整机、18kW 以下小型拖拉机整机"三包"有效期。

1 年，是多缸柴油机整机、18kW 以上大、中型拖拉机整机、联合收割机整机、插秧机整机和其他农机产品整机的三包有效期，是四冲程汽油机主要部件的质量保证期。

1.5 年，是单缸柴油机主要部件、小型拖拉机主要部件的质量保证期。

2 年，是多缸柴油机主要部件、大、中型拖拉机主要部件、联合收割机主要部件和插秧机主要部件的质量保证期。

5 年，生产者应当保证农机产品停产后 5 年内继续提供零部件。

农机用户丢失"三包"凭证，但能证明其所购农机产品在"三包"有效期内的，可以向销售者申请补办三包凭证，并依照本规定继续享受有关权利。销售者应当在接到农机用户申请后 10 个工作日内予以补办。销售者、生产者、修理者不得拒绝承担"三包"责任。

3. "三包"的方式

"三包"的主要方式是修理、更换、退货，但是农机购买者并不能随意要求某种方式，而需要根据产品的故障情况和经济合理的原则确定，具体规定如下。

（1）修理　在"三包"有效期内产品出现故障，由"三包"凭证指定的修理者免费修理，免费的范围包括材料费和工时费，对于难以移动的大件产品或就近未设指定修理单位的，销售者还应承担产品因修理而发生的运输费用。但是，根据产品说明书进行的保护性调整、修理，不属于"三包"的范围。

（2）更换　"三包"有效期内，送修的农机产品自送修之日起超过 30 个工作日未修好，农机用户可以选择继续修理或换货。要求换货的，销售者应当凭"三包"凭证、维护和修理记录、购机发票免费更换同型号同规格的产品。

"三包"有效期内，农机产品因出现同一严重质量问题，累计修理 2 次后仍出现同一质量问题无法正常使用的；或农机产品购机的第一个作业季开始 30 日内，除因易损件外，农机产品因同一质量问题累计修理 2 次后，又出现同一质量问题的，农机用户可以凭"三包"凭证、维护和修理记录、购机发票，选择更换相关的主要部件或系统，由销售者负责免费更换。

"三包"有效期内，符合本规定更换主要部件的条件或换货条件的，销售者应当提供新的、合格的主要部件或整机产品，并更新"三包"凭证，更换后的主要部件的质量保证期或更换后的整机产品的"三包"有效期自更换之日起重新计算

（3）退货　"三包"有效期内或农机产品购机的第一个作业季开始 30 日内，农机产品因本规定第二十九条的规定更换主要部件或系统后，又出现相同质量问题，农机用户可以选择换货，由销售者负责免费更换；换货后仍然出现相同质量问题的，农机用户可以选择退货，由销售者负责免费退货。

因生产者、销售者未明确告知农机产品的适用范围而导致农机产品不能正常作业的，农机用户在农机产品购机的第一个作业季开始 30 日内可以凭三包凭证和购机发票选择退货，由销售者负责按照购机发票金额全价退款。

（4）对"三包"服务及时性的时间要求　新《规定》要求，一般情况下，"三包"有效期内，农机产品存在本规定范围的质量问题的，修理者一般应当自送修之日起 30 个工作日内完成修理工作，并保证正常使用。联合收割机、拖拉机、播种机、插秧机等产品在农忙作业季节出现质量问题的，在服务网点范围内，属于整机或主要部件的，修理者应当在接到报修后 3 日内予以排除；属于易损件或是其他零件的质量问题的，应当在接到报修后 1 日内予以排除。在服务网点范围外的，农忙季节出现的故障修理由销售者与农机用户协商。

4. "三包"责任的免除

企业承担"三包"责任是有一定条件的，农民违背了这些条件，就将失去享受"三包"服务的资格。因此，农民在购买、使用、保养农机时要避免发生下列情况：①农机用户无法证明该农机产品在"三包"有效期内的。②产品超出"三包"有效期的。③因未按照使用说明书要求正确使用、维护，造成损坏的。④使用说明书中明示不得改装、拆卸，而自行改装、拆卸改变机器性能或者造成损坏的。⑤发生故障后，农机用户自行处置不当造成对故障原因无法做出技术鉴定的。

上述免责条款体现了新《规定》在确定农机经营者义务和农机使用者权益的过程中坚持的公正、合法、合理的原则。

5. 争议的处理

农机用户因"三包"责任问题与销售者、生产者、修理者发生纠纷的，可以按照公平、诚实、信用的原则进行协商解决。协商不能解决的，农机用户可以向当地工商行政管理部门、产品质量监督部门或者农业机械化主管部门设立的投诉机构进行投诉，或者依法向消费者权益保护组织等反映情况，当事人要求调解的，可以调解解决。因"三包"责任问题协商或调解不成的，农机用户可以依照《中华人民共和国仲裁法》的规定申请仲裁，也可以直接向人民法院起诉。

第五节　插秧机作业质量

一、机动插秧机作业条件

1. 秧苗

（1）土厚 15～25mm、苗高 80～250mm、叶龄 2.5～5 叶，秧根盘节，土块不松散，盘土宽比分格秧箱小 1～3mm，育秧用土须经过 4～5mm 孔筛过筛，不得有石块等异物。插前床土绝对含水率 35%～55%。

（2）秧苗块空格率小于 5%，插前均匀度合格率 85% 以上。

2. 插秧田块

（1）插秧田块应泥碎田平，泥脚深度不大于 300mm，水深 10～30mm，耙后沉淀按 GB/T6243 规定的锥形穿透法测定，锥深为 60～100mm（经验：泥水分清，沉淀不板结，水清不浑浊，栽清水秧，不栽混水秧；一般情况下，沙质土沉实 1～2 天，壤质土沉实 2～3 天，老黏土沉实 3 天）。

（2）秧田面高低差不大于 30mm，即灌水后，田块中无高出水面处，且水深不大于 30mm。

二、机动插秧机作业质量指标

根据机动插秧机作业质量标准（NY/T989—2006）的规定，机插秧应符合下列要求：

1. 伤秧率

指机插后秧苗茎基部有折伤、刺伤、撕裂和切断等现象的苗数占总苗数的百分比，一般要求伤秧率≤4%。

2. 漏插率

指机插后插穴内无秧苗的穴数（含漏插和漂秧）占总穴数的百分比，一般要求漏插率≤5%。

3. 相对均匀度合格率

指机插后每穴苗数符合要求的穴数占总穴数的百分比，一般要求相对均匀度合格率≥85%。

4. 漂秧率

指机插后秧苗漂浮在水（泥）面的穴数占总穴数的百分比，一般要求漂秧率≤3%。

5. 翻倒率

指机插后带土苗倾翻于田中，使秧叶与泥土接触的穴数占总穴数的百分比，一般要求翻倒率≤3%。

6. 插秧深度合格率

指机插后秧深度符合要求的穴数占总穴数的百分比，一般要求≥90%。

7. 邻接行距合格率

指机插后邻接行距符合要求的行数占总行数的百分比，一般要求≥90%。

第二部分 插秧机操作工初级技能

第六章 插秧机作业准备

第一节 插秧机技术状态检查

相关知识

插秧机技术状态检查的内容主要包括发动机、传动部件、机架及行走部件、液压仿形及插深控制部件、插植部件、操作元件、电路等。

一、步进式插秧机技术状态检查

（一）汽油发动机技术状态检查

发动机技术状态检查的内容主要包括油路检查、气路检查、电路检查、反冲式启动器检查等。检查时，要求插秧机发动机必须在熄火状态下（不启动）进行，确保安全。

1. 油路检查

（1）检查燃油开关　检查燃油截止旋阀（燃油开关）是否拨至［ON］或［开］位置，如图6-1所示。检查油门手柄操作是否顺滑、灵活。

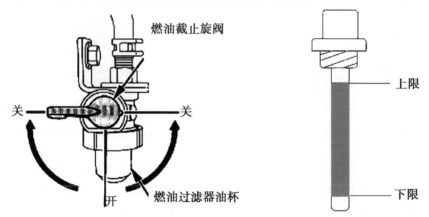

图6-1　燃油截止阀开关示意图　　　图6-2　机油尺上下刻度示意图

（2）检查油量　首先检查燃料箱内的燃料量，燃料缺少时补给清洁燃料，加油时不宜过满。然后检查发动机里是否有适量的机油，发动机机油面是否在注油塞（机油尺）的上下限的刻线（麻区）之间，如图6-2所示。

注意事项：对于没有机油泵供油、采用溅油匙实行强制飞溅润滑的发动机，机油量应接近上限。如油量较少，溅油匙打击的油量较少，飞溅润滑效果较差，会导致润滑不良、启动困难、发动机工作阻力加大、磨损加剧、油耗增加、功率下降。如油量太少，则会导致发动机烧瓦抱轴、连杆折断等故障。检油时，如机油快从油量计孔中溢出，则说明油量已达到最大。

（3）检查有无渗漏油　检查燃油过滤器、燃料管是否老化损伤，夹子是否松弛，是否有燃料泄漏，如有应及时修复或更换。检查连接螺栓是否松弛，箱体等结合部是否密封，有无渗漏油。检查清洁曲轴箱、油箱盖通气孔是否堵塞，如有堵塞要清扫干净，保证畅通。

（4）清除油路中杂质　检查发动机燃料滤清器滤网是否堵塞，油杯内是否有水珠和杂质沉淀，如有应清洗燃料滤清器滤网、清除油杯内水珠和杂质，如图6-3所示。

2. 气路检查

（1）空气滤清器　空气滤清器中无论是海绵滤芯或纸质滤芯都要保持清洁，通气流畅，避免油污或灰尘太多。根据堵塞程度不同，会发生发动机完全无法启动或启动后高速运转不畅、功率不足。纸质滤芯要保持清洁，避免油污太多。灰尘太多，会发生发动机完全无法启动或启动后高速运转不畅的现象。

（2）消音器　检查消音器排气口有无积碳、易燃物或泥土杂物堵塞。

（3）风门手柄　检查风门手柄应操纵灵活。启动前，风门在冷机时将风门手柄拉出至最大位置，启动后手柄推回到原始位置。

3. 电路检查

启动发动机前，检查启动开关，应拨动灵活到位，发动机启动开关处于［运转］位置，如图6-4所示。

图6-3　燃油过滤沉淀杯杂质图　　　图6-4　发动机启动开关示意图

注意事项：步进式插秧机要检查发动机启动开关面板内侧电气连接器连接状态，有无电线松紧度过紧的情况，电线接头虚接，有无堵塞和锈蚀。如连接不良，发动机可能会启动困难或在运转过程中熄火。

4. 反冲式启动器检查

（1）启动器各运动件应灵活、可靠，不应有卡滞、异响。

（2）检查拉绳，拉出时应能自动重绕，复位良好。

（3）启动器罩壳冷却风口无堵塞。

（二）步进式插秧机润滑状态检查

插秧机各操纵手柄拉线及回转部、摩擦部是否有充足的黄油机油混合物保证润滑。

齿轮箱和各传动箱等是否有充足的齿轮油。

1. 检查各拉线及回转部是否有充足的黄油、机油，关键看涂有黄色标记的部位。

2. 检查齿轮箱齿轮油量 ①水平放置插秧机。②打开检视孔或油标尺观察，如齿轮油从检视孔流出或接近油标尺上刻度，则油量最大。③查看齿轮箱加油盖，观察通气塞是否通畅。

注意事项：齿轮箱的使用条件比较苛刻，负荷变化较大。实际工作时箱内工作温度高，使箱内润滑油产生蒸汽，充满箱体空间，导致箱内压力升高，往往在最薄弱处油气冲出而产生泄漏。油温也高，引起润滑油过稀，润滑性能下降，导致齿轮及轴承等件的早期磨损和损坏，缩短使用寿命。如果多处漏油且箱壳温度较高的情况下，则一般属于变速箱盖上的注油通气塞被灰尘和泥浆阻塞，使通气性能变差。

3. 检查插植传动齿轮箱、链轮箱、插植臂等润滑状态。

（三）步进式插秧机操控部分和变速挡位检查

步进式插秧机操控部分主要通过变速手柄、主离合器手柄、插植离合器手柄、液压手柄、油门手柄等与可调式钢丝拉线（杆线）连接要操控的部件，实现需要的机器性能。操纵拉（杆）线一般分为主离合器拉线、插植离合器拉线、液压离合器拉线、液压灵敏度拉线、转向拉线、油门接线等，通过颜色区分不同的拉线。手柄通过变速挡位板变换或固定在不同的位置。操纵拉线的松紧度和变速挡位板的变形程度关联到有关操纵手柄的灵敏度和机器性能。

检查插秧机变速挡位板是否变形，变速手柄、主离合器手柄、插植离合器手柄、液压手柄等放置的位置是否正确、操作是否灵活、拉线的松紧度是否适宜、运转灵敏、复位正确，有异常情况要查找原因，采取措施，如图6-5所示。

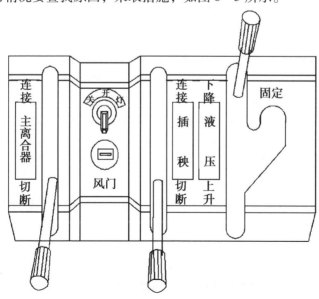

图6-5 PF48型步进式操作手柄示意图

左手柄-主离合器手柄；中手柄-插植离合器手柄；右手柄-液压离合器手柄

注意事项：启动插秧机时，液压手柄应处于［下降］位置、变速手柄处于［空挡］

位置、主离合器手柄和插植离合器手柄应处于［切断］位置。如果液压手柄处于［上升］位置、变速杆挡位不在空挡位置或主离合器处于［连接］位置时，都会增加发动机启动负荷，导致发动机不易启动。因此，启动时液压手柄应处于［下降］位置，其他手柄处于［切断］位置。

（四）传动连接部分检查

检查插秧机的每个传动件及传动连接是否可靠，螺母是否松动，是否有缺陷、损坏现象。特别是固定发动机与机架的连接件不许有松动和脱扣现象。

（五）插植部分检查

插秧机插植臂左右不应有明显的串动，调整插植臂位置要正确一致。秧针运转不碰撞秧门，秧针与秧门两侧间隙应符合相应插秧机使用说明书的规定。检查插秧机秧针、苗箱、导轨、秧门等是否有变形和损坏，插植部插植叉（推秧器）和秧爪的间隙 0.1～0.5mm，若秧针变形，要及时更换，秧爪磨损严重的应更换。

送秧量、取秧量、插秧深度、株距手柄等应符合插秧机使用说明书的规定。

（六）行驶部分检查

插秧机行驶部分检查的内容包括转向是否灵敏、车轮磨损情况或充气情况、刹车是否灵敏。

二、乘坐式插秧机技术状态检查

乘坐式插秧机技术状态检查内容除与步进式插秧机相同外，还需检查以下内容：

1. 查看油量表

看燃料量是否充足。卸下前、后罩盖和前底板，确认燃料管路有无老化或损伤，连接卡箍是否松动，以及燃料是否泄漏。按需规定牌号补充燃料及修理更换燃料管。

注意事项：补充燃料时，不要抽烟或用明火照明。补充完燃料后，要盖紧盖子，擦去溢出的燃料，避免引起火灾。燃料加注前最好沉淀 48h 以上。

2. 检查机油量

卸下机罩，检查发动机机油面是否位于检油尺的上下限刻线之间，同时检查有无漏油。若油不足，请补充油。补充完油后，按原样装好加油口盖子。

3. 检查清洗空气滤清器

松开固定空气滤清器搭扣，拆下空气滤净器上部的蝶形螺钉，取出内部滤芯，拆下海绵和内侧过滤纸，抖落附在滤纸上面的灰尘，海绵用煤油或汽油清洗干净，挤干后待完全干燥后再安装。

4. 检查电气线路

电气线路主要检查内容：①确认电路是否正常，灯光、信号能否正常开启，保持良好状态。②导线是否与其他零部件相碰，导线表皮有无破损。③连接部是否松动。④蓄电池的安装要求牢固、防震，加液盖上的通气孔是否畅通。正负极桩与连接导线接头之间的连接是否良好。作业前，清除附着在蓄电池及电气线路导线上的垃圾，防止引起火灾。检查电瓶是否有足够的电量，保险丝是否完好。

注意事项：乘坐式插秧机一般使用密封免维护型蓄电池，不需要补水，如蓄电池电液减少，说明到了使用寿命，要更换。拆卸检查蓄电池时，须确认发动机和所有附属设备都已关闭，首先拆下蓄电池负极接头（"－"标记）上的接地电线，再拆正极，安装则相反。还须注意，使用工具时不要引起短路。

5. 检查轮胎、皮带及连接螺栓等

检查轮胎、皮带有无损伤、磨损，各部有无变形、损伤、污迹，连接螺栓有无松动。

6. 调整驾驶座位

人坐上后感觉其与变速踏板的安装角度和方向盘的前后角度是否合适舒服。如不合适，可进行调整。驾驶座位的位置可通过平头销的孔位和前后调节杆的调节进行。变速踏板的角度可通过平头销进行2挡调节。拆下开口销，拔出平头销，改变变速踏板角度，插入平头销，用开口销固定。方向盘位置可通过方向盘倾斜调节手柄进行2挡调节。把方向盘倾斜调节手柄置于［解除］位置，同时把方向盘调节到便于操作的角度，将方向盘倾斜调节手柄回到［锁定］位置，即可固定方向盘。

7. 清洁散热器

如有散热水箱，请添加根据当地作业温度需要规定比率调配的防冻散热剂。事前清洗掉水箱中的水垢，检查是否漏水，散热器是否有灰尘堵塞，防止散热效果有下降。

8. 检查插植部运转件和易损件是否磨损，根据使用说明调整和更换。

注意事项：检查过后，务必将拆卸下的机罩按原样安装好。

操 作 技 能

一、步进式插秧机主传动皮带张紧度的检查与调整

插秧机新皮带工作5～10个小时后应检查其张紧度，皮带太紧和两皮带盘不在同一侧平面上会影响皮带的使用寿命。新皮带长时间工作而不检查其张紧度，皮带会拉长松弛，容易产生"打滑"现象，导致传动效率下降，影响正常的功率和动力传递，出现机器行驶速度变慢或液压工作不良等状况，应及时检查与调整，其方法如下：

（1）拆下皮带罩。

（2）检查发动机和齿轮箱之间的主传动皮带张紧度。在皮带中间用4kg的力向下压，下陷量在10～15mm，如图6－6所示。

（3）调整。若主传动皮带松弛，则松开发动机地脚固定螺栓，将发动机在机架上的位置往前移动，张紧度合适时，拧紧固定螺栓。

二、步进式插秧机拉线松紧度的检查与调整

步进式插秧机机器操控部分主要通过手柄、可调式钢丝拉线（杆线）连接要操控的部件，实现需要的机器性能。操纵拉（杆）线一般分为主离合器拉线、插植离合器拉线、液压离合器拉线、液压灵敏度拉线、转向拉线等，操纵拉线的松紧度关联到有关操纵手柄的灵敏度。通过颜色区分不同功能的拉线，如图6－7所示。

拉线松紧度的调整主要采用转动拉线调节螺母来改变调节螺栓长度的原理，达到改变钢丝拉线的松紧度，从而调整操纵手柄在合适的位置起作用。

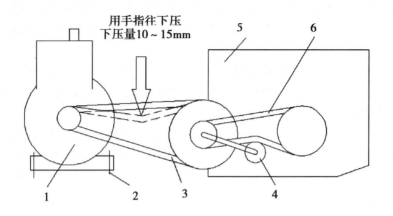

图6-6 发动机皮带张紧度示意图

1-发动机；2-地脚紧固蚴栓；3-主传动（液压）皮带；4-张紧轮；

5-主齿轮箱；6-主齿轮箱传动皮带

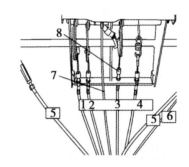

图6-7 PF48型步进式插秧机操纵拉线示意图

1-主离合器拉线（黄色）；2-调整液压仿形控制拉线（红色）；

3-插秧离合器拉线（绿色）；4-液压拉线（蓝色）；5-转向离合器拉线（灰色）；

6-油门拉线（黑色）；7-风门拉线（灰色）；8-调节螺栓

1. 主离合器手柄拉线的检查与调整

主离合器手柄有［连接］和［断开］两个操作位置。检查拉线的最佳长度为主离合器手柄向上拨时，主离合器手柄在面板上对准［切断］的"切"字位置时开始起作用，即动力开始传递或插植臂开始运转，此位置为最佳状态。当插秧机行走无力，说明主皮带磨损或张紧度松弛，可以调整主离合器拉线。

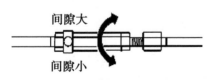

图6-8 拉线调整示意图

调整方法：先松开锁紧螺母，然后边拧调节螺母边进行调整，使其上下移动，往上转动，调节螺栓变长；往下转动，调节螺栓变短，达到改变钢丝拉线的松紧度，从而调整操纵手柄在合适的位置起作用，调整完毕后一定要拧紧、锁紧螺母，如图6-8所示。

2. 插植离合器手柄拉线的检查与调整

插植离合器手柄有［连接］和［断开］两个操作位置。检查时，首先将主离合器连接，再将插植离合器手柄向上拨，插植离合手柄对准面板上［切断］的"切"的位置开始起作用，即插植臂开始运转，此位置为最佳状态。当插植部不能正常结合与分离时，调整插秧离合器拉线。调整方法同主离合器手柄接线的调整。

3. 液压钢丝拉线的检查与调整

液压手柄在面板上有3个位置，分别为［上升］、［固定］和［下降］。检查时，液压手柄下拨到手柄对准面板上［上升］的"上"字时插秧机开始上升，此位置为最佳状态。上升以及下降的速度要达到标准，上升时间为3~4s，下降时间为1~2s。调整时要切断主离合器手柄，调整方法同主离合器手柄接线的调整。

4. 调控液压钢丝拉线的检查与调整

调控液压钢丝拉线就是液压仿形控制拉线，控制插秧机液压仿行的作用，拉线一端安装在主离合器手柄上。当主离合器手柄在［断开］位置时，在复位弹簧的作用下使液压仿形控制拉线的另一端前移，顶在弧形槽的死点位置，液压自动仿形不起作用。当液压手柄在［下降］位置，主离合器手柄［连接］时，液压仿形功能启动，插秧机行走轮随表土浮泥下硬土层（犁底层）自动仿形升降前进，插秧机中间浮板始终贴合住水田表面滑行，从而保持恒定的插秧深度。

调节液压仿形控制拉线之前，先要正确调整好在液压钢丝拉线，检查调整方法为：液压手柄在［下降］位置，主离合器手柄［切断］时，用手指轻抬中浮板前端（或用脚踩中浮板后端），插秧机不能自动上升，液压仿形控制拉线能使液压阀臂正好到液压泵的凸台中央，如图6-9所示。

5. 转向离合器拉线的检查与调整

当插秧机转向不灵、偏跑或原地打转的时候，可以调节转向拉线。调整转向拉线上的调整螺杆，使转向离合器手把的自由间隙为0~1mm，左右转向拉线的调整方法一致，如图6-10所示。

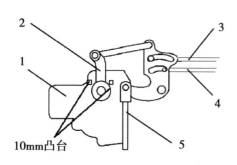

图6-9 液压仿形调控液压钢丝示意图

1-液压泵总成；2-液压阀臂；
3-液压仿形调控钢丝；4-调控液压钢丝；
5-液压仿形传感器

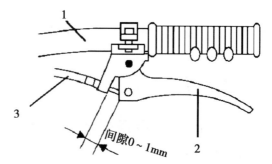

图6-10 转向离合器间隙示意图

1-手柄组合；2-转向离合器手柄；
3-转向离合器钢丝

三、步进式插秧机插植驱动链条张紧度的检查与调整

步进式插秧机主齿轮箱到插植传动箱一般通过支架内链条或轴传动。对于链条传动的插植传动箱，其支架内部如有"哒啦哒啦"的声音，是因为插植部驱动链松弛造成的。

调整时，先将连接主齿轮箱一端的链条扇形张紧机构松开，如图 6-11 所示；再调整插植齿轮箱一端的链条张紧螺杆，如图 6-12 所示，使链条预张紧，再将前面主齿轮箱端的链条扇形张紧机构的固定螺栓稍微拧开，将张紧板逆时针向下旋转，使链条张紧，直到没有声音为止。

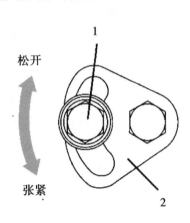

图 6-11　插植驱动链条张紧示意图
1-固定螺栓；2-张紧板

图 6-12　插植驱动链条张紧示意图

四、步进式插秧机机体平衡度的检查与调整

检查时，水平放置插秧机，当插秧机整机出现左右不平衡时，将机器左右摇摆 4~5 次，导轨左右两边高度差大于 10mm 时，说明机体不平衡。

调整时，先将机器停放在平坦处，将苗箱放在导轨中间，调整仿联动臂上的调节螺母，使其保持平衡，将机器上升，左右摇动一下，停放 2~5min 后确认。

第二节　机插秧作业条件及物料准备

相关知识

一、机插秧苗移栽准备

1. 秧苗的准备

（1）适时控水炼苗　春茬秧一般在移栽前 5 天控水炼苗。麦茬秧控水时间宜在栽前 2~3 天进行。控水方法：晴天保持半沟水，若中午秧苗卷叶时可采取洒水补湿。阴雨天气应排干秧沟积水，特别是在起秧栽插前，雨前要盖膜遮雨，防止床土含水率过高而影响起秧和栽插。

（2）坚持带药移栽　机插秧苗由于苗小，个体较嫩，易遭受螟虫、稻蓟马及栽后稻蟓甲的为害，栽前要进行一次药剂防治工作。在栽前 1~2 天每 667m² 用 25% 快杀灵乳油 30~35ml 对水 40~60kg 进行喷雾。在水稻条纹叶枯病发生区，防治时应亩加 10% 吡虫啉乳油 15ml，控制灰飞虱的带毒传播为害。做到带药移栽，一药兼治。

（3）秧苗质量　机插秧苗采用中小苗带土移栽，要求苗高适宜，均匀整齐，苗体粗壮，清秀无病，无黑根黄叶。秧苗质量指标：秧龄为 13~25 天，单季稻及中稻一般秧龄为 15~20 天，早稻育秧由于气温偏低，秧龄应适当延长。但无论秧龄如何变化，一般都在 3.0~4.0 叶龄移栽；苗高 130~200mm；苗基粗≥2.5mm；地上部百苗干重≥2.0g。常规粳稻育秧要求秧盘每平方厘米成苗 1.5~3 株，杂交稻成苗 1~1.5 株。

机械插秧所使用的秧苗是以营养土为载体的标准化秧苗，秧苗育成后根系发达盘结力强，形成毯状秧苗块（又称秧块）。因根系发达有利于秧苗地上、地下部的协调生长，并减轻机械的植伤，从而保证机插秧的栽插质量和插秧机作业的效率。因此，对规格化毯状秧苗要求秧块土层厚度应均匀一致，秧块四角垂直方正，不应缺边、断角，根系发达，盘结牢固，保证秧块能整体提起不散裂，盘结力标准达到 4kg，壮秧苗根系的数量要求单株白根 10 根以上，起秧栽插时秧块含水率为 25%。

2. 起秧

（1）盘式育秧　起秧前先连盘带秧一并提起，慢慢拉断穿过秧盘底孔的少量根系，再平放，后小心卷苗脱盘，保证秧块不变形、不断裂，秧不折断，不伤苗。

（2）双膜育秧　在起秧前首先要将整块秧板切成适合机插的规格秧块，秧块的标准尺寸为长 580mm 左右、宽 275~280mm。为了确保秧块尺寸，事先应制作切块方格，再用长柄刀进行垂直切割，切块深度以切到底膜为宜。

3. 苗的运送

（1）每亩大田预备的秧盘数量　每亩大田预备的秧盘数量要根据水稻品种、分蘖特性、栽插时间等因素，一般常规粳稻播 25~30 盘，杂交粳稻 13~15 盘。无论何种育秧方式、何种品种均需培育 10% 左右的备用秧。

（2）秧苗的运送方法　机插秧苗起运移栽要根据不同的育秧方法采取相应的措施，运输时秧块要卷起，到田边平放并遮盖。减少秧块搬动的次数，保证秧块规格尺寸，防止秧苗枯萎，做到随起随运随栽。遇烈日高温，要用遮阳布遮阳。如有运秧车有分层运秧架可随盘平放，运往田头。普通平板车运秧可在秧苗起盘后小心卷起秧块，叠放于运秧车，堆放层数视秧苗盘根程度和苗高情况，一般以 2~3 层为宜。如采用无土化基质育秧，盘根较好，秧块重量只有营养土的 1/4，可堆放 7~8 层，切勿过多而加大底层压力，避免秧块变形或折断秧苗，运至田头应随即卸下平放，使秧苗自然舒展，利于机插。

注意事项：秧块宽度与厚度最关键，切块宽度过大，秧块会卡滞在秧箱上使送秧受阻，引起漏插；切块宽度不足也同样会导致漏插。若秧块的厚度过厚或过薄，都会导致苗伤加重，从而影响栽插质量。所以机插育秧可以通过标准化的硬盘或软盘来实现秧块的标准尺寸。双膜育秧则在栽插起秧时，通过切块来保证标准尺寸。

二、机插秧大田准备

1. 机插秧大田耕整工艺环节

在正常机械插秧作业状态下，影响栽插作业质量的主要是秧苗质量和大田耕整质量这两大因素。所以，水稻机插大田栽前耕整是水稻高产栽培技术中一项重要内容，一般包括耕翻、灭茬、晒垡、施肥、碎土、耙地、平整、清除田面漂浮物、化学封杀灭草 9 个环节。其中，麦秸秆还田的机插秧田块耕整流程概括为：秸秆切碎→均匀铺撒→旋耕埋茬作业→上水泡田→水田驱动耙耙田→土壤沉实→机插秧。

2. 机插秧大田耕整地技术要求

（1）前茬秸秆的处理　三麦机械化收获时留茬高度为150mm以下，联合收割机必须附带切碎装置，将麦秸秆切碎还田，要求切碎长度不大于100mm，切碎后的秸秆要均匀铺放。

（2）基肥用量　基肥施用应根据土壤肥力、茬口等因素，并坚持有机和无机肥结合施用的原则，施用量一般为总施肥量的20%，以满足水稻前、中期生长养分的供给。可结合旋耕作业每亩大田施人畜粪15～20担，氮、磷、钾复合肥20～25kg、尿素3～4kg。在缺磷土壤中应亩增施过磷酸钙20～25kg。

注意事项：秸秆在前期腐烂分解过程中形成生物夺氮而造成土壤中速效氮肥短时亏缺，秸秆分解后又会增加土壤有机质，提高土壤肥力。因此，秸秆还田的地块表现为：前期秸秆分解夺氮，后期秸秆转化析氮的特点。对麦茬秸秆还田的田块，在整地前还需亩增施尿素3～4kg，但水稻生长期间总的化肥施用量不变，适当调高基肥的使用量，基肥、蘖肥、穗肥使用比例可调整为4：2：4。

（3）耕翻　春茬田（空白茬）进行春耕晒垡，麦、油茬田应根据秧龄长短，在确保适期移栽的基础上视天气情况可晒垡2～3天，利于改善土壤理化性状。旱田耕翻深度130～150mm，耕深大，碎土多，土壤和秸秆拌和度高，过深（大于150mm）则不利于机插；耕深浅（小于120mm），碎土少，秸秆浮茬多，也不利于机插。

春茬田在春耕晒垡的基础上，机插前一星期进行旋耕整地上水耙平。为提高前茬秸秆的深埋效果，应采用旱田还田机埋茬，旋耕埋茬后上水泡秸秆，秸秆泡软基本能沉淀、漂浮量减少约需要12h，待土垡完全吸足水分、秸秆泡软后进行耙地，再用水田埋茬起浆机进行灭茬耕整作业。另外，水田驱动耙还田作业待土垡完全吸足水分、秸秆泡软后，作业水层控制在0～10mm薄水层，保证起浆埋茬的效果。如水层大耙田作业起浪，会壅水壅泥，起浆效果差，秸秆又被冲刷到大田表面，浮茬浪渣增多，不利于插秧。

（4）整地　插秧机的作业性能和秧苗特点，决定了大田整地要达到以下要求：一是田平如镜。机插大田高低差不超过30mm，对高低落差较大的田块的处置方法是采取围堰分段的栽插方法，缩小高低差。二是田面整洁，无杂草、杂物。对秸秆还田且灭茬效果欠佳的田块，务必要在耙地时结合人工踩埋，清除田面残物。三是表土硬软适中，上细下粗，细而不糊，上烂下实，表土泥浆层50～80mm，泥脚深度不大于300mm，插秧作业时不陷机不壅泥。

（5）土壤沉实　为提高机插质量，避免栽插过深或漂秧、倒秧，大田耙地塝平后须经一段时间沉实。土壤沉实的总体要求是：泥水分清，沉实不板结，水清不浑浊。沉实时间的长短应根据土质情况而定。沙质土需沉一天左右，壤土一般需沉实1～2天，黏土一般需沉实3天左右。待泥浆完全沉淀后，即可清水机插。机插大田硬度常规测试可用乒乓球大的土块，从1m高处落下，以土块入土一半为宜。若田脚较烂，泥水较糊，沉实时间需更长些。

注意事项：机插秧均为中小苗移栽，苗高近似于常规手插秧的一半，若不坚持泥浆沉淀，极易造成栽插过深（泥浆沉淀掩埋、插秧机浮板壅泥塌陷填埋）或漂秧，倒秧率增加。标准插秧深度为秧块上表面入5～10mm，栽插过深会导致秧苗低节位分蘖不足，有效穗减少，直接影响水稻单产。

（6）水层深度　机插秧田水层深度要求在 10 ~ 30mm，如图 6 - 13 所示，高出不露墩，低处不淹苗，栽秧后寸水棵棵到。

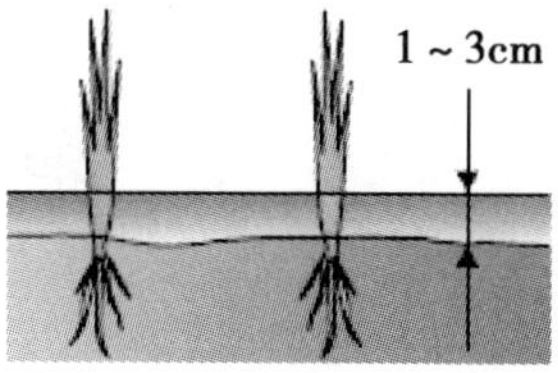

图 6 - 13　机插大田水层示意图

操作技能

一、运输装卸插秧机

1. 插秧机装卸时跳板要求

每块跳板的宽度要达到 300mm 以上，长度要达到卡车车厢高度的 4 倍以上，每块强度 500kg 以上，要有防滑装置。装卸时跳板与地面的坡度夹角 12°以下。

2. 乘坐式插秧机装卸时操作要领

（1）插秧机装卸时把插植部升至最高位置后自动置于［中立］位置，然后液压手柄置于［锁止］位置。

（2）插秧机以最低的速度行进。

（3）上车时主变速手柄置于［后退］位置，副变速手柄置于［插秧］位置；下车时主变速手柄置于［前进］位置，副变速手柄置于［插秧］位置。

3. 注意事项

乘坐式插秧机在跳板上时，一般应避免使用刹车，必须要制动时，动作要快速。不得已要在坡地停车时，主变速必须放在［前进］或［后退］位置，把插秧部降到地面，踩停车刹车。装卸途中发动机熄火的处置方法为踩刹车，重新启动后，原挡位操作。

二、插秧机初始装秧

（1）正确启动发动机，低速运行。

（2）将变速手柄放在［中立］挡位置，液压手柄放置在［固定］位置，插植离合器手柄置于［连接］挡位置，慢慢［接合］主离合器手柄，将秧箱移至导轨的最左端或最右端时，立即将主离合器手柄移动到［切断］位置，即为首次装秧位置（苗箱上没有秧苗时的装秧）。

（3）取苗时，把秧苗块一侧苗提起，同时插入取秧苗板。

（4）用取秧苗板托住秧块，将秧苗装入秧箱，人工推送使秧块端面与导轨平整接触，秧苗应装到位，前端不能翘起，秧块中央不能拱起。若补给秧苗超出苗箱高度的情况下拉出苗箱延伸板，防止秧苗往后挂苗的现象出现。

第七章 插秧机作业实施

第一节 插秧机作业调试

相关知识

一、插秧机安全使用常识

(一) 对插秧机驾驶操作人员要求

机械化插秧是涉及人、机、苗、田、水的系统工程,包括人员培训、机具维护与保养、规格化育苗技术、机插大田整地技术、田间作业技术、插秧作业质量标准和机插水稻大田管理技术等诸多方面。插秧机驾驶操作人员应参加具有插秧机培训资质的机构或生产厂家主办的插秧机操作技术培训,认真阅读插秧机使用说明书,掌握插秧机的结构原理、技术维护、操作要领和机插秧技术及安全操作规定,并获得相应的操作或职业资格证书。

使用操作插秧机前要穿着适合的工作服,不宜穿过分宽大的衣服,以免影响插秧机操作;不准酒后驾驶;不准疲劳驾驶;年老体衰、未成年和孕妇不适宜驾驶插秧机进行插秧作业。在插秧机使用过程中严格遵守操作规程。

(二) 发动机燃料使用常识

1. 插秧机燃料中不能加入润滑油进行混合使用

少数新的插秧机操作手往往会把插秧机配用的四冲程汽油机当做二冲程汽油机,误认为使用燃料是汽油和机油混合燃烧的,即机油与汽油混合在一起,润滑发动机部件后与汽油一起烧掉的。错误使用混合燃料,会导致发动机积碳过多,机器过热,功率下降,启动困难。

2. 避免油箱盖通气孔堵塞

为防止油箱内燃油震荡溅出和蒸发损失、灰尘进入,油箱应当是封闭的。发动机工作后燃油开始消耗,封闭的油箱会因油面降低而形成真空负压,或因高温燃油蒸发而使油箱内压升高,为此,油箱盖上设有通气孔,以平衡箱内外气压,使用中应保持畅通。若油箱盖上的通气孔被污物堵塞,或因油箱盖丢失,临时用塑料布将油箱口扎死,发动机工作中油箱内油面逐渐降低,油箱内形成真空负压,供油不畅,从而导致发动机工作不稳、自动熄火、热机难启动等现象。

3. 加注燃料注意事项

(1) 避免加油太满。加油过量,产生油箱气阻现象。

(2) 用金属容器存放或加注汽油。汽油属于一级甲类易燃液体,它的闪点小于28℃,爆炸下限小于10%。用塑料桶装汽油在灌装、倒出或振动过程中,汽油与塑料桶壁互相摩擦,接触电位差产生电子移动,致使正负电荷出现,产生静电。实践证明,用一个125L的塑料桶装满汽油，在倒出时，汽油在流量大、流速快的情况下，可能产生2×10^3V以上的电位。当积聚的电荷达到一定电压，就可能放电产生静电火花，引燃汽油或汽油与空气的混合气体，发生燃烧或爆炸。因此为了安全，不要用塑料桶装汽油。如果已用塑料桶装上汽油，必须装满，上面不留空间，不要有空气。倒出汽油时，要先用一根铁丝伸入塑料桶中，铁丝要和大地地线相连，这样就可把塑料桶中的静电放掉，再倒出汽油。总之，用塑料桶装汽油十分的危险，最好不用！金属桶导电，静电就会随着金属桶接地而流失掉，比较安全。

（3）确保加油安全。加油时应做到：①加油前发动机必须熄火；②加油时不能发动机器，否则可能会引发火灾；③不要使用手机接打电话；④不要吸烟；⑤雷雨天气最好不要加油。

（三）插秧机使用安全事项

1. 作业前

（1）作业机具安装应在没有交通危险的平坦的场所。发动机的启动请在室外进行，若在室内启动和运转发动机时，请打开门窗，进行充分换气，因发动机排出的气体是有毒的。

（2）机器使用前、后都应检查，如有异常应即时修理。发动机、消音器、燃料箱周围的杂物、垃圾等要及时清理。在有干草、干布等可燃物的场所，请谨慎停放机器。

（3）机械的检查保养而卸下其防护装置时，检查保养完毕后，必须把防护装置装在原处。

2. 作业中

（1）在机械作业中，插秧机的操作人员为1名。非操作者请不要搭乘。

（2）除紧急情况外，禁止人从运行或者作业中的机械上跳上跳下。

（3）在机械作业中，禁止与作业无关的人靠近机械。

（4）在运行或者作业中，应经常注意机械周围，确保其安全，尤其在起步时注意。

（5）在倾斜地作业时，为防止机械翻倒，应注意操作其速度、旋转、作业方法等。在耕地出入、越埂、越沟或者通过松软的地面时，特别注意防止机械翻倒。

（6）在道路行驶时，带有左右制动器踏板连锁板的机械应在连接状态下行驶。在下坡行驶时不能空挡滑行，禁止使用转向离合器。在上坡起车时，应注意前轮是否翘起。

（7）插秧机不能擅自在公路上行驶。若在公路上移动，最好装上卡车搬运。在装卸机械时，为防止机械翻倒或者坠落应充分注意并采取适当的措施。

（8）不要进行夜间作业。在夜间不易看清周围的情况，可能会引发意外事故。

（9）机械的检查必须在停止发动机且安全的状态下进行。为休息而离开机旁时，应把机械停置在安全的场所，而且把作业机具降下来以处于安全停止状态。机械停置在倾斜地上时，必须锁住驱动轮，以免发生自然翻车的危险。

3. 作业后

（1）作业结束后，为了下次的作业，必须检查保养。

（2）作业终了后，把作业机具放置在安全的场所，保持安全的停止状态。长期不用，应把它入库保管，并保持完好的状态。

二、插秧机各部名称

（一）步进式插秧机

步进式插秧机各部及手柄名称，如图7-1A、7-1B所示。

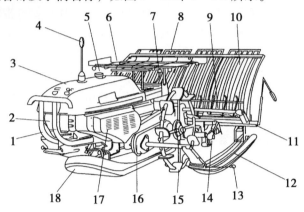

图7-1A　步进式 PF48 型插秧机结构示意图（前侧视）

1-保险杆；2-发动机；3-机盖；4-中间标杆；5-油箱；6-预备秧苗支架；
7-变速杆；8-秧箱延长板；9-压秧杆；10-秧箱；11-导轨；12-侧浮板；13-侧对行器；
14-插植臂；15-驱动轮；16-驱动链轮箱；17-皮带罩；18-中间浮板

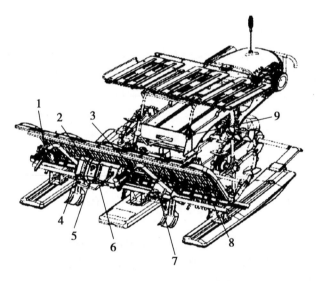

图7-1B　步进式 PF48 型插秧机结构示意图（后侧视）

1-侧离合器手柄；2-发动机开关；3-油门手柄；4-主离合器手柄；5-插植离合器手柄；
6-液压手柄；7-插秧深度调节手柄；8-苗移送辊（星轮式）；9-反冲式启动器手柄

1. 主离合器手柄

主离合器手柄的功用是接合、分离发动机动力传入和液压仿形机构，其位置在两转向操作手柄中间下部的操作面板上。主离合器是通过张紧轮的张紧或放松的原理进行接合和切断动力，当主离合器手柄动拉到接合位置时，主离合器连接钢丝拉线控制张紧轮对主皮带的张紧，发动机动力通过主皮带传给主齿轮箱、插植传动箱和行走机构，同时协同控制液压仿形机构的操作；当主离合器手柄动拉放到切断位置时，主离合器连接钢丝拉线控制张紧轮对主皮带的放松，发动机动力被切断，主齿轮箱等就停止工作。

2. 插植离合器手柄

插植离合器手柄的功用是接合和分离发动机传递给插植传动箱的动力，其位置在两转向操作手柄中间下部的操作面板上。插植离合器是通过连接拉线带动顶杆上下移动，从而控制插植离合器凸轮进行轴向往复运动，实现插植离合器凸轮与输入链轮的啮合与分离，达到控制插秧作业的目的。当插植离合器手柄处于接合状态时，顶杆被拉起，脱离离合器凸轮，插植离合器凸轮通过弹簧作用，推向输入链轮，使插植离合器凸轮与输入链轮间的牙嵌结合，实现插植部的动力传递。当插植离合器手柄处于分离状态时，离合器顶杆通过弹簧的作用顶入插植离合器凸轮，在输入链轮的带动下，顶杆沿插植离合器凸轮曲线推动凸轮牙嵌与链轮牙嵌分离，此时输入链轮空转，动力不能传递到插值输入轴，插植部停止工作。插植离合器也是定位离合器，牙嵌分离位置是固定的，因此插植输入轴停止的位置也是固定的，由此决定离合器在断开位置时，插植臂秧针所停止的位置。

3. 液压手柄

液压手柄的功用是控制液压系统实现机器的下降、固定和上升。其位置在两转向操作手柄中间下部的操作面板上。当液压手柄动作时，通过连接拉线、弹簧带动液压阀臂到达液压泵的凸台中央前、中、后的位置，从而实现机器的下降、固定和上升。当液压手柄拉到上升位置时，液压连接钢丝拉线克服弹簧推力，拉动液压阀臂向后碰到液压泵后凸台，机器抬升；当液压手柄拉到固定位置时，液压连接钢丝拉线拉动液压阀臂，使阀臂位于液压泵前后凸台中间位置，机器维持原位不升也不降；当液压手柄放到上升位置时，液压连接钢丝拉线松弛，在弹簧推力作用下，液压阀臂向前碰到液压泵前凸台，机器下降。

4. 插植深度调节手柄

插植深度调节手柄其功用是调节栽插秧苗的深度。其位置在操作面板下部的机架上，苗箱背面右侧下部。当插植深度调节手柄动作时，可将手柄固定在不同深度的位置，从而调节浮板相对于机器（苗箱）的垂直高度。当插植深度调节手柄向下压时，浮板的一端向上运动，插植深度增加；当插植深度调节手柄向上提时，浮板的一端向下运动，插植深度变浅。

5. 转向离合器手柄

转向离合器手柄的功用是使操纵插秧机的转向，正确操纵它能使插秧机安全可靠行驶。其位置在插秧机的两侧手把上。发动机发出的动力通过变速箱、两侧转向离合器传给两个驱动轮，使插秧机行驶。当拉动一侧转向离合器手柄时，该侧的转向牙嵌离合器分离，发动机传给这一侧驱动轮的动力就会被切断，而另一侧驱动轮继续受发动机动力的作用。这样就改变了两个驱动轮的驱动力，转动速度发生变化，实现插秧机的转向，当同时拉动两侧转向离合器手柄时，两侧的转向牙嵌离合器分离，发动机传给这两侧驱动轮的动力都被切断，发动机传递给两驱动轮的动力被切断，插秧机停止移动。

6. 苗移送辊（星轮）

苗移送辊（星轮）属丁纵向传送机构，在插秧爪抓取秧苗的同时，苗箱（载秧台）横向移动，当苗箱（载秧台）移动到左右端部时，秧苗的下一排则出现无秧苗的状态。当苗箱（载秧台）返回时，为了使插秧爪抓取秧苗，必须将秧苗向下移动，使插秧爪处于有苗可取的状态。如果下方没有秧苗，则插秧爪无苗可取，从而造成缺秧。苗移送辊（星轮）的功用是当苗箱（载秧台）向左端部或右端部移动后，强制性将秧苗向下移动。苗移送辊（星轮）位于苗箱中下部。纵向传送机构通过苗移送辊（星轮）带突起的纵向传送皮带以确保秧苗传送。纵向传送皮带还可确保载秧台到达左右端部时秧苗不会掉落。

（二）乘坐式插秧机

VP6D 型乘坐式插秧机各部及手柄名称，如图 7 - 2A、7 - 2B 和图 7 - 3 所示。

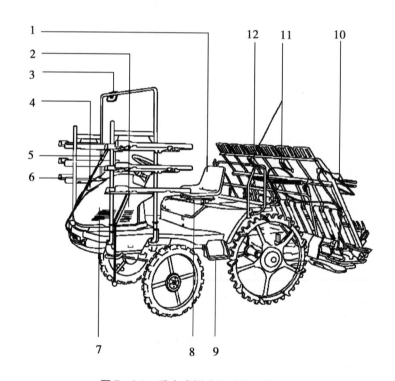

图 7 - 2A 乘坐式插秧机结构示意图

1 - 驾驶座；2 - 发动机；3 - 倒车镜；4 - 前灯；5 - 中央标杆；6 - 预备载苗台；
7 - 燃油开关；8 - 燃料注油口；9 - 登车踏板；10 - 划线杆；11 - 单元离合器；12 - 护栏

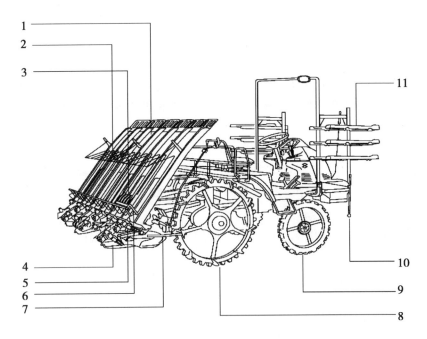

图7-2B 乘坐式插秧机结构示意图

1-载苗台；2-苗床压杆；3-阻苗器；4-浮船；5-秧爪；6-压苗棒；

7-折叠式侧保险杆；8-后轮；9-前轮；10-侧标杆；11-预备载苗台

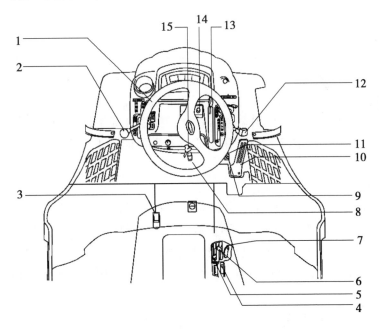

图7-3 VP6型插秧机操作部分示意图

1-方向盘；2-主变速手柄；3-前轮差速锁踏板；4-油压感度手柄；5-副株距变速手柄；

6-株距变速手柄；7-液压锁止手柄；8-油风门手柄；9-刹车踏板；10-变速踏板；

11-驻车手柄；12-插植升降手柄；13-速度固定手柄；14-UFO自动调整按钮；15-钥匙开关

1. 主变速手柄

用于改变前进方向与行走速度。可在移动、中立、前进、补苗、后退 5 挡进行切换。［移动］挡是在道路上高速行驶时用，在水田内请勿使用，以免机器受到损坏。［中立］挡用于切断车轮的动力，仅驱动插秧部时使用。［前进］挡用于插秧机进出水田和插秧作业、卡车装卸、低速行驶在道路上。［补苗］挡用于离开机器或补苗时，切断发动机输出的动力。［后退］挡用于机身后退。

2. 插植升降手柄

可进行插植部的升、降或固定插植部、插植的［合］、［离］、划线杆的操作。［上］位置即插植部上升；［中立］位置即可将插植部停在任意高度；［下］位置即插植部下降。

［插植］可使插植部动作或停止。在［合］位置，插植部动作；［离］位置，插植部停止。

［划线杆］可操作划线杆。在［左］位置，左侧划线杆放下；在［右］位置，右侧划线杆放下。

3. 株数变速手柄

用于调节插秧株距，根据需要调节每亩大田栽插的密度，即亩穴数。常见的乘坐式插秧机的株距有 120mm、140mm、160mm、180mm、210mm，相应的每亩穴数分别为：1.8 万穴、1.6 万穴、1.4 万穴、1.2 万穴、1.0 万穴。VP6D 型有株数变速手柄和副株数变速手柄组合，插植株数有 6 挡调节。

4. 油压锁止手柄

该手柄又叫液压锁止手柄，其作用是在移动、检修、收藏等时，加以锁定，不让插植部下降。不要在把油压锁止手柄置于［锁止］位置的情况下把插植手柄置于插植升降［升］位置上，变速箱油的温度会上升，引起液压元件损坏。

［锁止］位置用于插植部的升降液压锁住，插植升降手柄置于［上］、［下］位置上，插植部不会升降；［解除］位置用于插植升降手柄置于［上］、［下］位置后，插植部可以升降。

5. 差速锁止手柄

在跨越田埂或水田移动中，用于单只前轮出现打滑，不易行走时，使用差速锁止功能，锁定前轮，防止打滑。操作差速锁止踏板时，要降低速度进行。踩下差速锁止踏板前，要将方向盘打直；否则，就有可能将差速锁止齿轮打坏。"踩下"即左右前轮被锁定起来，以防止单轮空转引起的打滑，在踩下踏板时起作用。"松开"即左右联结差速锁定被解除。

6. 插植单元离合器手柄

在一田块最后的插秧行数小于插秧机的行数时，单元离合器用于倒数第二行程时调整插植行数，停止每 2 行（双数）的秧爪与送苗皮带的动作，保证在结束行程时能插满所有的行。若与阻苗器一起使用，便可凑好单数行数的插秧作业。

在"插植"位置用于秧爪与送苗皮带动作；在"停止"位置用于秧爪与送苗皮带停止。

7. 纵向取苗量调节手柄

在需要确定机插秧每穴苗数的时候，使用纵向取苗量调节手柄可调节单穴苗的取量，根据大田基本苗的需要苗的状态分 10 挡调节。纵向取苗量调节手柄调节时，要注意和横向取苗量调节手柄的调整相一致。以保证秧爪每次取出的苗的形状接近于正方形。

在"多"侧即单穴株数增多；在"少"侧即单穴株数减少。

三、插秧机作业性能

插秧机作业性能主要包括：栽插株距、每穴苗数、插秧深度等。作业时，在株距一定的情况下，坚持两查两调整，即查每穴苗数、查插秧深度，根据需要调整取苗量、调整插秧深度。

1. 株距的调整

（1）东洋步进式 PF48 型插秧机株距的调整　是通过调整株距调节手柄的位置来完成的。调节前将主变速处于"中立"位置，主离合器处于"连接"位置，发动机低速运转，用手把株距调节手柄推进或拉到相应位置就可以。株距调节标签上注有"70、80、90"等字样，当插秧机用 I 速挡作业时，有 70、80、90 三个挡位调节，它的意思是每 3.3m² 面积上有 70 穴、80 穴、90 穴。对应株距分别是 160mm、140mm、120mm，每亩总穴数分别为 14 000 穴、16 000 穴、18 000 穴，I 速挡插秧主要用于粳稻秧苗的栽插。当插秧机用 II 速挡作业时，有 50、60、65 三个挡位调节，它的意思是每 3.3m² 面积上有 50 穴、60 穴、65 穴。株距分别是 210mm、190mm、170mm，每亩总穴数分别为 10 000 穴、12 000 穴、13 000 穴，II 速挡插秧主要用于杂交稻秧苗的栽插，如表 7 - 1 所示。

表 7 - 1　PF48 型插秧机株距调整

手柄位置		穴/3.3m²	万穴/亩	穴距
插秧 I	压	70	1.4	16
	中间	80	1.6	14
	拉	90	1.8	12
插秧 II	压	50	1.0	21
	中间	60	1.2	19
	拉	65	1.3	17

（2）步进式 SPW48 型插秧机株距调整　其株距调整是通过更换株距齿轮的组合，再推拉变速齿轮箱右侧的株距调节把手，即可得到 12、14、16、18、21 五种挡位，其对应株距调整为 120mm、140mm、160mm、180mm、210mm 五种，如表 7 - 2 所示。出厂设定二只 15 齿的齿轮组合，推或拉手柄得到 120mm、140mm 两种株距外，另三组齿轮根据需要成对组装。

表 7-2　步进式 SPW48 型插秧机株距调整

项　目	出厂设定穴距		根据需要调整穴距			
插秧穴距（mm）	120	140	140	160	180	210
插秧株数（株/3.3 m²）	90	80	80	70	60	50

2. 穴苗数的调整

穴苗数的多少由插秧机插植部秧爪所切取小秧块面积的大小来确定。它与所切取小秧块的高度、宽度有关，如图 7-4 所示。因此，穴苗数的调整主要包括调节横向取秧量、纵向取秧量、送秧量三方面。

图 7-4　切取的小秧块

（1）横向取秧量（取苗次数）的调整　即切取小秧块宽度的调整

①步进式 PF48 型插秧机的横向取苗次数的调整　其有 20 次、24 次、26 次三个挡位可以调整，其含义是插秧机在取秧时将横向宽度 280mm 的秧块分别分为 20、24、26 次取完。取秧次数与取秧块宽度为 280 除以 20、24、26 等于 14mm、11.7mm、10.8mm，如表 7-3 所示。

表 7-3　横向取秧次数调整

横向取苗次数	横移送量	秧苗的种类
26	10.8mm	幼苗
24	11.7mm	中苗
20	14mm	大苗

②步进式 SPW48 型插秧机的横向取苗次数的调整　其有 26 次、20 次两个挡位可以调节。横向传送次数需切换齿轮，分为横向传送 26 次（26T 齿轮与 13T 齿轮）和横向传送 20 次（20T 齿轮与 13T 齿轮）的组合。出厂时设定为 26 次，20 次传送齿轮装在标准附件箱中。

（2）纵向取秧量的调整　即插植臂秧爪切取小秧块纵向高度的调整。它的调节关系到取秧量的多少及每行取秧量的一致性。纵向取秧量有 8~18mm 的 11 个挡位，每个挡 1mm 的调节，插秧机标准纵向取秧量为 11mm，最大纵向取苗量一般为 17 或 18mm。

（3）纵向送秧量的调整　为使取秧量和送秧量一致，纵向取秧量调节手柄应与秧箱纵向送秧量一起调节。如取秧量较大但送秧量较小，仍然达不到想要的穴苗数。相反，如送秧量较大即使取秧量较小，穴苗数仍然会超过想要的穴苗数。纵向送秧量多少可通过改变秧苗移送支架上 3 个销孔位置来实现。

3. 插秧深度的调整

插秧深度是根据水田及秧苗的条件进行适当调节。插秧深度过深，分蘖少，造成减产；过浅，引起漂秧。要求是不漂不倒，越浅越好。

操作技能

一、插秧机的启动、行走和停车

插秧机启动前，绕机一圈巡视检查是否有"三漏"、螺栓和电线接头是否松动、间隙是否正常、机油位、燃油量、液压油位、冷却液位是否正常、清洁空气滤清器和机身等，确认技术状态良好。

（一）步进式插秧机

1. 启动方法

步进式插秧机发动机使用小型汽油机，启动形式是通过手拉反冲式启动器启动。

（1）燃料过滤器手柄在［开］位置。

（2）变速杆手柄、主离合器手柄、插秧离合器手柄、液压操作手柄各自拨到［中立］、［断开］、［断开］、［下降］的位置。

（3）发动机启动开关处于［运转］位置（夜间工作时拨到［LAMP］大灯开的位置）。

（4）油门手柄往里旋转1/2。

（5）风门（节气门）在冷机状态下，将节气门手柄拉出到最大位置上。

（6）拉动反冲式启动器，发动机启动后，将节气门手柄推回原始位置。

注意事项：①发动机风门又叫阻风门，作用是控制发动机节气门开闭角度的大小，从而影响发动机吸进混合汽量的大小。发动机冷机启动时，发动机内部温度较低，燃油不容易汽化，拉出风门手柄可以减小进入汽化器进气道的空气量，增加喷油口的油压，加大混合气浓度，这样就比较容易启动。所以，冷机启动时风门（节气门）手柄如果拉出，则风门（节气门）"全闭"，混合器变浓，易于启动。启动后应将风门（节气门）手柄缓缓放回，风门（节气门）"全开"，保证发动机进气通畅。否则，会导致发动机功率下降、冒黑烟、积碳增多等问题。②拉动反冲式启动器，先要慢拉几下，感到拉绳有劲时，迅速拉动反冲式启动器，同时注意胳膊肘后不要有人或障碍物，以免伤人伤己。③启动后要热机，油门手柄在［怠速］位置中空转5min左右，使发动机内部完全润滑，然后才能提高发动机转速，起步行驶或开始插秧作业。

2. 起步行走

（1）起步前，收回划印器。

（2）变速手柄在［中立］挡，发动机油门手柄调节到［中速］位。

（3）将插秧离合器手柄和主离合器手柄先后拨到［连接］挡，苗箱移动到机器中央，切断两离合器。

（4）为不使浮板与地面接触，液压手柄放在［上升］位置，将机器上升后［固定］。

（5）拨动变速手柄变速为［行走］或［插秧］挡，主离合器手柄慢慢［连接］，插秧机起步行走。

注意事项：起步行走时请不要运转插植部。坡路上请不要将变速手柄操作到［中立］位置，避免空挡滑行造成机器失控。

3. 停车熄火

（1）将油门手柄拨到［低速］。减小发动机油门，降低发动机转速。

（2）主离合器手柄拨到［断开］位置时，插秧机停止移动。

（3）将变速手柄拨到［中立］挡。

（4）熄火时，将发动机启动开关拨到［停止］位置时，停止发动机。

注意事项：停止发动机前，发动机在［低速］运转 2~3min 冷却运转后，降低发动机温度再熄火。长期停止时，燃料过滤器手柄要拨到［关］位置。

（二）乘坐式插秧机

1. 启动方法

（1）启动前准备　启动发动机时，驾驶人应坐在驾驶座位上，挂上刹车锁止，确认燃料开关置于"开"位置，主变速手柄位于"补苗"位置，如图 7-5 所示，插植手柄位于"中立"位置，油门手柄置于"作业"侧和"低速"侧的中间位置，汽油发动机需拉出风门手柄。否则，插秧机可能突然启动，导致翻落或撞车事故。若是人站在地面启动发动机，万一插秧机启动了，就无法及时做出应急措施。

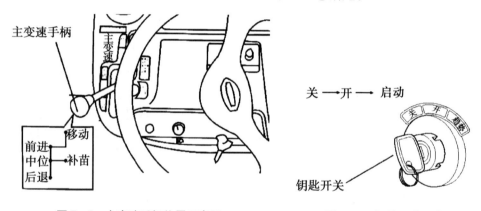

图 7-5　主变速手柄位置示意图　　　　图 7-6　钥匙开关示意图

（2）发动机启动　启动时，先插入钥匙，拨至［开］位置，应鸣喇叭，并确认周围安全后，将刹车踏板踩到底，然后把钥匙开关转至［启动］位置，发动机启动。发动机启动后，手离开钥匙开关，钥匙开关自动回至［开］位置（此时，若载秧台上无苗，补苗报警蜂鸣器会鸣响），如图 7-6 所示。

（3）启动后检查　发动机启动后，边观察发动机的运转状态，边推入风门手柄。检查发动机有无异常，尾气颜色是否正常（无色或淡青色），灯、各操作手柄的动作状态是否正常。慢速起步，检查刹车、主变速手柄、变速踏板的动作是否正常。

注意事项：乘坐式插秧机的启动形式是通过马达（启动电机）启动的，启动时钥匙开关拨至［启动］位置，马达运转，将蓄电池的电能转化为机械能，驱动发动机飞轮旋转，实现发动机的启动。马达开始工作时，马达上的电磁开关打开，马达的驱动齿轮啮合入飞轮齿圈，将马达转矩传给发动机曲轴。发动机启动后，手离开钥匙开关，电磁开关停止工作，马达的驱动齿轮自动脱开飞轮齿圈。发动机运转期间，绝对不要把钥匙开关置于［启动］位置，否则启动马达会损坏。乘坐式插秧机的启动电机本身又通过蓄电池作为电源。启动电机主要注意的是启动时间，插秧机启动不了的时候需要多打几次，但不能一直打着不放，马达启动时间控制在 5min 以内，超过 5min 就必须停下来，等 30min 以后再启动。若第二次启动不着火，等 2min 后再启动，三次启动不着，应停止启动，需查明原因、排除故障后再启动，以免烧坏马达。

2. 起步、变速、停车

（1）起步　乘坐式插秧机起步的操作顺序为：启动发动机后，把油门手柄置于［作业］位置，插植手柄置于［上］位置，把插植部升至最高位置后自动置于［中立］位置，油压锁止手柄置于［锁止］位置。否则在行走中，插植部下降，导致伤害事故或机器损坏。确认周围安全后，轻踩刹车踏板，刹车锁止手柄从［锁定］位置回到［解除］位置，解除刹车锁止，缓慢踩入变速踏板后，插秧机便缓速起步，通过变速踏板的踩入量控制行走速度。其流程可概括为：发动机启动→插植手柄［上］→液压［锁止］→踩刹车踏板→主变速手柄拨到［前进］或［移动］位置→松开刹车踏板→踩变速踏板→起步。

注意事项：①插秧机在路上行驶时，应在插植部升起后将液压手柄置于［中立］固定位置，液压锁定手柄处于锁定状态，划线器全部收拢，载秧台置于机身中央，不要把货物等置于预备载苗台上，合上刹车连接板，保持分离式刹车踏板处于连接状态。刹车连接板未合上，会导致单边刹车，易导致事故。②操作时，不要急速的起步、刹车或转弯，绝对不要分散注意力或双脱手。③车速不宜过快、注意障碍物以防损坏导轨。

（2）变速　变速杆变速时，发动机应处于低速状态。从变速踏板上挪开脚，踩入刹车踏板，将机身停下，用主变速手柄进行变速。转弯时要提前进行减速，脚从变速踏板上慢慢松开，转动方向盘转弯。不要在高速移动时急转弯，否则会导致翻倒或翻落事故。后退时请确认后方的安全，若在坡道中需要变速时，将刹车踏板踩到底，并挂上刹车锁止。此外，把主变速手柄置于［中立］或［补苗］位置、否则，插秧机会滑动引起事故。

注意事项：①变速时，确认机身已停止后再进行。若在尚未停止的状态下进行变速，可能会使机器损坏。②乘坐式插秧机倒退时，液压系统会自动将载秧台上升，出库时尤其要注意机身后部，防止载秧台的损坏。③移动时遇到有沟的路或两侧呈倾斜状的道路时，请充分注意路肩。遇到草茂密处而看不出路肩时，以及因积水可能有凹坑等潜在危险的地方，请从插秧机上下来观察，并关闭发动机。④避让相对车辆时，请不要过分地往路肩靠。可暂时停下来，让对方先行。⑤在坡道上移动时，请绝对不要急起步，可能会引起翻倒。也不要在坡道上进行变速操作。若操作主变速，插秧机可能会突然往下冲导致失控。为避开危险，必须在坡道途中变速时，请快速将刹车踏板踩到底，然后用主变速进行变速。此时，主变速绝对不要置于［中立］、［补苗］位置上。一般情况下，请不要在坡道上横向掉头或者斜走，插秧机可能因为倾斜过大而翻倒。⑥出入水田等遇到陡坡时，请先降至最低速度，再通过后退爬上坡道。若用前进爬坡，可能会因机身翘起而导致翻倒。

（3）停车　乘坐式插秧机停车时，一般应停在硬地面，不要在坡道上停车。从变速踏板上挪开脚，踩入刹车踏板，停止机身。油门手柄置于［低速］位置，主变速手柄置于［补苗］位置，插植手柄位于［中立］位置，钥匙开关置于［切］位置，关闭发动机。确认机体已停下，挂上刹车锁止，从钥匙开关上拔下钥匙。

注意事项：停车时，请停在平坦且安全的场所。停在倾斜地上时，请把主变速手柄置于［前进］或［后退］位置，把插植部降至地面，挂上锁止刹车，并务必加上车轮制动器。

二、步进式插秧机作业性能的调整

1. 步进式 PF48 型插秧机株距的调整

（1）启动发动机，低速运行。

（2）变速杆在［中立］位置，主离合器、插秧离合器拨到［连接］位置，插植臂慢速运转。

（3）推或拉株距手柄，调节到所要位置。

（4）加大油门，使插植臂高速运转，确认株距手柄无掉挡现象。

注意事项：推或拉手柄在正确挡位上时有"咔哒"声，而手柄调节处在两挡中间位置时，尽管发动机正常工作，主离合器、插秧离合器拨到［连接］位置，插植臂也不会运转。

2. 步进式 SPW48 型插秧机株距的调整

SPW48 型插秧机的株距调节原理是通过更换齿轮组合，改变转速比。更换 12 齿、14 齿、15 齿、16 齿、18 齿的齿轮组合，再通过推拉株距调节把手，可得到 5 种挡位速度，其对应株距调整为：120mm、140mm、160mm、180mm、210mm 五种，如见图 7－7 所示。

（1）两个 15 齿的齿轮组合　控制秧苗块株距在 120～140mm。当把株距调节把手向内推时，即可得到 120mm 的株距；反之，向外拉，即可得到 140mm 的株距。这是机器出厂时设定的状态。

（2）14 齿和 16 齿的齿轮组合　控制秧苗块株距在 140～160mm。当把株距调节把手向内推时，即可得到 140mm 的株距；反之，向外拉，即可得到 160mm 的株距。

（3）12 齿和 18 齿的齿轮组合　控制秧苗块株距在 180～210mm 株距。当把株距调节把手向内推时，即可得到 180mm 的株距；反之，向外拉，即可得到 210mm 的株距。

注意事项：更换和安装齿轮时没有记号要求，齿轮上的刻字（齿数）应一致朝外，齿轮应分清大小位置安装，更换后请涂抹适量黄油。

3. 步进式插秧机横向取苗次数的调整

（1）步进式 PF48 型插秧机横向取苗次数的调整　①插植部运转，将秧箱移至最右侧或最右侧后，立即断开插植离合器；②发动机熄火；③变速杆在［中立］位置，主离合器、插秧离合器拨到［连接］位置；④缓慢拉动反启动器，转到秧箱苗移送星轮即将转动的位置；⑤拧下横向送秧装置（拨叉）固定螺钉，旋转横向送秧圆形调节板，对准适合的横向取秧次数，使圆形板上的数字对应缺口对准螺孔，用螺栓固定即可。如拨不到位，可把插植臂往上下来回推动或需缓慢地拉动反冲启动器，使横向送秧齿轮相互啮合到位。

（2）步进式 SPW48 型插秧机横向传送次数切换齿轮的变更方法　SPW48 型插秧机横向传送次数分为 26 次（26T 齿轮与 13T 齿轮）和 20 次（20T 齿轮与 13T 齿轮）两种。出厂时设定为 26 次，20 次传送齿轮装在标准附件箱中。调整时需更换横向传送次数切换齿轮，如图 7-7 所示。

株数	株距调节手柄位置	更换齿轮位置
（90株/3.3m²）株距120mm	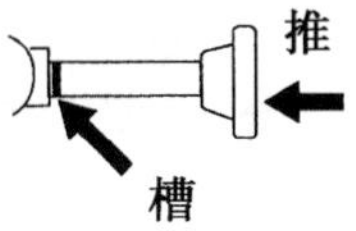 推 槽	 15齿 15齿
（80株/3.3m²）株距140mm	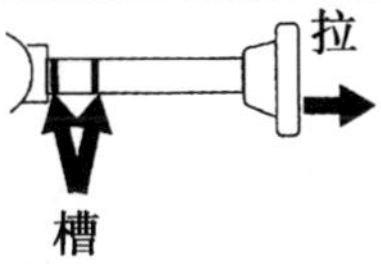 拉 槽	
（80株/3.3m²）株距140mm	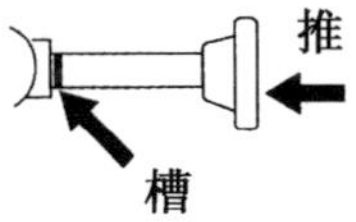 推 槽	 14齿 16齿
（70株/3.3m²）株距160mm	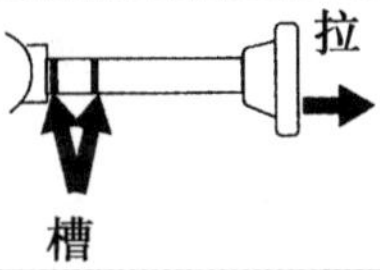 拉 槽	
（60株/3.3m²）株距180mm	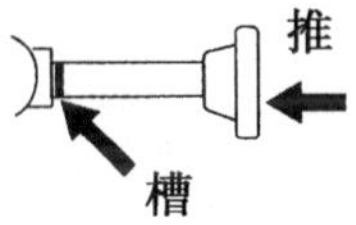 推 槽	 12齿 18齿
（50株/3.3m²）株距210mm	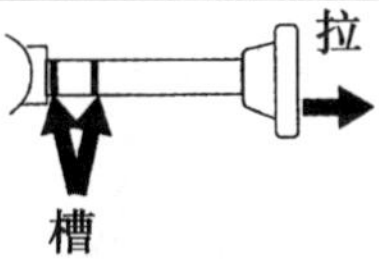 拉 槽	

图 7-7 步进式 SPW48 型插秧机更换齿轮组合示意图
注：250mm、280mm 的株距为选项

①将主变速手柄置于［中立］位置，启动发动机后，再将主离合器手柄置于［合］的位置，将栽插离合器手柄也置于［合］的位置后，将载秧台移动到左端或右端附近，然后关停发动机；②将主变速手柄置于［中立］位置，在主离合器手柄处于［合］的位置、液压栽插离合器手柄处于［栽插］位置的状态下，慢慢拉动启动把手，使纵向传送轮处于刚刚停止的状态；③拆下排油螺栓（9），排出液压油；④拆下横向传送手柄（1）和垫圈（2）；⑤拆下横向传送盖，稍微移动横向传送螺丝的对准标记（钢印），使其相对于横向传送驱动轴的中心线处于［上］的位置；⑥拆下2个横向传送次数切换齿轮（3）；⑦换装横向传送次数切换齿轮；⑧组装横向传送盖。

注意事项：①组装横向传送次数切换齿轮时，须将对准标记对齐，如图7-8所示；②横向传送次数切换齿轮与株距调节齿轮相似，但横向传送次数切换齿轮的孔为正方形，而株距调节齿轮的孔为长方形。可以此进行区分；③在拆下横向传送齿轮时，如果不慎转动了插秧臂，则应用手转动插秧臂，调整插秧1号轴的键位置与排油螺栓，使其成为如图7-8C所示的直线。

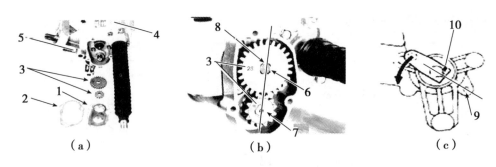

（a）   （b）   （c）

图 7-8　步进式 SPW48 型插秧机横向取秧次数示意图

1-横向传送盖；2-垫圈；3-横向传送次数切换齿轮；4-传送箱；5-插秧箱 1；
6-横向传送螺丝；7-横向传送驱动轴；8-横向传送螺丝轴端的钢印对准标记；
9-排油螺栓；10-插秧 1 号轴的键位置

4. 步进式插秧机纵向取秧量和纵向送秧量的调整

（1）纵向取秧量的调整：①使用纵向送秧手柄将纵向取秧量调整至 11mm 位置；②将取苗卡规放在秧门处，划有刻线的取苗卡规直板与秧箱基本平行，相距离秧箱 20mm 左右（相当于秧块的厚度）；③发动机静止，变速杆拨在［中立］位置，主离合器、插秧离合器拨到［连接］位置；④缓慢拉动反冲式启动器，插植臂慢速运转至秧爪尖轻轻对准取苗卡规，观察爪尖是否对准标准刻线；⑤如有误差，通过调节秧苗移送螺杆上螺母，改变秧苗移送螺杆长度的微调来实现。苗移送螺杆长度的微调通过苗移送辊上端的螺母来调节，螺杆往上调，也就是螺母往下调，取苗量变大，反之则相反。

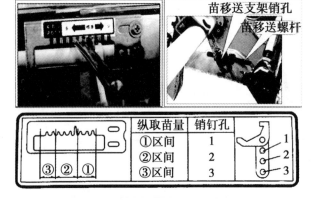

	纵取苗量	销钉孔	
	①区间	1	1
	②区间	2	2
	③区间	3	3

图 7-9　纵向取秧量与纵向送秧量调节示意图

（2）纵向送秧量的调整　①将纵向取秧量调节手柄移到苗箱移送支架最上面的孔时，送苗量对应为 8~11mm 时；②将纵向取秧量调节手柄移到苗箱移送支架上的中间孔时，送苗量对应为 11~15mm 时；③将纵向取秧量调节手柄移到苗箱移送支架最下面的孔时，送苗量对应为 15~17mm，如图 7-9 所示。

5. 步进式插秧机插秧深度的调整

插秧深度的调整有两种方法：

（1）移动调节手柄的位置来选择 4 个挡位。每移动 1 挡改变插秧深度 6mm。

（2）移动浮板与机器连接的插孔位置，共可选择 6 个挡位。当插秧机插秧深度调节手柄不能满足插秧深度的要求时，还可以移动浮板后部卡销孔的位置来改变插秧深度，需要注意主浮板和辅助浮板的插孔位置必须同时相应调整。

6. 步进式插秧机秧针与取苗口间隙的调整

秧针与取苗口的间隙为 1.3~1.7mm，且左右一致。调整方法如下：

（1）将插植总成的曲柄固定销和摇杆固定螺母拧松。

（2）左右移动插植臂，使间隙符合要求后，将插植臂曲柄固定。

（3）增减摇杆与轴承座之间垫片后，将摇杆固定。

7. 步进式插秧机秧针与苗箱间隙的调整

秧针与苗箱左右的间隙为 0.5mm 以上，一般达到 1.5~2.5mm，并且对称分布。调整时，将苗箱与光杠固定螺丝松开，左右移动苗箱，使间隙符合要求后，紧固螺丝。

三、乘坐式插秧机作业性能检查与调试

1. 插植穴数（株距）的调节

插植穴数是通过株数变速手柄调节。

（1）把主变速手柄置于［中立］位置，插植手柄置于［中立］位置。

（2）启发动机，把发动机转速调至［低速］，轻踩变速踏板，把速度固定手柄置于［固定］位置。

（3）调节株数变速手柄，常见的乘坐式插秧机的株距有 120mm、140mm、160mm、180mm、210mm，相应的亩穴数分别为：1.8 万穴、1.6 万穴、1.4 万穴、1.2 万穴、1.0 万穴，如图 7-10 所示。

2. 插秧深度的调节

插植深度根据水田及苗的条件进行适当调节。插植深度的调节有手工调节和自动调节两种方法。

（1）插植深度手工调节　把插植深度调节置于标准位置［4］后开始作业，前进 4~5m 后，确认插植深度，若需要再作调整。若把插植深度调节手柄置于［浅］位置，插秧深度变浅；反之，手柄置于［深］位置则插秧变深，如图 7-11 所示。

图 7-10　株距变速示意图

图 7-11　插植深度调节图

（2）插植深度自动调节　在插植深度自动调节开关处于［入］位置上，若把插植手柄置于［合］位置，速度感应型深度插植自动调节机构即动作，使插植深度保护一定。田块中的水极少时，浮力无法对浮子起作用，有时会导致深插情况。此时，将插植深度自动调节开关置于［切］位置，停止自动调节机构。

注意事项：①手工调节插植深度时，要升起插植部后进行；②若把插植手柄置于［合］位置上进行作业时，不要在途中把插植深度自动调节开关置于［切］位置。若在自动调节机构起作用的状态下断开开关，则会保持在深插状态。

3. 液压敏感度的调节

根据水田的软硬程度，通过油压感度调节手柄调节灵敏度，使浮船适度地接触地面。

若把油压感度调节手柄放置于"软田"侧，插植深度会变浅；反之，把油压感度调节手柄拨至"硬田"侧，插植深度会变深。因此，调节油压感度调节手柄时，要同时调节插植深度调节手柄。

4. 纵向取苗量的调节

根据秧苗的条件，用纵向取秧量调节手柄调节苗的单穴株数，标准位置一般设在"13mm"位置，纵向取苗量调节要和纵向送秧调节机构协调配合调节，保证取苗量和送苗量一致。纵向取苗量调节范围可在 8 ~ 17mm 进行 10 个挡位的调节，每移动 1 个挡位，改变 1mm。

5. 横向送秧量（取苗次数）切换的调节

根据秧苗的条件，通过（苗箱）载秧台的横向送秧量调节手柄来调整每穴的取苗量。横向送秧量分 3 个挡位可以调整，如"18、20、26"表示 280mm 宽的秧块在苗箱横向送秧过程中，秧爪对应切块取秧 18 次、20 次、26 次切完。当横向送秧量调节手柄置于"18"的位置时，取秧块就宽，表示取秧量就多；当横向送秧量调节手柄置于"26"的位置时，取秧块就窄一些，表示取秧量就少；横向送秧量的切换无论（苗箱）载秧台处于什么位置均可进行。

6. 压苗棒和苗床压杆的调节

根据苗高及插植姿势调节压苗棒与苗床压杆。

（1）关闭发动机，把油压锁止手柄置于［锁止］位置后进行调节。

（2）秧苗长势正常，一般把压苗棒固定在苗高的约一半处；若苗属于软弱徒长苗，叶尖下垂时，请将压苗棒抬高些，以防止叶尖碰到秧爪；若秧苗较短（120mm 以下）时，可将压苗棒固定在最低处。

（3）苗床压杆的标准固定位置是离苗床 10 ~ 15mm；当叶子缠绕在一起，苗不易滑动时，可将苗床压杆稍抬高些。

注意事项：调节压苗棒和苗床压杆时，应先关闭发动机，把油压锁止手柄置于［锁止］位置后进行；否则，插植部突然动作，会引起人身伤害事故。

第二节　插秧机田间作业

相关知识

一、插秧机田间作业的技术要点

1. 要把握好株距调节

插秧机的行距固定为 300mm，株距可以调节。对于不同品种的水稻通过调节插秧机的株距来控制大田的栽插密度，实际栽插时，需根据农艺要求及试插情况来进行调整。常规品种（粳稻）栽插时如将插秧机的株距控制在120mm时，每667m²穴数可达到1.8万，杂交稻品种栽插时如将插秧机的株距控制在160mm时，每亩穴数可达到1.4万。

2. 要把握好每穴取苗量的调节

通过调节横向及纵向取秧量来调节取秧面积，从而改变每穴株数。正常情况下，横向取秧次数调节为"20"、纵向送秧量调节为13mm，则秧爪切取的小秧块面积为1.82cm²，如秧块成苗密度2.5株/cm²，那么秧爪每穴的平均取苗量为4.6株。

3. 要把握好栽插深度的调节

插秧深度是指小秧块的上表面到大田表面的距离，标准的插秧深度为5～10mm，如图7-12所示。过深会产生二段根，减少分蘖，过浅会产生漂秧。经验是不漂不倒，越浅越好。

二、田间操作技术

1. 进入田块前

（1）按照农艺要求，根据熟制、品种特性确定合理的基本苗，并根据栽插时间、秧苗密度等准备每亩所需秧盘数。

（2）按要求试调整好株距、取秧量和插秧深度。

（3）根据田块大小和形状，确定插秧方向、最佳进出位置及插秧机回旋位置和路线。为了顺利插秧，一般在地头留出供机器往返的距离，作为插秧的起点。只有开始作业前规划好作业路线，才能提高插秧效率，使插秧机开得进、走得出。如图7-13所示。

图7-12 插秧深度示意图

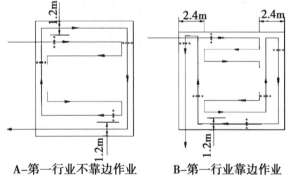

A-第一行业不靠边作业　　　B-第一行业靠边作业

图7-13 四行插秧机作业规划路线示意图

①图A方案的路线进行插秧作业，插秧时首先在田埂周围留有一个工作幅宽的余地；②图B方案路线作业，第一行直接靠田埂插秧，其他三边田埂留有一个或两个工作幅宽的余地。

注意事项：进行田埂边插秧时，必须使最终插秧行数与所使用的插秧机的行数相同。当田块的宽度为插秧机幅宽的非整数倍，或田块形状不规则，应在最后第二趟，根据需要停止一行或数行插秧工作，保证最后一趟满幅工作。比如4行插秧机，为了顺利插秧，一般在地头留出 8 行，作为插秧的起点。

2. 进入田块

插秧机启动热机后，将机器升起，变速杆拨到［插秧］位置，主离合器拨到［连接］位置，插秧机驶入田中。分离主离合器，液压手柄拨到［下降］位置。插秧机进入田块时应保持低速前进，如通过田埂或上下陡坡时要用跳板垂直通过，过埂时不要操作转向离合器。上陡坡时用［插秧］挡、下陡坡时用［倒退］挡。

注意事项：①步进式插秧机倒退时，须注意机身后部，并通过液压操作手柄将机体上升，同时压住手把。乘坐式插秧机进入田间准备插秧时，导轨保护支架应处于水平位置。②乘坐式插秧机田间转移时，液压锁止手柄应置于锁止位置。

3. 田间操作

（1）首次加秧　秧箱无苗加秧时，秧箱应该移到导轨最左端或者最右端，用取苗板取苗加秧。

（2）机插秧的行间距和直线作业　①划印器的使用　使用划印器是为了保持插秧直线度，防止相邻两趟靠行时出现空挡、压苗现象发生。插秧时，检查插秧离合器手柄和液压操作手柄是否分别在［连接］和［下降］位置上。摆动下次插秧一侧的划印器杆，使划印器伸开，在表土上边划印边插秧。划印器所划出的线是下次插秧一侧的机体中心，转行插秧时中间标杆对准划印器划出的线，如图 7-14 所示。

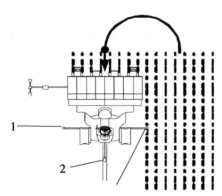

图 7-14　划印器和侧对行器的使用示意图
1-划线杆；2-中央标杆；3-侧标杆

②侧标杆（侧对行器）的使用　插秧机作业时，划印器所划出的线因水太深或大田沉淀时间不足无法看清时，插秧时把侧浮板前上方的侧对行器对准已插好秧的秧苗行，机手不时要观察侧标杆是否对准邻接秧苗。步进式插秧机侧标杆一般有 2 挡可调，分别是 300mm 和 330mm。

注意事项：①步进式插秧机作业时，为保证插秧直线性，眼睛主要目视前方，如出现直线性偏差，应该左右推动扶手修正，不要使用转向离合器修正。②乘坐式插秧机作业时，如果出现了直线性偏差，应该慢慢转动方向盘逐渐修正。

（3）试插秧　①把载秧台移到左侧或右侧最边位置后，将秧苗放入。②把插秧机行驶到开始插秧的位置。③进行试插 2~3m，检查株距、每穴秧苗数、栽插深度。④确认后进行正常作业。

（4）补苗　①补苗的时机。机器作业时，随时查看秧苗情况，在秧箱分割筋上有补给秧苗标志，秧苗到此位置时，应给予补给。作业过程中，秧苗越来越少，如不及时补充秧苗，仍然继续插秧的话，可能导致每穴的秧苗株数减少。因此，秧苗不到补给位置前应及时补给秧苗。乘坐式插秧机载秧台上的传感器会起作用，补苗警报灯闪烁，秧苗警报蜂鸣器报警。步进式插秧机上有秧苗架，可平展放置四块秧块，以供机器在田间加秧。②补苗的方法。补给秧苗时，注意剩余苗与补给苗端面对齐。作业过程中，如果要取出残余的秧苗时，要关闭发动机，松开苗床压杆后再进行。补给秧苗时，不必把苗箱向左右侧移动。但在苗箱上没有秧苗时，务必将苗箱移到左或者右侧后，补给秧苗。

③秧块水分的调整。插秧机秧箱的秧苗过干不下滑时，应采取给秧块加水的措施，以便秧块顺利下滑，保证送秧量符合要求，不应采取的措施为取苗量调多增加送秧量，却达不到实际的送秧效果。如果使用过湿的秧块插秧，可能导致每穴的秧苗株数增加，插秧前应该控制秧块的含水率，插秧前 1～2 天应该排干秧田积水，控水炼苗。

（5）非满幅插秧　乘坐式插秧机一般带有阻苗器，阻苗器可安装在任意行，每个阻苗器控制 1 行。步进式插秧机一般不带阻苗器，插秧时需要停止某行一般可采用取出秧块。

注意事项：乘坐式插秧机一般带有单元离合器，每个离合器控制 2 行。操作单元离合器不能在插植部高速旋转的状态下进行。

（6）插植部的过载保护　插秧机插植臂过载保护是通过安全离合器组件来实现的。插植臂正常工作时，安全离合器组件的牙嵌离合器"啮合"，将插秧机齿轮箱动力传递给插植臂，实现机插秧动作。插植臂经过取苗口（秧门），如工作中受阻，插植臂抖动并停止工作，发出"哒哒哒"振动敲击声音，此时安全离合器组件的牙嵌离合器"分离"，安全离合器将插秧机齿轮箱传递给插植臂的动力切断，实现插植臂过载保护。

注意事项：插秧机插植臂过载处理时，应迅速切断主离合器手柄、关闭发动机。检查取苗口与秧针间、插植臂与浮板间是否夹着石子等杂物，如有要及时清除。若秧针变形，应检查或更换。确认秧针是否旋转自如，清除苗箱横向移动处未插下的秧苗后再启动。

操作技能

一、步进式插秧机插秧操作

1. 将待插侧划线器放下。

2. 将油门手柄变为中速，液压手柄变到［下降］，变速手柄置于［插秧］挡位置，插植离合器手柄置于［连接］挡位置，慢慢结合主离合器手柄，开始插秧。

3. 加大油门，进行插秧作业。

4. 预备调头前将插植手柄置于［切断］位置，液压手柄置于［上升］位置。

5. 调头前收起划线器。

6. 使用转向手柄使插秧机向待插侧转向。

7. 调头完成后，将待插侧划线器放下，液压手柄置于［下降］位置，插植手柄置于［连接］位置。

8. 继续进行插秧。

二、乘坐式插秧机插秧操作

1. 放倒所需侧的划线杆。

2. 液压锁止手柄应置于［解除］位置。

3. 油门手柄变为中速位置，踩下离合器踏板，主变速手柄拨到［前进］位置，插秧离合器置于［插秧］位置。

4. 再慢慢踩下变速踏板，开始插秧。

5. 调头前收起划线器。

6. 减速并踩下离合器踏板，将插植手柄置于［上］位置，插植部上升。

7. 转动方向盘待插侧转向。

8. 调头完成后，将待插侧划线器放下，插植手柄置于［下降］位置，插植手柄置于［插秧］位置。

9. 继续进行插秧。

注意事项：如是分离式刹车踏板在田间作业时应将刹车连接板打开，保持分离式刹车踏板处于分离状态，可以单边刹车，减小转弯半径，便于调头对行。

三、插秧机补苗操作

1. 当秧苗接近补秧线时，切断主离合手柄，插秧机停止前进。

2. 将备秧架上的秧苗加入秧箱；如补给秧苗超出苗箱高度的情况下拉出苗箱延伸板，防止出现秧苗往后挂苗的现象。

3. 结合主离合手柄，继续插秧。

第八章　插秧机故障诊断与排除

第一节　诊断与排除发动机故障

相关知识

一、发动机的组成和工作过程

发动机按使用的燃料分为柴油机和汽油机，按工作循环分为四冲程和二冲程，按冷却方式分为水冷式、风冷式、复合式，按气缸数分为单缸发动机和多缸发动机。插秧机上所用的发动机一般是四冲程的汽油机和柴油机。

1. 发动机专业术语

（1）上止点　活塞在气缸内做往返运动时，活塞顶部距离曲轴旋转中心线最远的位置。

（2）下止点　活塞在气缸内做往返运动时，活塞顶部距离曲轴旋转中心线最近的位置。

（3）活塞行程　活塞从上止点到下止点移动的距离，称为活塞行程，用 S 表示。

（4）曲柄半径　曲轴轴线到连杆轴颈中心线的距离，称为曲柄半径，用 R 表示。

（5）气缸工作容积　活塞从上、下止点间运动所扫过的容积，称为气缸工作容积。多缸发动机各缸工作容积的总和，称为发动机工作容积或发动机排量。

（6）燃烧室容积　活塞位于上止点时其顶部与气缸盖之间的容积称为燃烧室容积。

（7）气缸总容积　活塞在下止点时，其顶部上方的容积，称为气缸总容积。

（8）压缩比　气缸总容积和燃烧室容积的比值称为压缩比。它表示活塞由下止点运动到上止点时，气缸内气体被压缩的程度。

（9）工作循环　燃料的热能转化为机械能，需经进气、压缩、做功、排气等一系列连续过程，每完成一次称为一个工作循环。凡是活塞在气缸内往复四个行程，而完成一个工作循环的，称为四冲程发动机；活塞往复两个行程而完成一个工作循环的，称为

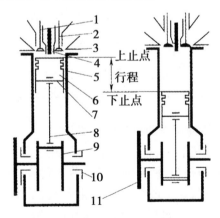

图 8 - 1　柴油机结构示意图

1 - 排气门；2 - 进气门；3 - 汽缸盖；4 - 喷油器；
5 - 汽缸；6 - 活塞；7 - 活塞销；8 - 连杆；9 - 曲轴；
10 - 曲轴轴承；11 - 飞轮

二冲程发动机。

2. 发动机的组成

发动机主要由一个机体、两大机构（曲柄连杆机构、配气机构）、四大系统 [燃料供给系统、润滑系统、冷却系统和启动系统（汽油机有点火系统）] 等组成，柴油机的结构见图 8－1。其各部功用和组成见表 8－1。

表 8－1 发动机的组成及功用

组成部分名称	功　　用	主　要　构　成
机体组件	组成发动机的框架	气缸体、曲轴箱
曲柄连杆机构	将燃料燃烧时发出热能转换为曲轴旋转的机械能，把活塞的往复运动转变为曲轴的旋转运动，对外输出功率	活塞连杆组、曲轴飞轮组、缸盖机体组
配气机构	按各缸的工作顺序，定时开启和关闭进、排气门，充入足量的新鲜空气，排尽废气	气门组、气门传动组、气门驱动组
燃料供给系统	按发动机不同工况的要求，供给干净、足量的新鲜空气，定时、定量、定压地把燃油喷入气缸。混合燃烧后，排尽废气	燃料供给装置、空气供给装置、混合气形成装置及废气排出装置
润滑系统	向各相对运动零件的摩擦表面不间断供给润滑油，并有冷却、密封、防锈、清洗功能	机油供给装置、滤清装置
冷却系统	强制冷却受热机件，保证发动机在最适宜温度下（80～90℃）工作	散热片或散热器（水箱）、水泵、风扇、水温调节器等
启动系统	驱动曲轴旋转，实现发动机启动	启动电动机或反冲式启动器、传动机构
汽油机点火系统	按汽油机的工况要求，接通或切断线圈高压电，使火花塞产生足够的跳火能量，引燃汽油混合气体，进行作功	火花塞、高压导线、飞轮磁电机等

3. 四冲程发动机工作过程

发动机利用燃料在气缸内燃烧所放出的热量，使燃烧形成的气体膨胀推动活塞活动，再通过连杆使曲轴旋转，将燃料所产生的热能变为机械功。具体分为进气、压缩、做功和排气 4 个过程，单缸四行程发动机工作过程见图 8－2。

（1）进气过程　在进气行程开始时，活塞于上止点，进气门开启，排气门关闭。曲轴转动，活塞从上止点向下止点移动，活塞上方容积增大，压力降低，将清洁的空气（柴油机）或空气与燃料所形成的可燃混合气（汽油机）吸入气缸。注意事项：为了充分利用气流的惯性增加进气量，减少排气阻力使进气更充足、废气排除更干净，发动机的进排气门是早开迟闭。

（2）压缩过程　压缩行程开始，进、排气门关闭。活塞从下止点向上止点移动。活塞上方容积缩小，压缩吸入气缸内的空气（柴油机）或混合气（汽油机），使其压力和温度升高到易燃的程度。

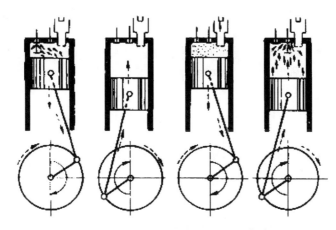

（a）进气行程 （b）压缩行程 （c）做功行程 （d）排气行程

图 8 - 2　单缸四冲程柴油机的工作过程

（3）做功过程　作功行程时，进、排气门仍然关闭，当压缩接近终了时，柴油机喷入雾状燃油借压缩终了的高温空气自行燃烧，汽油机火花塞发出电火花，点燃混合气作功，推动活塞向下运动。

（4）排气过程　排气行程开始，进气门仍关闭，排气门开启，活塞由下止点向上止点移动，把燃烧后的废气挤出气缸，以便重新吸入新鲜空气或混合气。

发动机不断重复上述 4 个过程，输出机械功。在四个行程中曲轴转两圈，活塞往复运动各两次，供油一次，并且只有作功行程是做功的，其他 3 个行程是消耗动力为作功做准备的。为了解决这个问题，曲轴端配备了飞轮，储存足够大的转动惯量。

二、插秧机故障诊断与排除知识

1. 插秧机故障的表现形态

插秧机发生故障时，都有一定的规律性，常出现以下 8 种现象：

（1）声音异常　声音异常是插秧机的主要表现形态。其表现为在正常工作过程中发出超过规定的响声，如敲缸、超速运转的呼啸声、零件碰击声、换挡打齿声、排气管放炮等。

（2）性能异常　性能异常是较常见的故障现象。表现为不能完成正常作业或作业质量不符合要求。如启动困难、动力不足、插秧漏行、漂秧等。

（3）温度异常　过热通常表现在发动机、变速箱、轴承等运转机件上，严重时会造成恶性事故。

（4）消耗异常　主要表现为燃油、机油、冷却水的异常消耗、油底壳油面反常升高等。

（5）排烟异常　如发动机燃烧不正常，就会出现排气冒白烟、黑烟、蓝烟现象。排气烟色不正常是诊断发动机故障的重要依据。

（6）渗漏　插秧机的燃油、机油、冷却水、液压油等的泄漏，易导致过热、烧损、转向或制动失灵等。

（7）异味　插秧机使用过程中，出现异常气味，如橡胶或绝缘材料的烧焦味、油气味等。

（8）外观异常　插秧机停放在平坦场地上时表现出横向的歪斜，称之为外观异常，易导致方向不稳、行驶跑偏、重心偏移等。

2. 插秧机故障形成的原因

插秧机产生故障的原因多种多样，主要有以下 4 种：

（1）设计、制造缺陷　由于插秧机结构复杂，使用条件恶劣，各总成、组合件、零部件的工作情况差异很大，部分生产厂家的产品设计和制造工艺存在薄弱环节，在使用中容易出现故障。

（2）配件质量问题　随着农业机械化事业的不断发展，插秧机配件生产厂家也越来越多。由于各个生产厂家的设备条件、技术水平、经营管理各不相同，配件质量也就参差不齐。在分析、检查故障原因时应考虑这方面的因素。

（3）使用不当　使用不当所导致的故障占有相当的比重。如未按规定使用清洁燃油、高速重载、使用中不注意保持正常温度等，均能导致插秧机的早期损坏和故障。

（4）维护保养不当　插秧机经过一段时间的使用，各零部件都会出现一定程度的磨损、变形和松动。如果我们能按照机器使用说明书的要求，及时对机器进行维护保养，就能最大限度地减少故障，延长机器使用寿命。

3. 分析故障的原则

故障分析的原则：搞清现象，掌握症状；结合构造，联系原理；由表及里，由简到繁；按系分段，检查分析。

故障的征象是故障分析的依据。一种故障可能表现出多种征象，而一种征象有可能是几种故障的反映。同一种故障由于其恶化程度不同，其征象表现也不尽相同。因此，在分析故障时，必须准确掌握故障征象。全面了解故障发生前的使用、修理、技术维护情况和发生故障全过程的表现，再结合构造、工作原理，分析故障产生的原因。然后按照先易后难、先简后繁、由表及里、按系分段的方法依次排查，逐渐缩小范围，找出故障部位。在分析排查故障的过程中，要避免盲目拆卸，否则不仅不利于故障的排除，反而会破坏不应拆卸部位的原有配合关系，加速磨损，产生新的故障。

同时注意以下几点：①检查诊断故障要勤于思考，采取扩散思维和集中思维的方法，注意一种倾向掩盖另一种倾向，经过周密分析后再动手拆卸。②应根据各机件的作用、原理、构造、特点以及它们之间相互关系按系分段，循序渐进地进行。③积累经验要靠生产实践，只有在长期的生产中反复实践，逐渐体会，不断总结，掌握规律，才能在分析故障时做到心中有数，准确果断。

4. 分析故障的方法

故障成因是比较复杂的，且往往是由渐变到突变的过程，不同的故障会表现出不同的内在和外表的特征。但是只要认真观察总会发现一些征兆，不难查出故障的症结所在。我们根据这些症状来判断故障，然后予以排除或应急处理。

（1）主观诊断法　主观诊断法是通过人的感官用望、听、问、嗅、触等办法获得故障机器有关状态信息，靠经验作出判断。常用故障判断方法有听、看、摸、试和比较等。通过听，可以辨别各部件工作时发出的声音是否正常；通过看，可以直接观察插秧机的异常现象；通过摸机件，用手感来判断机件的工作正常与否；试，是通过对插秧机的田间作业等试验手段，使故障现象再现或检验故障判断正确与否；比较，是对怀疑有问题的部件与正常的相同零部件进行调换，判断部件的工作正常与否。

（2）客观诊断法　客观诊断法是用各种诊断仪器仪表测定有关技术参数，获得机器状态参数变化的可靠信息，作出客观判断。

三、发动机简单故障的类型及原因

1. 火花塞不打火或火花弱的原因

主要原因：火花塞电极烧蚀、过热、积炭、积油垢严重，火花塞间隙过大或过小等。

2. 发动机燃油路不畅的原因

油路中有杂质、空气或水，燃油滤清器堵塞，油管老化，油路接头松动，通气孔堵塞等。

操作技能

一、火花塞不打火或火花弱的故障诊断与排除

1. 拆卸火花塞

（1）打开插秧机前机盖，拆掉大灯电线；

（2）拆卸火花塞之前把发动机缸盖和火花塞外部清理干净，防止把灰尘带入汽缸；

（3）在发动机冷态下，拔掉连接高压线圈线的火花塞帽（小喇叭）；

（4）使用火花塞扳手，逆时针方向拧下旧火花塞进行检查。

2. 故障诊断

（1）火花塞电极在较短的时间内被严重烧蚀时，应检查火花塞的热值是否选得符合规定的要求。

（2）火花塞过热时电极有轻微的烧蚀现象，电极周围呈白色，火花塞过热将引起发动机工作不稳和功率下降。

（3）火花塞积炭时电极在不长的工作时间内出现了较多黑色的或灰黑色的堆积物，严重的甚至将火花塞两极连接而短路，使发动机无法工作。火花塞积炭主要由可燃混合气过浓及选用了热值过高的火花塞所造成。

3. 排除故障

（1）若火花塞的热值偏低必须更换热值较高的火花塞。

（2）若火花塞过热是由于点火提前角偏早和可燃混合气过稀及火花塞本身选的热值偏低，应选用高速化油器及较高热值的火花塞。

（3）如火花塞上有积炭、积油等时，可用汽油或煤油、丙酮溶剂浸泡，待积炭软化后，用非金属刷刷净电极上和瓷芯与壳体空腔内的积炭，用压缩空气吹干，切不可用刀刮、砂纸打磨或蘸汽油烧，以防损坏电极和瓷质绝缘体。火花塞积炭严重时应调整化油器和改用热值稍低的火花塞，并适当地增大两极间的间隙。

（4）将火花塞帽和火花塞连接起来，把火花塞放在远离火花塞插孔的地方。

（5）将启动开关置于〔开〕的位置，拉动启动拉绳，观察火花塞电极发出强烈的火花，表明火花塞正常。如性能不符合技术要求，则更换新火花塞。

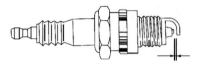

图 8 – 3　火花塞间隙示意图

注意事项：①选择火花塞时就注意火花塞类型、长度、螺纹粗细，火花塞的热值是否和发动机是否配备等。火花塞在正常情况下，其电极应干燥清洁，无汽油、污垢。PF455S 型插秧机发动机火花塞的电极间隙为 $0.6 \sim 0.7mm$；PF48 型和 SPE48C/SPE68C 型插秧机发动机火花塞的电极间隙为 $0.7 \sim 0.8mm$，如图 8 – 3 所示。②火花塞检测时，把连接高压线圈线的火花塞帽套在火花塞上，将火花塞电极部位放在远离火花塞插孔的地方，以防火花塞插孔处喷出的汽油混合器被发出的火花引爆，从而引发火灾；也不能用手抓住火花塞进行测试，以防触电。应将其放在发动机上，以便通过发动机接地。

4. 正确安装火花塞

（1）顺时针拧上火花塞。拧前在螺纹处涂少许机油，先用手慢慢旋入，感觉丝扣吃紧时再用扳手稍许用劲拧紧即可（切不可拧得过紧）。

（2）插上火花塞帽。

5. 启动发动机

（1）火花塞全部换好后，检查无误，启动发动机。如果发动机运转正常，说明火花塞安装正确。

（2）将电线连接好，装上前机盖。

二、发动机燃油路不畅的故障诊断与排除

1. 故障诊断

（1）管路漏油　油管老化、破裂或油管接头松动。

（2）深沉杯中是否有水。若柴油中有水，发动机燃烧时有"啪啪"声音，排气管冒白烟。

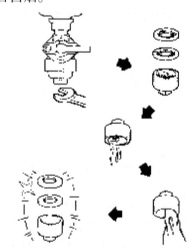

图 8 – 4　燃油滤清器拆洗示意图

（3）油路中有空气，难启动或中途会熄火。

（4）油路堵塞，启动困难，用手油泵泵油，若不出油，说明油太脏、滤清器和滤芯或通气孔等堵塞。

2. 故障排除

（1）检查更换老化、破裂的油管，拧紧油管接头。

（2）排除油路中的水或更换合格的燃油。

（3）拧松放气螺钉，揿动手油泵，排净油路中的空气。

（4）使用扳手拆卸燃油滤清器，检查燃油滤清器滤芯是否堵塞，倒掉沉淀杯内的杂质和水珠，用牙刷清洗燃油滤清器滤芯和油杯，如图 8 – 4 所示。

（5）正确安装滤芯和油杯，特别是杯垫或密封圈要放好，以防漏油。

（6）正确安装燃油管，拧紧油路接头。

（7）如油太脏或质量不合格，应放尽旧燃油，清洁油箱后，加注合格的燃油。

（8）清洁通气孔。

第二节 诊断与排除传动与行走部分故障

相关知识

一、插秧机传动部分组成及功用

1. 插秧机传动部分的组成

插秧机传动部分主要由主变速箱、行走机构、插植部齿轮箱、送秧机构、插植机构等组成，主变速箱内输入轴组件、插植驱动轴组件、侧离合器轴组件、驱动轮轴组件呈空间分布，如图8-5所示。

图8-5 步进式插秧机主齿轮箱示意图

1-铝合金箱体；2-输入轴及齿轮组件；3-侧离合器轴及齿轮组件；

4-插植驱动轴及齿轮组件；5-驱动轮轴组件

插植部齿轮箱主要由插植输入轴组件、移箱凸轮轴组件、纵向送秧杆组件和横向送秧滑杆等部件组成，发动机动力经主齿轮箱传递给插植输入轴，一部分动力经侧边传动箱传递给插植臂，进行插秧，另一部分动力经由横向送秧齿轮组传递给横向送秧机构和纵向送秧机构，进行横向和纵向送秧，如图8-6所示。

2. 插秧机传动部分的功用

插秧机传动部分的功用是通过主变速箱内的各轴和齿轮组件将发动机的动力传向

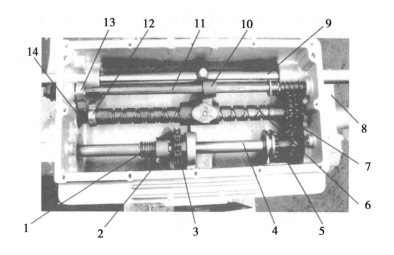

图 8 - 6　步进式插秧机插植传动齿轮箱示意图

1 - 插植离合器弹簧；2 - 插植离合器凸轮；3 - 输入链轮；4 - 插植输入轴；
5 - 横向送秧驱动齿轮；6 - 导向凸轮；7 - 横向送秧从动齿轮；
8 - 侧边链轮箱；9 - 横向送秧滑杆；10 - 滑块套组件；11 - 纵向送秧杆；
12 - 纵向送秧主动凸轮；13 - 纵向送秧从动凸轮；14 - 主动凸轮弹簧

行驶传动系统和插植传动系统，并根据一定的变速比对行驶传动系统和插植传动系统进行变速。插秧机主变速箱负责插秧机整体的动力分配，它可将发动机的动力及运动按不同的参数比例传递给行走机构和插植机构。插秧机株距变速是通过主齿轮箱内插植驱动轴及齿轮组件的配比来改变插植臂转速的快慢，从而改变每穴秧苗间的栽插距离。

二、插秧机行走部分组成及功用

1. 插秧机行走部分的组成

步进式插秧机行走部分主要由行走链轮箱或齿轮箱、行走轮等组成。插秧机行走轮一般由钢圈和外包橡胶或者车胎组成。乘坐式插秧机行走部分主要由前桥、后桥、行走链轮箱或齿轮箱、行走轮等组成。

2. 插秧机行走部分功用

插秧机行走部分的功用是将发动机动力转化为驱动力，实现插秧机在水田或者陆地上前进、后退或者转向。一般插秧机行走轮上会有均匀布置的宽大叶片（防陷板），可以减少接地压力，提高机体在水田中的行走能力，叶片与车轮之间存在一定夹角，既可以避免水田行走时大量拖挂泥土，又提高轮子的附着效果，降低打滑率。有些机型在泥脚深度过深时可以安装附加车轮。插秧机作业时，采用三条船型浮板贴地滑行，可以有效防止或减少水田行走时产生的雍泥雍水而冲倒秧苗或冲起秧苗的弊端。

三、传动与行走部分故障的类型及原因

（一）步进式插秧机传动部分的故障

1. 主离合器皮带易老化或打滑故障的原因

主离合器皮带易老化或打滑的主要原因是皮带张紧度过松或过紧。主离合器通过拉线控制张紧轮来调节主离合器皮带的张紧度，实现"连接"或"切断"变速箱的动力。当主离合器处于［连接］位置时，张紧轮张紧，发动机动力传输到变速箱，当主离合器处于［断开］位置时，张紧轮放松，切断到变速箱的动力。

插秧机主离合拉线过紧将导致主皮带张得过紧易老化，主离合器皮带磨损过快，降低其使用寿命，严重过紧时会导致动力无法切断。

插秧机主离合拉线过松将导致主离合器皮带打滑易老化，动力不足，行走无力，主皮带处传出"吱吱"的打滑声，主离合器皮带过热，严重过松时会导致动力传递被切断。

2. 插植离合器失灵故障的原因

插植离合器失灵故障的主要原因是插植拉线太松或太紧。插植离合器是控制插秧机的插植部工作。当插植离合器手柄处于［连接］位置时，离合器手柄拽动插植拉线另一端的圆柱杆销克服复位弹簧的作用离开牙嵌式离合器，插植传动箱中牙嵌式离合器正常啮合，动力传递到插植部，开始工作，插秧机可正常作业；当插植离合器处于［断开］位置时，离合器手柄松开，插植拉线另一端的圆柱杆销在复位弹簧的作用下进入牙嵌离合器，插植离合器牙嵌分离，插植部失去动力，停止工作，如图 8 - 7 所示。

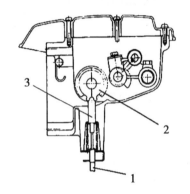

图 8 - 7 插植离合器示意图
1 - 插植离合器拉线；
2 - 插植离合器；3 - 圆柱杆销

插秧机插植拉线过紧导致的故障是插植手柄处于［切断］位置时，圆柱杆销克服复位弹簧的作用脱离牙嵌离合器，插植离合器牙嵌不分离，插植臂不停止工作；插秧机插植拉线过松导致的故障是插植手柄处于［连接］位置时，圆柱杆销在复位弹簧的作用下仍能押入牙嵌离合器，使牙嵌离合器分离，动力传递不到插植部，插植臂无法工作。

3. 插秧机液压手柄操作失灵故障的原因

插秧机液压手柄操作失灵的主要原因是液压钢丝拉线过松或过紧，造成液压系统上升和下降缓慢或不稳故障。液压手柄通过钢丝拉线操纵液压阀臂的转动，当液压手柄处于［上升］位置时，液压钢丝拉线拉动阀臂顺时针转动，并与后凸台接触，机体上升；当液压手柄处于"固定"位置时，阀臂处于前、后两个凸台的中间位置，机体保持原有高度；当液压手柄处于"下降"位置时，拉线松弛，回位弹簧使阀臂逆时针转动到与前凸台接触，机体下降。

液压拉线过松的故障是液压手柄处于上升位置时机体上升缓慢，严重过松时会导致机体无法上升。插秧机液压拉线过紧故障是液压手柄处于下降位置时机体下降缓慢。严重过紧时会导致机体无法下降。总体表现为拉线太紧，则上升快，下降慢，停机后有时

会自动下降；拉线太松，则会上升困难或缓慢，下降快且机身自动下降。

4. 株距调节手柄失灵故障的原因

株距调节手柄失灵故障的主要原因是控制株距拨叉组件的钢珠没有压入拨叉定位凹槽，株距齿轮没有或不正常啮合，动力不能传递到插植部齿轮箱。

株速距调节手柄有3个挡位可以调整，在插秧变速Ⅰ速和Ⅱ速挡位可以实现五六个株距调节挡位，如图8-8所示。

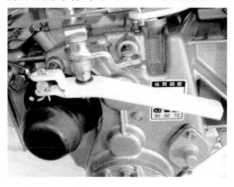

图8-8 株距调节手柄图

推或拉株距调节手柄在正确的挡位上，可听到"咔哒"的声音，表明株距调节手柄控制株距拨叉组件的钢珠在限位弹簧的作用下压入拨叉定位凹槽，株距齿轮正常啮合，动力传递到插植部齿轮箱。株距手柄脱挡的故障是手柄调节处在两挡中间位置，即株距拨叉组件的钢珠没有被进入拨叉定位凹槽，株距齿轮没有或不正常啮合，动力不能传递到插植部齿轮箱。如株距齿轮不正常啮合，株距手柄处会传出齿轮打齿的异响。尽管发动机正常工作，插植离合器在"连接"状态下，插秧机构仍然无法工作，但插秧机可以前进。

5. 转向离合器失灵故障的原因

转向离合器失灵故障的主要原因是转向离合器拉线过松或过紧。当转向离合器正常时，双手握紧转向离合器手把应迅速切断插秧机主齿轮箱传递到行走轮的动力，插秧机停止移动行走；单手握紧转向离合器手把应迅速切断插秧机单边行走轮的动力，插秧机可单边转向。握紧转向离合器手把再放开，转向离合器拨叉应自动回位，手把如果不能回位，要左右晃动机器，观察手柄是否回位。

转向离合器拉线过松的故障会导致机体转向困难，严重时机体无法转向；转向拉线过紧导致的故障是机体容易跑偏，严重时机体原地打转无法前进。

（二）步进式插秧机行走部分故障的原因

1. 驱动链轮箱链条张不紧故障的原因

驱动链轮箱链条张紧片不张紧故障的主要原因是驱动链轮箱安装时左右装反。如果左右装反，驱动链轮箱内行走链条张紧片会失去作用，链条磨损增加。

2. 行走轮开沟槽并挂土故障的原因

行走轮开沟槽并挂土故障的主要原因是行走轮安装错误，其叶片（防陷板）角度装反。由于插秧机行走轮外侧的叶片（防陷板）与车轮之间存在一定夹角，行走轮安装正确时如图8-9所示。行走就像人在走路，先脚跟后脚掌平顺踏地行走，脚板底离地时先脚跟后脚掌离

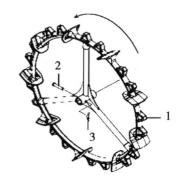

图8-9 插秧机行走轮图
1-行走轮；2-行走轮固定销子；
3-开口销

地，比较自然轻松。行走轮安装错误，其叶片（防陷板）角度相反，相当于插秧机在田间倒退行走，田间会开出较深的沟槽，导致前进阻力变大、行走轮大量拖挂泥土。

3. 行走轮固定销子易折断故障的原因

行走轮固定销子易折断故障的主要原因是未按规定数量安装固定销子。固定销子是将行走轮固定在行走驱动轴上，将行走驱动轴上的动力传递到行走轮上，机器作业行走轮下陷过深而过载时，因扭矩过大，销子会剪断，起到保护驱动链轮箱等机器部件的作用。插秧机行走轮安装时销子应按规定数量安装，销子安装数量不足的故障征象是销子容易折断，如果一侧的销子折断或脱落会导致机器原地打转。固定销子折断后要更换原厂配件，不可用螺栓或钢筋替代。

操作技能

一、步进式插秧机传动部分故障的诊断与排除

（一）主离合器皮带易老化或打滑故障的诊断与排除

1. 故障诊断

（1）启动发动机，变速挡位处于［中立］位置，结合插植离合器手柄。

（2）将主离合手柄缓缓下压或踏下变速踏板。

（3）通过观察插植臂运动结合点是否在规定位置来判断主离合手柄是否在标准位置，即主离合器手柄在面板上对准［切断］的［切］字时开始起作用为标准。

（4）如到［切］字，插植机构不工作，可能主离合器拉线松了或操作连杆未调整到位。

（5）切断主离合器，将变速挡位处于［插秧］位置。

（6）将主离合手柄缓缓下压，如到［切］字，插秧机没有行走，说明主离合器拉线松了。

（7）如主离合手柄拨动十分费力，还未到面板上［切］字，插秧机就前进了，说明主离合器拉线或操作连杆过紧了。

2. 故障排除

（1）用扳手松开主离合器拉线锁紧螺母。

（2）上下旋动调节螺母，使拉线调整到合适位置。

（3）重复判断过程，确认主离合手柄是否在标准位置，直至达到标准。

（4）锁紧主离合器拉线锁紧螺母。

（二）插植离合器失灵故障的诊断与排除

1. 故障诊断

（1）检查所有与插秧有关的挡位手柄是否正确，插植离合器拉线是否操纵灵活，插植离合器拉线杆销与插植齿轮箱结合部是否有泥污杂物堵塞，如有要及时清除。

（2）启动发动机，低速运转，变速挡位处于［中立］位置，结合主离合手柄。

（3）慢慢结合插植离合器手柄。观察插植机构是否工作，并通过插植臂运动结合点是否就是插植手柄的规定位置来判断拉线松紧度是否标准，即插植手柄正好对准面板上［切断］的［切］字时开始起作用为标准。

（4）如到［切］字，插植机构不工作，说明插植离合器拉线有点松了；如插植离

合器结合了，插植机构能正常工作，但切断离合器时，插植臂还在抖动，像在［点头］，说明拉线或操作连杆过松了，插植手柄拉线另一端的圆柱杆销可能磨损了。

（5）如插植离合器结合了，插植机构还不工作，可能是株距手柄跳挡或插植输入轴键槽一侧变形或有毛刺导致插植离合器凸轮不回位的原因。

（6）如插植离合器还未结合，插植机构就工作了，说明插植离合器拉线或操作连杆太紧了。

2. 故障排除

（1）调整插植离合器拉线　①用扳手松开插植离合器拉线锁紧螺母；②上下旋动调节螺母，使拉线调整到合适位置；③重复判断过程，确认插植手柄是否在标准位置，直至达到标准；④锁紧插植离合器拉线锁紧螺母，如图6-7所示。

（2）若是插植离合器凸轮不回位的原因，则需要用锉刀清除插植输入轴键槽一侧的变形或毛刺。

（3）确认株距手柄在插秧机启动后没有跳挡。如有跳挡，可使用扳手适当旋紧株距手柄限位螺钉。

（三）插秧机液压手柄操作失灵故障的诊断与排除

1. 故障诊断

（1）启动发动机，低速运转，变速挡位处于［中立］位置。

（2）结合主离合器手柄。

（3）慢慢结合液压手柄。观察插秧机是否上升，并通过插秧机上升动作结合点是否就是液压手柄的规定位置来判断拉线松紧度是否标准，即液压手柄正好对准面板上［上升］的［上］字时开始起作用为标准。

（4）如到［上］字，插秧机不上升，说明液压拉线有点松了。

（5）检查下降时，先将插秧机升至最高点，接着将液压手柄由上升位置快速放到下降位置，如果插秧机在3~5S降至最低点为正常；如果慢了，说明液压拉线有点紧了。

2. 故障排除

（1）调整液压拉线。

（2）用扳手松开液压拉线锁紧螺母。

（3）上下旋动调节螺母，使拉线调整到合适位置。

（4）重复判断过程，确认液压手柄是否在标准位置，直至达到标准。

（5）锁紧液压拉线锁紧螺母。

（四）株距调节手柄脱挡故障的诊断与排除

1. 故障诊断

（1）启动发动机，低速运转，变速挡位处于［中立］位置。

（2）先结合插植离合器手柄，再结合主离合手柄。

（3）通过声响判断。听主齿轮箱内是否有齿轮打齿的声音，如有则可能是株距手柄结合不到位。

（4）通过插秧机运转情况判断。切断主离合器，把变速手柄拨到［插秧］挡位，再结合插植离合器手柄和主离合手柄，如插秧机正常行走，但插植部不工作，说明株距手柄脱挡的可能性最大。

2. 故障排除

(1) 发动机处于怠速运转状态。

(2) 变速挡位处于［中立］位置，先结合插植离合器手柄，再结合主离合手柄。

(3) 扳动株距手柄，使株距重新复位。

(4) 若容易脱挡，可使用扳手适当旋紧株距手柄限位螺钉，增加限位弹簧的弹力。

(5) 加大油门，使插植臂高速运转，确认株距手柄无脱挡现象。

（五）转向离合器失灵故障的诊断与排除

1. 故障诊断

(1) 在空旷场地，启动发动机，低速运转，变速挡位处于［行走］位置。

(2) 结合主离合器手柄，操纵插秧机左右转向。

(3) 如转向迟缓或失灵，则说明转向拉线松了。

2. 故障排除

(1) 将转向拉线的锁止螺母松开。

(2) 旋转转向拉线调节长螺母，将转向拉线收紧。

(3) 保证轻托转向手柄，间隙在 1mm 左右。

(4) 锁紧锁止螺母。

(5) 确认有无转向迟缓或失灵现象。

二、步进式插秧机行走部分故障的诊断与排除

（一）驱动链轮箱链条张不紧故障的诊断与排除

1. 故障诊断

(1) 启动发动机，低速运转，结合主离合器手柄和插植离合器。

(2) 逐步加大油门，听驱动链轮箱是否有碰擦声。

(3) 如有明显碰擦声，说明驱动链轮箱链条张紧度不够。

2. 故障排除

(1) 停止发动机，先将驱动链轮箱靠近发动机一侧的链条张紧装置调至较紧位置。

(2) 再松开驱动链轮箱靠近插植传动箱一侧的链条张紧装置的锁止螺母。

(3) 将这一侧的链条张紧装置调至张紧位置。

(4) 锁紧锁止螺母。

(5) 重复检查步骤，确认有无碰擦声响。

（二）行走轮开沟槽并挂土故障的排除

拆下行走轮，将左右行走轮调向安装。安装时，从前面向后看叶片（防陷板）角度向后倾斜。

（三）行走轮固定销子折断故障的诊断与排除

1. 故障诊断

(1) 在空旷场地，启动发动机，低速运转，变速挡位处于［行走］位置。

(2) 如插秧机行走时始终偏向一个方向，或者原地打转。

(3) 说明一侧行走轮固定销子已折断。

2. 故障排除

（1）将折断的行走轮固定销清除；

（2）更换新的行走轮固定销。

第三节　诊断与排除插植部分故障

相关知识

一、插秧机插植部分组成及功用

1. 插植部分的组成

插植部分主要由送秧系统和插植系统两部分组成。送秧系统可分为秧箱、纵向送秧机构、横向送秧机构、取秧量调节机构等；插植系统又由插植臂及相关传动机构和安全离合器等组成。插秧机插植臂主要由压出臂组件、秧针、插植叉组件和插植臂壳体组件组成，如图 8 – 10 所示。

当动力由主齿轮箱传递到插植齿轮箱的插植输入轴后，分为两条传动线路：第一条为插植机构传动线路，通过插植传动机构，传入插植臂，实现插秧动作。第二条为送秧机构传动线路，通过插植齿轮箱内送秧（移箱）导向凸轮，经凸轮滑块组合带动横向送秧滑杆，将秧箱横向来回移动，实现横向送秧；纵向送秧通过插植齿轮箱内左侧一对纵向送秧凸轮副和箱外的一个棘轮机构，在每次横向送秧到两端终了时，前排秧取完后，纵向送秧凸轮副配合动作一次，凸轮传动使棘轮带动棘爪旋转一定的角度，从而拨动秧块向秧门运动，完成纵向送秧动作，如图 8 – 11 所示。

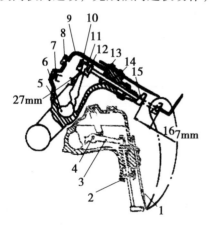

图 8 – 10　插植臂结构示意图

1 – 秧针；2 – 油封；3 – 压出臂；4 – 压出臂销；
5 – 插植臂衬垫；6 – 压出凸轮；7 – 压出臂弹簧；
8 – 注油帽；9 – 插植臂盖板；10 – 开口销；
11 – 压出螺母；12 – 压出锁母；13 – 缓冲垫；
14 – 插植衬套；15 – 插植叉

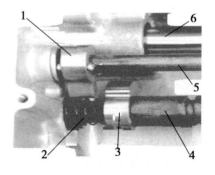

图 8 – 11　插植传动箱送秧机构图

1 – 纵向送秧从动凸轮；2 – 导向凸轮弹簧；
3 – 纵向送秧动凸轮；4 – 送秧导向凸轮；
5 – 纵向送秧杆；6 – 横向送秧滑杆

2. 插植部分主要部件的功用

（1）插植臂　插植臂的功用是按照预设轨迹，秧针（秧爪）从秧箱上切取定量的秧块，并以正确的姿势将秧苗栽插到田里。在插入瞬间实现"下插后摆"的动作，插植叉及时把秧块推出，保证秧苗顺利脱出秧针（秧爪），秧针（秧爪）在上提的过程中又不影响所插秧苗的直立度。曲柄式插秧机插植臂直接连接到驱动轴。高速插秧机回转式插秧由驱动轴传送到插植回转箱和回转箱上两个插植臂组成。

（2）秧针　又称秧爪，其功用是与秧门配合切取定量秧块，并与插植叉配合将秧块移送至田中。如果田块较烂，秧苗容易堵，还可以在秧爪和插植臂间追加安装止退块，避免秧苗粘连秧针（秧爪）不下苗。

（3）插植叉　又称推杆，其功用是配合秧针将切取的秧块移送至田中，并在规定时间点将秧块推送入土中完成栽插动作。

（4）秧箱滑块　秧箱滑块的功用是支撑秧箱在导轨上，使秧箱和导轨保持一定的间隙，秧箱浮在导轨上左右往复滑动。滑块一般采用塑料材质来减少对导轨的磨损，在装卸秧箱时，要注意秧箱滑块要卡在导轨槽上，且滑行自由。秧箱和导轨间有一微小间隙，保证秧箱滑动正常，如果秧箱滑块磨损到极限，秧箱和导轨间的间隙消失，要及时更换秧箱滑块。

（5）导轨　插秧机导轨的功用是通过滑块支撑秧箱在其上左右往复滑动，并在固定位置设有秧门开口，与秧针配合切取秧块。

（6）秧门导板　秧门导板的功用是在秧针取秧过程中护送秧块下落，使切取的秧块姿势不散落，能够完整地栽插到田中。

（7）秧箱　插秧机秧箱是用来摆放待栽插秧块，并通过凸起的格挡保证待栽插秧块跟随秧箱一起左右往复移动，完成横向送秧。为了秧块正常时送秧，秧箱与水平面约倾斜50°。在碰到秧块易拱起或者秧块不易下滑时，可以通过调整秧箱固定螺栓来改变秧箱直立度，从而改善送秧情况。插秧机秧箱倾斜度的调整方法是：松开上滚轮"U"形螺栓螺母及下滚轮螺母，转动"U"形螺栓，使秧箱与水平夹角为50°左右，固定上滚轮U形螺栓，然后调整下滚轮，使其与移箱滑道有效结合后，固定下滚轮螺母。

二、安全离合器的结构及功用

安全离合器是保护插秧机插植部不受损坏的重要部件，它起着传递动力和保护插植臂的作用。改进前的步进式插秧机的安全离合器属于前置式，安装在主变速箱右侧，通过链条传递动力到插植传动箱，安全离合器起作用时，插植机构全部停止工作。改进后的步进式插秧机将安全离合器安装在分组插植臂轴上，安全离合器起作用时，单组插植臂停止工作，另外的插植臂组可正常工作。作业中，由于秧门有杂物卡滞、安全离合器弹簧弹力不足等原因，当插植臂切取秧块及插秧时受到的阻力过大或

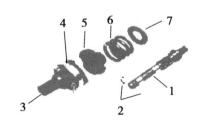

图 8 - 12　后置式安全离合器结构图
1 - 滑跳轴；2 - 滑跳轴环；
3 - 安全（滑跳式）离合器组件；4 - 轴承；
5 - 安全（滑跳式）离合器组件；
6 - 压缩弹簧；7 - 弹簧支架

遇障碍时，安全离合器开始起作用，从而保护插植臂不受损坏。其工作征象是安全离合器不断开合，插植臂在秧门来回撞击，发出"咔咔"声，此时应及时切断动力，排除故障，如图8-12所示。

如果插秧过程中安全离合器作用异常，一方面在正常插秧过程中，安全离合器异常作用，妨碍插秧；另一方面，当秧爪遇到石子、砖头等硬块或抓到苗箱或导轨时，瞬时遇到的巨大阻力，安全离合器不能及时切断动力输出，会导致机体负荷过大，插植臂、链条、齿轮、皮带等运动部件易被损坏。

三、插植部故障影响机插质量的现象

1. 各行秧苗取苗量不均匀

插秧机作业时，苗箱上一边的秧苗插的快，另一边的秧苗插的慢，主要原因有以下两点。

（1）秧针取秧量不一致　插植臂秧针运转到秧门附近，秧针尖端应处在同一水平直线上。如不在同一标准线上，就会导致秧针切取的秧块纵向高度不一致，也就是各行插植臂秧针每次切取的小秧块大小不一样。其原因：一方面，由于秧针磨损程度不一致会导致各行秧苗纵向取苗量不一致，可采取同批更换全部秧针的办法排除故障；另一方面，由于插植臂摇动曲柄连接摇动曲柄销的长孔调节位置不一致，秧针相对于秧箱导轨的位置不对，导致各行插植臂秧针高度不一致，可采取调节长孔来调整秧针在同一高度。如果两端的插植臂摇动曲柄没有长孔可调，说明秧箱导轨相对于秧针的位置不对，可采取调整秧箱导轨的水平度的方法来矫正。

（2）各行秧苗送秧量不一致　纵向送秧机构通过棘轮机构带动送秧轴间隙传动，送秧轴带动送秧棘轮或送秧皮带推动秧苗，实现向秧门送秧苗目的。各种送秧机构动力传递结构基本相同，最大的区别在于送秧棘轮（带）的形状结构和布局的不同。由于送秧棘轮装接不良、磨损、缠草等原因影响其传动效率和灵敏度，或纵向送秧皮带张紧度不一致，均导致各行秧苗送秧量不匀。

2. 插秧时出现倒秧

秧苗散乱，插植姿势不良，出现倒秧的原因有秧针磨损变形、插植叉变形、缓冲垫损坏、插植叉推出行程小、插植衬套磨损严重、秧门导板变形或损坏。

3. 插秧时伤秧率过高

机械故障导致夹秧、伤秧的原因有秧针与秧门间隙过小、秧针与秧箱间隙过小、秧针与插植叉间隙过小、插植叉变形、插植叉弹簧折断、插植叉衬套磨损、压苗杆位置较高等。

4. 插秧时漏插率过高

漏穴超标的原因有取秧口夹有杂物、纵向送秧困难、秧针磨损变形、安全离合器弹簧过松、首次装秧位置不当、送取秧量不匹配等。

5. 插秧时出现浮苗

漂秧率高的故障原因是插秧深度过浅、液压手柄不在［下降］位置等。

6. 纵向送秧装置缠草过多

纵向送秧装置缠草过多导致纵向送秧能力下降、纵向取秧量变少、严重时秧块不下滑。

四、插植部分故障的类型及原因

1. 秧针变形故障的原因

（1）由于秧爪磨损、秧针螺丝松动、秧爪两尖端不齐和秧爪间隔过窄或宽引起秧针变形，会导致秧针不能充分取苗，秧门处积秧，切取的秧块易散，插植姿势不良，同时秧针可能会打秧门、打秧箱等。

图8-13 秧针打秧门示意图

（2）插植臂秧针在运转过程中，由于摇动曲柄轴旷动或下孔磨损、秧门有障碍物（石子等）、纵向取秧手柄调整不当、秧箱与导轨间隙变小等问题，导致秧针打秧门、秧针打秧箱故障，造成秧针变形，如图8-13所示。

2. 插植叉变形故障的原因

插植臂秧针在运转过程中，由于秧门有障碍物（石子等）、秧箱与导轨间隙变小等原因，导致插植叉变形。

操作技能

一、秧针变形故障的诊断与排除

1. 故障诊断

插秧作业过程中发现有秧块易打散、秧苗易回带、秧苗栽插姿态变差、伤秧率变高等现象时，应注意是否有秧针变形故障。秧针变形要及时更换秧针。

2. 故障排除

（1）松掉固定螺钉，取下盖板，去掉旧秧针；

（2）将新秧针对准安装位置；

（3）盖上盖板，旋紧固定螺钉；

（4）检查秧针与插植叉之间的间隙在规定范围内，若间隙不符合技术要求请重新调整至间隙符合要求为止，旋紧固定螺钉。

二、插植叉变形故障的诊断与排除

1. 故障诊断

插植叉变形导致的故障征象有切取的秧块易打散、秧苗易回带、秧苗栽插姿态变差、伤秧率变高等。插植叉变形又会导致插植衬套异常磨损变形，插植臂漏油，泥污杂质和水进入插植臂，影响插秧质量，又缩短插植臂使用寿命，增加维护成本。

2. 故障排除

插植叉变形要及时更换，插植叉更换的要领是：缓冲垫不能忘装、压出（定位）螺母需在规定位置、插植叉安装方向不能错、检查秧针与插植叉之间的间隙在规定范围内，如图8-14所示。

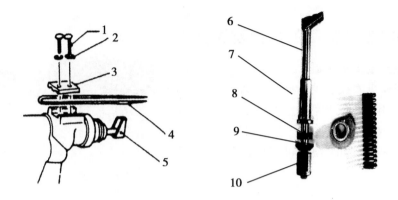

图 8 – 14　秧针、插植叉组件示意图

1－圆头小螺钉；2－弹簧垫；3－秧针压板；4－秧针；5－插植叉；
6－插植叉；7－插植衬套；8－缓冲垫；9－压出锁母；10－压出螺母

第九章 插秧机技术维护与修理

第一节 插秧机试运转

相关知识

一、试运转的目的

1. 试运转的目的及概念

新的或经大修的插秧机，其互相配合的零件，虽经过精细加工，但表面仍不很光滑，如直接投入负荷作业，就会使零件造成严重磨损，降低机器的使用寿命。为了防止插秧机早期磨损，延长插秧机使用寿命，应在作业前，在良好的润滑条件下，按照一定的规程，进行逐渐地加速、加载的空运转和负荷运转，这一过程就是试运转。

2. 试运转的作用

（1）可以使相互接触的运转表面磨合到最佳的配合间隙。

（2）可以发现一些松动的连接部件，使其得到及时的紧固和调整。

（3）可以及时发现插秧机在制造或修理、安装过程中的缺陷，并提前予以排除，提高其可靠性。

（4）可以降低插秧机的内部机械磨损和动力损失，提高其动力性和经济性。

二、试运转的原则和基本步骤

1. 试运转的原则

转速由低到高，速度由慢到快，负荷由小到大。

2. 试运转的基本步骤

影响试运转质量的主要因素是负荷、速度、时间和油的质量等，将这些因素合理组合而制定的试运转要求，即试运转规程。各企业生产的插秧机应有各自的试运转规程，详细的内容见其说明书。就其步骤来说，一般分为以下三个阶段进行：①转速由低到高的发动机空载试运转 0.5h；②速度由慢到快的插秧机空行试运转 12h；③负荷由小到大的插秧机负荷试运转 8h。

3. 试运转注意事项

在试运转期间，每隔 30min 左右停车检查一次，检查发动机有无漏油、漏水、漏气，仪表信号是否正常，机组是否有异响，各部螺栓是否有松动，轴承等是否发热，各手柄是否操纵灵活，机器各部件工作性能是否正常等。结束后进行定期的维护保养。做好记录。

操作技能

一、发动机空运转

1. 按说明书规定顺序启动发动机。

2. 启动后，使发动机怠速运转 5~10min，观察发动机运转情况正常后，使发动机保持在中低速运转，待水温达到 50℃ 以上后，再将发动机转速逐步提高到额定转速，进行空运转 20~30min，并进行技术状态检查。

二、插秧机空行试运转

1. 发动机在中速与高速运转下，操纵插秧机各手柄，使机器在原地反复进行上升、中立、下降和接合、分离及转向、运动等 20~30 次。检查操纵机构是否灵活，回位与升降机构动作是否正常，工作部件是否正常等。

2. 插秧机在低速、中速和高速分别行走 4h，操纵插秧机各手柄，带动各工作部件运动。但秧针不要接触地面，以防损坏。经常检查其各部技术状态是否正常。

三、插秧机带负荷试运转

1. 插秧机负重（模拟带秧苗块）在平地近低速、中速和高速进行试插秧 4h 左右。

2. 插秧机下地作业时，先带一次来回的秧苗，进行低速作业 2h，再中速作业 2h，后进行高速作业。

四、插秧机试运转结束后的维护保养

1. 部分机型按说明书更换润滑油。有些机型 50h 更换润滑油。

2. 清洗柴油滤清器、机油滤清器和空气滤清器。

3. 拧紧气缸盖螺母，检查并调整各部位间隙、压力，检查各操纵机构的行程。

4. 部分机型更换冷却水。

5. 按润滑表对各润滑点加注规定的润滑脂。

6. 检查并拧紧所有外部紧固螺栓和螺母。

7. 将试运转的情况记入插秧机技术档案。

第二节　插秧机日常保养

相关知识

插秧机每日作业后应及时进行保养，主要包括清洁、检查、调整、紧固、润滑等内容。

一、清洁

插秧机在田间工作，机器外部特别是导轨、浮板、插植部等沾有较多的泥污，车

轮、纵向传送轮以及插秧部等部件还会有残秧等杂物堵塞，每天作业结束后要用水冲洗打扫干净。避免铁制部件、电器接头部位氧化腐蚀，浮板上堆积泥土导致液压仿形控制机构失灵，以及运转部件工作异常磨损和破坏正常的配合间隙等。

1. 插秧作业后每日必须清洗打扫的部位有发动机、车轮、导轨、纵向送秧机构、浮板以及插植臂等运动部位。

2. 发动机在中速状态下，用水清洗，注意以免水进入空气滤清器内，使用洗涤剂洗涤时，高压水不要冲洗电气装置配件及商标，发动机周围的电气配线不要冲洗，清洗后不要立即停止运转，而要续转 2～3min。发动机冷却后还要注意清理消音器滤网积炭。

二、检查

1. 发动机部分

插秧作业后发动机每日外部检查内容有检查机油位是否在规定位置、机油质量是否合格、油杯是否清洁、空气滤清器是否清洁等。

（1）机油检查　检查发动机机油最好是冷机，车辆停在平坦的路面上，提高油位检测的准确度，如热机应熄灭发动机，等 5～10min，让一些停留在发动机上部的机油有充分的时间流入油底壳。取出机油尺用干净的棉布擦干净，再将机油尺重新插入发动机机油尺孔中，静等几秒让机油能完全黏附在机油尺上。最后，取出机油尺，观察机油尺上的机油痕迹最高处位置是否在规定范围内。

（2）空气滤清器检查　检查空气滤清器滤芯是否堵塞，如灰尘过多要及时清理。海绵滤芯中如有过多的机油，会造成发动机工作异常。

（3）燃油过滤器沉淀杯（油杯）检查　检查油杯内是否有杂质和水沉积，如有要及时清洗。

2. 行走部分

插秧作业后行走部分每日外部检查内容有：检查液压皮带的张紧程度，检查转向离合器的分离状态，检查车轮的磨损程度，清除挂草和泥土，运动部位注油。

3. 插植部分

插秧作业后插植部分每日外部检查内容有：检查取苗口间隙，检查插植叉弹出时间及距离，检查秧箱滑块、秧针、插植叉的磨损程度，向插植臂及运动部位注油等。

（1）秧针磨损程度的检查　首先检查秧针尖的磨损程度，如果已经磨钝应及时更换；还要检查秧针整体的磨损程度，如果严重也应及时更换。检查时将机器放在平坦的场所，确认秧爪的磨损情况，当插秧爪的磨损量在 3mm 以内可用取秧量规进行高度调整；当其磨损量在 3mm 以上则进行更换。

（2）秧箱滑块磨损程度的检查　为了保证秧箱移动正常，秧箱与导轨间有一微小间隙，秧箱通过秧箱滑块卡在导轨上滑动。要检查秧箱滑块磨损程度，观察秧箱滑块的厚度是否在规定范围，如出现秧针打到秧门上沿的情况应及时检查秧箱滑块的磨损程度，如磨损过量应立即更换。

（3）秧门导板磨损程度的检查　观察秧门两侧的秧门导板的厚度与夹角是否在规定范围，如出现秧门导板磨损过量或者两侧秧门导板之间夹角过大现象时，应立即更换两侧秧门导板。

4. 操纵控制部分

（1）主离合器检查　每日检查手柄的标准位置，拉线应保持动作顺滑灵活。

（2）插植离合器检查　每日检查手柄的标准位置，清除插植拉线圆柱杆销堵塞，保持拉线保持动作顺滑灵活。

（3）液压手柄检查　每日检查手柄的标准位置、拉线保持动作顺滑灵活。保证机体上升、下降时间在规定范围之内，同时机体上升后手柄在固定位置时，机体能够固定不动。

（4）转向离合器手柄检查　每日检查转向手柄间隙是否在规定范围之内，避免转向不灵或始终转向的情况出现。

（5）风门手柄检查　每日保持拉线动作顺滑灵活，检查风门手柄是否在规定位置，即手柄拉出时风门关闭便于冷机启动，推入时风门打开正常供油是发动机达到正常工作状态。

（6）油门手柄检查　每日保持动作顺滑，检查油门手柄是否在规定位置，即手柄处于最小位置时油门同样处于最小位置，手柄处于最大位置时油门也处于最大位置。

（7）单元离合器手柄检查　乘坐式插秧机单元离合器拉线保持动作顺滑、每日检查手柄是否在规定位置，即手柄处于结合位置时所连接的两个插植臂动作，手柄处于切断位置时所连接的两个插植臂不动作。

三、调整

插秧机的各配合间隙、皮带张紧度、拉线松紧度等若不符合技术要求，应调整到符合使用的技术要求。

四、紧固

插秧作业后每日需检查紧固的部位有发动机地脚螺栓、机架重要固定螺栓、行走部重要固定螺栓、插植部等重要的固定螺栓。

五、润滑

各连接部、支点部及滑动部应每天清洗后涂上适量黄油。主要是滑块、导轨、各离合器手柄支点及连接部、浮板支点部、车轮调节连接部、纵向传动连接部及纵向传动轮轴承部、取苗量调节手柄支点及滑动部、油门手柄的钢丝及连接部，有黄漆标记的部位。

操作技能

一、向插植臂注油

1. 准备黄油和机油，按 1∶1 的混合比例均匀混合，制成软黄油，并在塑料袋角边戳一小孔备用。

2. 打开四个插植臂的注油塞。

3. 将加油塑料袋小孔对准插植臂加油孔，挤入适量的软黄油。

4. 盖上插植臂加油盖。

注意事项：软黄油追加量在15ml左右，不能加得太满。注入过多，插植叉动作不良，会出现漏插、漂秧的问题。每天一般要加入一次，如果内部黄油残余量较多，则不添加。

二、秧箱滑块磨损程度的检查

1. 检查秧箱顶部和导轨之间的端间隙

秧箱通过滑块卡在导轨上平面（顶部）来回滑动，实现横向送秧。导轨上平面与滑块顶部进行滑动摩擦，滑块顶部（B面，标准值为8.5mm）磨损，厚度减小。当滑块磨损到极限时（6.5mm），如图9-1所示，秧箱端面和导轨下平面的端间隙消失，导致秧箱横向送秧的阻力增加和秧箱的磨损，此时要更换滑块。

2. 检查秧箱后部与导轨之间的侧间隙

秧箱通过滑块侧边在导轨侧面接触来回滑动，实现横向送秧。导轨侧平面与滑块侧边进行滑动摩擦，滑块侧边（A面，标准值为5mm）磨损，厚度减小。当滑块磨损到极限时（3mm），如图9-1所示，秧箱后部和导轨侧面的侧向间隙消失，导致秧箱横向送秧的阻力增加和秧箱的磨损，此时也要更换滑块。

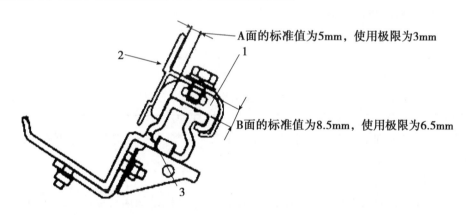

A面的标准值为5mm，使用极限为3mm

B面的标准值为8.5mm，使用极限为6.5mm

图9-1　SPW48型秧箱滑块磨损极限示意图
1-滑块；2-保护横梁；3-导轨

第三节　插秧机定期保养与修理

相关知识

一、定期清洁要求

1. 空气滤芯清洁要求

空气滤芯定期清扫时间大约是10个工作日，防止空气滤芯被油污、灰尘污物堵塞，导致发动机进气不畅，发动机功率下降，严重时会间歇熄火。

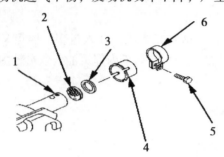

图 9 - 2　发动机消音器结构图
1 - 消音器排气口；2 - 消音器金属滤网；
3 - 垫圈；4 - 消音器盖；5 - 螺栓；6 - 卡箍

2. 消音器清洁要求

为了降低噪音，消音器的排气口处装有金属丝网（消音器金属滤网）。如图 9 - 2 所示，当金属滤网被炭黑堵塞时，最初发动机虽然还能启动，但会出现高速运转不畅和功率不足的现象。另外，使用劣质燃料以及排气口沾上田块的泥土未清除，也是造成发动机无法启动的原因。

消音器定期清扫时间大约是 10 个工作日。首先，拆下消音器排气口的金属滤网。然后用尖细的针状工具戳扎金属网的网眼，然后再用钢丝刷刷去污物，并用压缩空气吹干净。金属网堵塞损害严重，无法恢复正常时，要更换金属滤网。

二、润滑油定期检查

1. 发动机机油质量的检查

机油长期不换，会造成机油缺少，机油变质，失去黏性，润滑性能变差，长时间缺油，会增加齿轮等运动部件的磨损，会使发动机出现"拉缸"、"抱瓦"现象，达到使用极限，失去保护发动机正常运作的作用，发动机功率下降，油耗增加。

油质检查时先观察其透明度，色泽通透略带杂质说明还可以继续使用，若色泽发黑，闻起来带有酸味的时候就要去更换机油。检查油质黏稠度时，蘸一点机油在手上，用 2 根手指检查机油是否还具有黏性；如果在手指中没有一点黏性，说明机油已达到使用极限，需要更换，以确保发动机的正常运作。

2. 齿轮油的检查

主变速箱齿轮油长期不更换会造成油量缺少，长时间缺油运转会使主变速箱齿轮出现"抱死"现象；机油会失去黏性，达到使用极限，失去保护主变速箱齿轮正常运作的作用。

主变速箱齿轮油油位的检查方法确保车辆停在平稳的路面上，提高油位检测的准确度，然后熄灭发动机，等 5 ~ 10min，让一些停留在主变速箱上部的机油有充分的时间流入油底壳，拧开有特殊标记的检油螺钉，微微倾斜机体，观察检机油螺钉孔是否有油漫出来判断是否达到规定位置。

三、操作控制部分定期检修要求

1. 主离合器手柄

定期往拉线注润滑油，保持动作灵活顺滑，每日检查手柄标准位置。

2. 插植离合器

定期打开插植齿轮箱观察定位销和弹簧的情况，如有失效立即更换；同时观察插植离合器的动作情况，如发现不顺畅，及时打磨键槽毛刺部位。

3. 液压手柄

定期往拉线注润滑油保持动作顺滑，每日检查手柄标准位置，保证机体上升、下降时间在规定范围之内，同时机体上升后手柄在固定位置时，机体能够固定不动。

4. 转向离合器

定期往拉线注润滑油保持动作顺滑，每日检查转向手柄间隙是否在规定范围之内，避免转向不灵或始终转向的情况出现。

5. 风门手柄

定期往拉线注润滑油保持动作顺滑，每日检查风门手柄是否在规定位置，即手柄拉出时风门关闭便于冷机启动，推入时风门打开正常供油使发动机达到正常工作状态。

6. 油门手柄

定期往拉线注润滑油保持动作顺滑，每日检查油门手柄是否在规定位置，即手柄处于最小位置时油门同样处于最小位置，手柄处于最大位置时油门也处于最大位置。

7. 单元离合器

定期往拉线注润滑油保持动作顺滑，每日检查手柄是否在规定位置，即手柄处于结合位置时所连接的两个插植臂动作，手柄处于切断位置时所连接的两个插植臂不动作。

操作技能

一、发动机空气滤清芯的清洁或更换

1. 拆下空气滤清器的罩后，拆下滤芯。

2. 在融入中性洗涤剂的水中，将滤芯洗涤后甩干。将滤芯放入干净的机油中，然后再挤干。海绵滤芯脏污时，可用柴油清洗后拧干，如图 9 – 3 所示。

3. 擦拭空气滤清器壳体和罩内的污染物。

4. 若滤芯破损变形应及时更换新滤芯。

5. 重新装好空气滤清器。

注意事项：拧干海绵滤芯时，不能用力拧搅，以防海绵破损变形。组装空气滤清器和滤芯，如不能完全到位时，灰尘等污染物会进入发动机，造成发动机工作异常，磨损加剧。

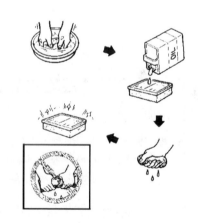

图 9 – 3　空气滤芯的清洗示意图

二、更换发动机机油和机油滤清器

1. 在热机状态下，将机停在平坦地面上，熄灭发动机，等 5～10min，使用扳手拆卸放油螺栓，使用接油盆接取废机油。同时还可以拉动启动拉绳使发动机反复运动几次，趁热放尽机油，拧紧放油螺塞。

2. 从加油口注入少量柴油反复冲洗几次，将附着的残油与杂质排尽。

3. 将机油与柴油的混合物加入发动机机油加油口。启动发动机，并使发动机低速运转数分钟，清洗机油道（注意油压指示，如发动机无油压应及时熄火）。

4. 拆下机油滤清器，放尽清洗油。

5. 换新机油。拧紧放油螺栓，用漏斗出检油口加入符合技术要求的新机油。

6. 换上新的机油滤清器，在新的机油滤清器密封圈上抹上机油，拧紧机油滤清器及放油螺塞。

7. 当加油量接近规定数值时，使用检油尺检查机油高度是否在"麻区"，当油位接近"麻区"上限时，停止加油。

8. 启动发动机，用低速运行，直到油压指示灯熄灭。

9. 关闭发动机，等待 5min 后，用机油尺复查机油量。

三、更换主变速箱齿轮油

1. 放油

（1）使用扳手拧开主变速箱放油螺钉。

（2）使用油盆接取废油。

（3）从加油口注入少量柴油反复冲洗几次，将附着的残油与杂质排尽后，拧紧主变速箱放油螺钉。

2. 添加机油

（1）拧开主变速箱检油位螺钉。

（2）拧开主变速箱加油口。

（3）放平机器。

（4）使用漏斗添加新机油。

（5）当检油口有机油溢出时停止加油。

（6）拧紧检油口螺钉，拧紧加油。

四、更换驱动链轮箱齿轮油

1. 放油方法同上。

2. 加油时，把机体前端抬高，松开侧扶板支架，取出油封。

3. 加注 SAE80W 齿轮油约 0.3L，加注后请装好油封。

4. 正确固定好侧扶板支架。两侧驱动链轮箱加油方法相同。

五、向插植部支架和侧支架注油

1. 插植部支架加油方法：打开注油塞，给个注油口加注 1：1 混合的黄油和机油约 0.3L，每 3~5 天加入一次。

2. 侧支架的加油方法：打开注油塞，加油 0.2L 齿轮油，两侧加油方法相同。

六、更换插植叉

1. 插植叉拆卸

（1）使用螺丝刀打开插植臂盖板，取出压出弹簧。

（2）使用扳手拆卸压出臂螺钉。

（3）取出压出臂。

（4）使用尖嘴钳拆卸插植叉定位开口销。

（5）使用扳手松开压出锁母，拆卸压出螺母和压出锁母。

（6）取出缓冲垫。

（7）取出插植叉。

2. 插植叉更换

（1）更换新插植叉，安装缓冲垫。

（2）先安装插植叉压出锁母，再安装压出螺母，将压出螺母开口标记对准销钉孔。

（3）安装插植叉定位开口销。

（4）使用扳手锁紧压出锁母。

（5）安装压出臂。

（6）安装压出臂螺钉。

（7）安装压出弹簧。

（8）安装插植臂盖板。

注意事项：安装压出锁母要注意锁母有倒角的一侧小平面与压出螺母贴合，没有倒角一侧的大平面与缓冲垫贴合，插植叉更换后用手转动插植曲柄，检查插植叉收缩和弹出的状态是否正常，确定插植叉更换正确。

七、更换插植叉缓冲垫

1. 机器不启动。

2. 结合主离合手柄、插植手柄。

3. 使用反冲式启动器带动插植臂缓缓运转。

4. 当插植叉弹出时停止拉动反冲式启动器。

5. 检查插植叉弹出距离来判断插植叉缓冲垫是否损坏。若插植叉弹出距离超出秧针过多则说明缓冲垫已损坏需更换，更换方法参考插植叉的更换方法。

第四节　插秧机入库保管

相关知识

一、插秧机入库保管的原则

1. 清洁原则

清洁机具表面的灰尘、草屑和泥土等黏附物、油污等沉积物，茎秆等缠绕物，清除锈蚀，涂防锈漆等。

2. 松弛原则

机器传动带、链条、液压油缸等受力部件要全部放松。

3. 润滑密封原则

各转动、运动、移动的部位都应加油润滑，能密封的部件尽量涂油或包扎密封保存。

4. 安全原则

做好防冻、防火、防水、防盗、防丢失、防锈蚀、防风吹雨打日晒等措施。

二、保管制度

1. 入库保管，必须统一停放，排列整齐，便于出入，不影响其他机具运行。

2. 入库前，必须清理干净，无泥、无杂物等。

3. 每个作业季节结束后，应对插秧机进行维护、检修、涂油，保持状态完好，冬季应放净冷却水。

4. 外出作业的插秧机，由操作人员自行保管。

三、入库保管的要求

水稻插秧机使用时间特短，保管时间长，且该机结构单薄，稍有变形或锈蚀便失灵不能正常作业，因此，保管中必须格外谨慎。

1. 停放场地与环境

插秧机的停放场地应在库棚内；如放在露天，必须盖上棚布，防止风蚀和雨淋，并使其不受阳光直射，以免机件（塑料）老化或锈蚀（金属部分）。

2. 防腐蚀

插秧机不能与农药、化肥、酸碱类等有腐蚀性物资存放一起，胶质轮不能沾染油污和受潮湿。

3. 防变形

为防止变形，插秧机要放在地势较高的平地且接地点匀称，绝对不得倾斜存放；插秧机上不能有任何杂物挤压，更不能堆放、牵绑其他物品，避免变形。

4. 塑料制品的保养

（1）塑料制品尽量不要把它放在阳光直射的地方，因为紫外线会加快塑料老化。

（2）避免暴热和暴冷，防止塑料热胀冷缩减短寿命。

（3）莫把塑料制品放在潮湿、空气不流通的地方。

（4）对于很久没有用过的塑料制品，要检查有没有裂痕。

5. 橡胶制品的保养

橡胶有一定的使用寿命，时间久了，就会老化。在保存方面，除了放置在日光照射不到、阴凉干燥处外，也要远离含强酸和强碱的东西。另外，还有一个延长使用寿命的方法：在橡胶制品不使用的时候，可在其外表外涂抹一些滑石粉即可。

操作技能

一、插秧机入库前技术保养

1. 清除插秧机上泥水、杂物，确保清洗干净。机体用水擦洗机体，做到运动部件无缠草泥土，整体无明显污迹，然后将水迹擦干。

2. 全面检查各机构的磨损、形变情况。恢复原来形状和尺寸，调整各机构达到正常使用状态，除去机身上油污。

3. 排净燃油箱、沉淀杯、气化器内的剩余油料，并清洗内中积垢。否则燃油长期不用会有胶质沉淀，堵塞油路，造成启动困难。

4. 在热机状态下放出发动机内机油，清洗油底壳，而后加入新机油。

5. 取下火花塞，向气缸内注入适量（20ml）的机油，将启动器拉动10转左右，使缸套、活塞环和活塞表面涂上机油后装复火花塞或喷油器体，将活塞停在上止点位置。

6. 放出链条箱、传动箱等内部润滑油后清洗沉淀物，再重新加入新润滑油。由于主变速箱齿轮油是兼用于液压油，所以保管时要特别注意防止灰尘等混入。

7. 插植臂内清洗后注入新机油。

8. 各运动部位和规定注油处充分注油。各工作表面如滑道、螺栓、分离针、软线、软管等部位要涂防锈油。

二、入库后操纵机构的设置

1. 每个插秧臂应该处于插植叉推出秧苗时的状态，放松插秧器弹簧。要防止插植叉停放位置过低，因秧针长期接触地面会导致秧针变形的故障；

2. 液压手柄放在［下降］的位置上；

3. 主离合器手柄应放在分离的位置，使弹簧处于放松状态，保持弹力不降低；

4. 插秧机离合器手柄应放在分离位置；

5. 将变速手柄置于［中立］位置；

6. 油门手柄置于停止供油位置；

7. 点火开关处于切断位置；

8. 缓缓拉动反冲式启动器，并在有压缩感的位置停止下来。

第三部分 插秧机操作工中级技能

第十章 插秧机作业实施

第一节 插秧机作业调试

相关知识

一、插秧作业前的准备

1. 预备秧架的设置

抬起预备秧架，摘下挂钩，进入作业状态。

2. 划线杆的设置

拆下螺栓，将划线杆前端置于作业位置，然后摘下挂钩，进入作业状态。用螺栓安装划线时，应在划线杆一侧的长孔部最前端（标准位置），把左右一起固定。

3. 滑动保护件设置

将收藏式滑动板保护件置于作业状态。拆下螺栓，抬起滑动板保护件，将其置于［作业］位置，然后用螺栓固定。

4. 侧线杆与中间标杆设置

将侧线杆与中央标杆设置为作业状态。

5. 株距手柄设置

翻开踏板右侧的橡胶盖，移动株距调节手柄，在 100～210mm（6 个阶段）进行选择，设定株距。切换手柄位置时，请将副变速手柄置于［中立］位置。根据作物和当地农艺部门要求调节到适合位置。

6. 横向传送切换手柄设置

根据秧苗状态，移动横向传送切换手柄选择横向传送次数（18 次、20 次、26 次）来进行设定。切换手柄时请将副变速手柄置于［中立］位置。

7. 插秧深度调节手柄及取苗量调节手柄设置

插秧机插秧深度的调节是由插秧深度调节手柄和浮板的多个销孔相互配合决定的，浮板上安装的销孔位置往下调节，则插秧深度变深。插秧机插秧深度调节手柄往上调节，则插秧深度变浅，每调节一挡，则插秧深度大约变化 6mm。插秧机浮板安装销孔的位置要求是保持一致。

8. 软硬度传感器手柄设置

该手柄又称为液压仿形灵敏度调节手柄，其作用是改变液压仿形浮板的灵敏度以适应不同田块软硬程度，使插秧机以合适的栽插深度进行作业。田块越软应调高浮板灵敏度，反之应调低浮板灵敏度。乘坐式插秧机液压灵敏度调节手柄一般有7挡，其灵敏度还同时影响插秧机的栽插深度，若将液压仿形灵敏度调节手柄往硬的位置调节，插秧深度变深，反之往软的位置调节，插秧深度变浅。开始作业时将软硬度传感器手柄置于[4]（标准）位置。

9. 座位调整

乘坐式插秧机一般可以通过调整方向盘的上下位置和座位的前后位置，以便驾驶员的舒适作业。调整时，应在停止状态下调整。

二、差速锁及其作用

差速器的作用就是在向两个半轴传递动力的同时，允许两边半轴以不同的转速旋转，差速锁可以看作是具有自动锁止功能的差速器。因为差速器的等扭矩作用，插秧机作业时可能遇到深沟等原因一个车轮失去附着力而陷入困境，解决的办法就是用差速锁把失去驱动力的那个轮子的半轴锁住，使该车轮对动力分配不再发生影响。可见差速锁最大的功用在于当插秧机车轮打滑时保证其他的驱动轮仍然能够使插秧机获得足够的驱动力。

乘坐式插秧机一般是前轮差速，使用差速锁时一般前两轮锁定，此时前面两轮轴转速相同，主要可用于过田埂、出入水田，增加水田的通过性。需要注意的是：使用差速锁后禁止转弯、禁止插秧。

操作技能

一、乘坐式插秧机各行纵向取苗量一致性检查

1. 把纵向取苗量调节手柄置于[标准]位置。

2. 把秧规置于取苗口上（当秧台位于最右或最左端处时，秧规无法放入，请把秧台移至中央位置）。

3. 把插植部升到最高位置，把油压锁止手柄锁住，插植手柄应置于[插秧]位置，关闭发动机，用手转回转箱，转动方向与正常回转箱的回转方向相同，确认秧爪的顶端是否已对准了秧规上的[标准]位置。

4. 如果没有对准，松开插植臂上的固定螺栓。

5. 用起子拧动调节螺钉，使秧爪顶端对准秧规上的[标准]位置。

6. 拧紧固定螺栓。

7. 依次调整所有的取苗量，并保持一致。

二、步进式插秧机各行纵向取苗量一致性检查

1. 把纵向取苗量调节手柄置于[标准]位置。

2. 把秧规置于取苗口上（当秧台位于最右或最左端处时，秧规无法放入，请把秧台移至中央位置）。

3. 把插植部升到最高位置，插植手柄应置于[插秧]位置，关闭发动机，用手转回转箱，转动方向与正常回转箱的回转方向相同，确认左右两端秧爪的顶端是否已对准

了秧规上的［标准］位置。

4. 如果左边秧爪没有对准，松开纵向取苗量调节面板上的固定螺栓，左右调节，使秧爪顶端对准秧规上的［标准］位置，拧紧固定螺栓。

5. 如果右边秧爪没有对准，松开纵向取苗量调节杆最右端的两个固定螺栓，左右调节，使秧爪顶端对准秧规上的［标准］位置，拧紧固定螺栓。

6. 再确认中间两个秧爪的顶端是否已对准了秧规上的［标准］位置。

7. 如果没有对准，松开秧爪摇杆的固定螺栓，通过调节长孔位置，使秧爪顶端对准秧规上的［标准］位置，拧紧固定螺栓。

第二节　插秧机田间作业

相关知识

一、秧苗块的处理

秧苗块的质量对插秧质量有着及其重要的影响，如果秧块不能和标准秧块一致，栽插时应对插秧机进行必要的调整，以获得满意的栽插质量。

1. 插秧时秧苗块过厚一般应该提高苗床压杆，过薄一般应该降低苗床压杆。

2. 秧苗块黏性过大一般应安装清理杆，使苗床稍微偏干一些或者使苗床饱含水分，同时增加大田水层。

3. 秧苗过高，已经插好的秧容易被插秧爪推倒，这时应该稍稍增加插秧深度，同时降低插秧速度。

4. 插秧时为防止伤秧过多，转运秧苗时应尽量避免秧苗卷曲过紧、堆放时间过长、层数过多，正确设置苗床压杆的位置，同时避免过大的纵向取苗量。

5. 为防止秧苗块折断而损坏，往载秧台里加秧时，如秧苗块超出载秧台，可以拉出载秧台延长板。

二、大田的处理

1. 插秧时如果田块过硬，插秧爪挖的坑无淤泥掩埋，进入坑中的水会使秧苗浮起，这时应该减慢插秧速度；

2. 如果田块表面黏糊而松软，浮板经过时留下的沟变大，已经栽好的苗会向内侧倾，这时应该将液压灵敏度手柄向软的方向改变，同时减慢插秧速度；

3. 插秧时如果大田为强黏性土质，车轮容易打滑，这时可以安装辅助车轮，或者加大株距以确保单位面积上的株数；

4. 如果茎秆过多会积压在浮板等处影响到正常的插秧，这时应该稍稍增加插秧深度，减慢插秧速度，同时提高平地板。

三、插秧深度与液压灵敏度的调节

插秧深度是指秧块的上表面至田泥面的距离。秧块上表面高出泥面者，其深度为零。以当地农艺要求的插秧深度 h 为标准，所测插秧深度在（h±8）mm 为合格。插秧机插秧深度除了与插秧深度调节手柄和浮船的挂接位置外，还与液压灵敏度密切相关。调整插秧深度时，要升起插植部后进行，若不升起，可能会损坏机器。在调整过程中，不管是新手还是熟手，不容易理解液压灵敏度，而液压灵敏度调整不仅影响到平地性，还对栽插质量有实质的影响。

1. 液压灵敏度感知系统的组成和作用

该系统主要由感知线缆、电器信号以及液压阀等组成，如图10-1所示。该系统一般与中央浮船联动起着仿形的作用，能使插植部随着田间的起伏而起伏，从而可以保证纵向稳定的插秧深度。

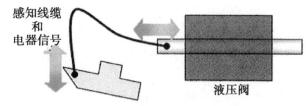

图10-1 液压灵敏度度感知系统示意图

2. 液压灵敏度调节的工作原理

该系统是通过中央浮船与前进方向的角度改变来适应不同软、硬田块的，如图10-2所示。液压灵敏度手柄一般有7挡，根据水田的软硬程度，通过液压灵敏度的调节使浮船适度接触地面。如果田块较软的话，液压灵敏度手柄应该往敏感（小）侧的方向调整，如果田块较硬的话，液压灵敏度手柄往迟钝（大）侧的方向调整。调整时，要观察机器的情况进行适度调整，如果液压灵敏度调到敏感的话，插植部整体上抬会比较容易，如果插植部上抬的话，插秧深度会变浅，如果液压灵敏度调整为过度敏感的话，插植部就会上下吧嗒吧嗒的调节错乱，如果调整为过度迟钝的话，插植部下沉，侧浮船处会有泥压住。插秧时如果浮板壅泥，这时应将液压灵敏度手柄应向软的方向改变，同时减慢插秧速度。

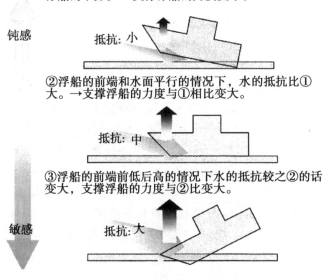

①浮船的前端前高后低情况下，水的抵抗都转移到浮船的下方。→支撑浮船的力度变小。

抵抗：小

②浮船的前端和水面平行的情况下，水的抵抗比①大。→支撑浮船的力度与①相比变大。

抵抗：中

③浮船的前端前低后高的情况下水的抵抗较之②的话变大，支撑浮船的力度与②比变大。

抵抗：大

钝感

敏感

图10-2 液压灵敏度作用示意图

四、插秧深度的自动调节

1. 有的插秧机带有插秧深度自动调节开关，用于自动控制插植深度，当开关处于［入］位置，插秧深度自动控制其作用，速度感应型插秧深度自动调节机构即动作，使插植深度保持一定。当开关处于［切］位置，插秧深度自动控制停止。当利用插秧深度自动机构，踩入变速踏板加快插植速度的话，插秧深度调节手柄会移向"深栽"侧，从而始终以固定的深度进行插植。

2. 当田块中的水极少时，浮力无法对浮船起作用，有时会导致深插情况。此时，要将插秧深度自动调节开关置于［切］位置，停止自动调节机构。

3. 在把插植手柄置于［合］位置上进行作业时，请不要在途中把插植深度自动调节开关置于［切］位置。若在自动调节机构起作用的状态下断开开关，则会保持在深插状态。

五、基本苗计算与插秧机调节

每亩大田的基本苗由秧苗的行距、株距和每穴株数决定。插秧机的行距一般为300mm固定不变，株距有多挡或无极调整，对应的每亩栽插密度为1万～2万穴。正确计算并调节每亩栽插穴数和每穴株数就可以保证大田适宜的基本苗数。在实际生产作业中，一般是事先确定株行距，再通过调节秧爪的取秧量即每穴的株数，即可满足农艺对基本苗的要求。

1. 插秧机是通过调节纵向取秧量及横向送秧量来调节秧爪取秧面积，从而改变每穴株数。如东洋 PF48 型插秧机的纵向取秧量的调节范围为 8～17mm，共有 10 个挡位，每调一挡改变 1mm，手柄向左调，取秧量增多，手柄向右调，取秧量减少。调整标准取秧量（11mm）时需要用取苗卡规校正。横向移动调节装置设在插植部支架上的圆盘上，上面标有"26、24、20"三个位置，分别表示秧箱移动 10.8mm、11.7mm、14mm。横向与纵向的匹配调整可形成 30 种不同的小秧块面积，最小取秧面积为 0.86cm^2，最大为 2.38cm^2。一般情况下先固定横向取秧的挡位后，用手柄改变纵向取秧量。根据这一原理，就可以针对秧苗密度调整取秧量，以保证每穴合理的苗数。

2. 在实际作业中，首先要按照农艺要求，以每亩基本苗数和株距来倒推每穴株数。例如，某水稻品种每亩基本苗要求 6 万～8 万株，如果株距 120mm，就可推算出每亩大约 1.8 万穴，每穴 3.5～4.5 株。同时注意提高栽插的均匀度。均匀度即实际栽插穴苗数的分布情况，因为分蘖与成穗具有一定的自动调节能力，所以在计划苗数设定苗数 ±1 的范围内，如计划平均穴苗数 3 株，实际栽插穴苗数 2～4 株可视均匀。一般要求均匀度 90% 以上。

3. 在每次作业开始时要试插一段距离，并检查每穴苗数和栽插深浅。这样既可以根据秧苗密度及时调整取秧量，保证每穴 3～5 株苗，又可以根据大田具体作业条件，及时调节栽插深度，达到"不漂不倒，越浅越好"的要求，待作业状态符合要求并稳定后再开始连续作业。

操作技能

一、乘坐式插秧机田间作业

插秧前，应根据田块长短和田间道路状况合理配置插秧机的田间装秧地点，插秧机上一般应至少准备一个来回的预备秧块。

1. 出入田块

出入田块时插秧机要与田埂成直角，可防止机器翻倒造成伤害事故，当田埂与田块的台阶较高时，要使用跳板，下坡时用［前进］，上坡时用［后退］进行。同时，出入田块、跨越田埂或在坡道及农道上行走时，要卸下载秧台与预备载苗台上的秧苗。否则，机身易失去平衡而导致翻倒事故。在田块内移动，以及插植作业时，绝不要把主变速手柄置于［移动］位置。否则可能会使机器过负荷而引起损坏。步骤如下：

（1）启动发动机。

（2）把插植手柄置于［上］位置，插植部升到最高处油压锁止手柄置于［锁止］位置。

（3）主变速手柄置于［前进］或［后退］位置，油门手柄置于［作业］位置，插植手柄置于［中立］位置。

（4）请稍微踩下变速踏板，以最慢速度进行。

（5）必要时可踩住差速锁止踏板。

2. 进入田块后

插秧机进入田块后，要为正式插秧做一些准备，步骤如下：

（1）进入田块后，松开变速踏板，停止插秧机，把主变速手柄置于"补苗"位置。主变速手柄的切换，等插秧机完全停下后再进行。机器尚未完全停止时切换，可能会损伤机器。

（2）插植部位于最高位置处，确认油压锁止手柄是否位于［锁止］位置上。

（3）把主变速手柄置于［中立］位置。

（4）把油门手柄置于［低速］位置。

（5）把插植手柄置于［合］位置，稍微踩下变速踏板。插植部开始动作。

（6）驱动插植部，使载秧台移至右端或左端，把插植手柄置于［中立］位置。插植部停止工作。

（7）从挂钩上松开划线杆。

（8）关闭发动机。

（9）把秧苗置于载秧台上，固定好苗床压杆与压苗杆。苗床压杆的固定位置为离开苗床表面 10～15mm 为标准，大约一指宽，要根据苗的条件进行调节，同时确认苗床压杆是否与载秧台平行。

（10）把油压锁止手柄置于［解除］位置，插植手柄置于［下］位置，降下插植部。

（11）先把备用秧苗置于预备载苗台上。放置时要确保左右备用预备载苗台的平衡。

（12）把中央标杆和侧标杆固定在易于驾驶员看得到的位置上。

3. 田间作业

作业方法根据水田块的大小及形状的不同而异，故开始插秧前，要仔细安排好工艺顺序进行作业。对于不规则田块，应该从中间长边开始，最后完成田埂边的插秧。田间作业步骤如下：

（1）把油压感应调节手柄置于"3"位置。

（2）把插植深度调节手柄置于"4"位置。

（3）把取苗量调节手柄置于"中"位置。

（4）把横向切换手柄调节至所需的横向送秧量。

（5）启动发动机。

（6）把监视器开关及插植深度自动调节开关置于"入"位置。若补苗蜂鸣器响，则说明载秧台的苗床压杆尚未调节好，请确认苗床压杆。

（7）把油门置于"作业"位置，提高发动机转速。

（8）把主变速手柄置于"前进"位置。

（9）把插植手柄置于"合"位置后，再置于"右"或"左"标杆处，放倒所需的划线杆。

（10）慢慢踩下变速踏板，机器起步，开始插植。

（11）试插4~5m后，停下插秧机，确认插植穴数、液压灵敏度、插秧深度、每穴株数等是否满足农艺要求，并检查伤秧率、漏插率、漂秧率、插秧深度合格率等作业质量指标。

（12）确认作业质量后，踩变速踏板，可实现高速插植作业。

（13）作业状态稳定后，把速度固定手柄拉至"固定"位置，脚从变速踏板上挪开，便可固定在刚才的的速度上。若把速度固定手柄倒向前方，或轻轻踩下变速踏板或刹车踏板，便可解除速度固定，通过轻踩变速踏板解除速度固定后，便可重新调节速度。

4. 作业时转弯

实际插秧中，为了提高插秧效率，应在地头留下一个往返转弯的插植空间，称为枕地，如果留的枕地太短，转弯空间不足的话，就有可能需要先后退再转弯。乘坐式插秧机田间转弯时，应保持低速，升起插植部，踩下转弯侧的刹车踏板进行小转弯。田间作业转弯的一般步骤如下：

（1）接近田埂后，用变速踏板减速。

（2）把插植手柄置于"上"位置，升降起插植部。

（3）踩变速踏板，同时转动方向盘转弯。

（4）用侧标杆与中央标杆对准相邻行间，将机身调直对准前进方向。

（5）把插植手柄置于"下"位置，降下插植部。

（6）调整好位置，用插植手柄放下划线杆。

（7）然后踩变速踏板，继续作业。

5. 田埂边机插秧

在插秧快要结束前，由于要用全行插秧来结束最后的插秧作业，因此要在接近田埂边后，考虑剩下的行数，在倒数第二回合调整好，以便在最后回合时能插植所有的行。要根据苗的情况配套使用单元离合器和阻苗器，单元离合器一般可以同时控制2行，而阻苗器可装在任意行上，可以停止任意各行的动作。

假设是6行插秧机，当还剩10行时，则在最后行程前，使用单元离合器，停止边上的2行，最后回合插6行，当还剩9行时，还需配合使用阻苗器多停止1行，以确保最后回合插6行，以此类推。

当前轮快碰到田埂时，则田边还会剩下大致6行空间。但是，当前轮已碰到水田埂，结束的位置就会偏离。因此，若进行转弯插植，就会与邻行苗的间隔变狭或变宽。

另外，有时候田埂最接近的行的间隔会超过300mm。

6. 机身下陷的处理

为提高作业效率，也为了避免作业过程中插秧机的意外损坏与保障驾驶员的人身安全，在插秧前，要仔细了解大田里面深沟、暗渠等情况，及时规避可能引起陷车的区域。

（1）当发现在作业中机身开始下沉时，要在插植部"下"的状态下，踩下差速锁止踏板，用低速直线前进，此时若转动方向盘，会下陷得更厉害，后退也会增大前轮下沉的可能性。

（2）如果已经下陷后，要避免插秧机机身前后的过度倾斜而引起发动机的熄火。靠自身从下陷中脱身时，不要把木材等垫在后车轮下面，会导致损坏机器，要用铁锹等工具挖出各轮前后的淤泥，特别要注意清除踏脚下面的淤泥，为减轻机身重量，要卸下预备载秧台和载秧台上的秧苗，然后踩下差速锁止踏板，慢踩变速踏板，使插秧机脱困，若突然踩下，有时发动机会熄灭。必要时，在确保安全的情况下，可以用人力辅助脱困。

（3）插秧机在水田中下陷后，靠自身力量无法脱身，需牵引插秧机时，要把绳子扣在机身前方的绳钩上，用拖拉机等直线牵引，同时发动插秧机前进。不要把绳子扣在绳钩以外的地方牵引插秧机，也不要倾斜牵引，这样会引起插秧机的变形，破损和故障。

（4）乘坐式插秧机在有暗渠或局部较深的田间作业时，为可靠作业和防止下陷，可以选装铁凸缘的辅助车轮。在跨越田埂或水田移动时，如果单只前轮出现打滑，不易行走时，可以踩下差速锁帮助机器通过。

二、缺秧的处理

针对缺秧的原因，对秧苗或田块、插秧机不同对象进行处理，见表10－1。

表10－1　缺秧的处理

序号	缺苗原因	处理对象	处理方法
1	苗床太薄、扎根不良或苗床过软，载秧台上的秧苗溃散开来，无法插秧	秧苗	1. 苗床厚度应在2cm以上 2. 使苗床变得更干更硬一些
2	苗床过厚，如果苗床太厚，插秧爪将无法取苗，由于取苗不畅，从而导致缺苗	秧苗	切掉一部分根部，使苗床厚度（苗垫厚度）达到2~3cm。如果切不掉，则不要使用这种秧苗。
2		插秧机	1. 取苗时稍稍增加一些取苗量 2. 调整压苗杆与苗床的间隙
3	苗床土质黏度偏大或粘土质田块，而且水偏少插秧时秧苗无法从插秧爪分离，从而引起缺秧	秧苗	使苗床稍微偏干一些，或者浸在水中使其饱含水分
3		田块	给田块灌注1~3cm深的水
3		插秧机	加装清理杆
4	插秧爪磨损	插秧机	调整或者更换插秧爪
5	播种不齐	秧苗	使用比较均匀的秧苗

三、浮秧和插秧不齐的处理

针对浮秧和插秧不齐的原因，对秧苗或田块、插秧机不同对象进行处理，见表10-2。

表 10-2　浮秧和插秧不齐的处理

序号	原因	处理对象	处理方法
1	田块中的水深超过3cm，水流入浮舟经过时留下的沟槽中，已经插好的秧苗或旁边的秧苗出现推倒现象	田块	将水位降至1~3cm
		机器	1. 减慢插秧速度以减缓水的流动幅度 2. 在容许的插秧深度范围内适当加深
2	苗根发育不良，床土为砂质土，秧苗容易脱离插秧爪，浸入水中后苗床土很快溶散开来，水多时则出现浮秧	秧苗	给苗床增加水分
		机器	加装持秧杆
3	田块的泥土太软或太硬	田块	增加田块的硬度或降低田块硬度
4	插秧爪磨损	机器	更换插秧爪

第十一章　插秧机故障诊断与排除

第一节　诊断与排除发动机故障

相关知识

一、发动机构造

(一) 曲柄连杆机构

曲柄连杆机构的功用是将活塞的往复运动转变为曲轴的旋转运动，将作用在活塞顶上的燃气压力转变为扭矩，通过曲轴对外输出。曲柄连杆机构由机体组、活塞组件、连杆组件、曲轴飞轮组组成，是发动机的主要工作部件。

1. 机体组的组成及其作用

机体组由气缸体、气缸套、气缸盖、气缸垫和油底壳等组成。

(1) 气缸体　其作用是支撑发动机所有的运动件和各种附件。气缸体内设置有冷却水道（小型发动机内无冷却水道，外部设有散热片）和润滑油道，保证对高温状态下工作和高速运动零件进行可靠的冷却和润滑。气缸体上部的圆柱形空腔称为气缸，它的作用是引导活塞作往复运动，气缸体下部的空间为上曲轴箱，用来安装曲轴。

(2) 气缸套　为了提高气缸内表面耐磨性，机体内往往镶入由耐磨性更好的优质合金材料单独制成的气缸套，也有一些发动机的气缸套和机体铸成一体。

(3) 气缸盖　气缸盖用来封闭气缸，并与活塞顶面构成燃烧室。气缸盖用紧固螺栓紧固在气缸体上。拧紧螺栓时，必须按由中央对称地向四周扩展的顺序分 2~3 次拧紧，最后一次用扭力扳手按工厂规定拧紧力矩拧紧，以免损坏气缸缸垫或发生漏水。

(4) 气缸垫　气缸垫安装在气缸盖和气缸之间，用来密封气缸，防止漏气、漏水。安装气缸垫时，应注意金属翻边的朝向。

(5) 油底壳　油底壳是曲轴箱的下半部分，用以贮存发动机润滑油。

2. 活塞组的组成及作用

活塞组件的主要由组成部件主要由活塞、活塞环（包括气环、油环）、活塞销等组成。活塞组件与汽缸体共同完成 4 个冲程，并承受汽缸中油气混合气的燃气压力，并将此力通过活塞销传给连杆，以推动曲轴旋转。

(1) 活塞　其作用是承受气缸中气体的压力，并将此力通过活塞销传给连杆，推动曲轴旋转。活塞顶部还与气缸盖构成燃烧室。活塞由顶部、头部、裙部、销座四部分组成。

(2) 活塞环　活塞环分为气环和油环两种。气环的作用主要是密封，其次是传热。油环的作用是刮油，使气缸壁上的油膜分布均匀，改善润滑条件。

(3) 活塞销　其作用是连接活塞与连杆，并传递两者之间的作用力。

3. 连杆组的组成及作用

连杆组件的主要组成部件有连杆、连杆盖、连杆轴瓦及连杆螺栓等组成。连杆组件的作用是将活塞承受的燃烧压力传给曲轴，使活塞反复运动变为曲轴的旋转运动。

连杆的作用是连接活塞与曲轴，并传递两者之间的作用力，使活塞的往复运动转换为曲轴的旋转运动。连杆由小头、杆身、大头三部分组成。连杆小头和活塞销连接，小头孔内压有减磨青铜衬套，连杆大头与曲轴的连杆轴颈相连，连杆轴承盖用螺栓与大头的上半部分连接，为了减少摩擦，延长连杆轴颈的寿命，连杆大头孔中装有两个半圆形的薄壁连杆轴瓦。

4. 曲轴飞轮组的组成及其作用

曲轴飞轮组由曲轴及其附件（飞轮、曲轴皮带轮等）组成。曲轴组件的作用是承受连杆传来的间歇性推力，并通过曲轴上的飞轮等大惯量旋转体的作用，将间歇性推力转换成环绕曲轴轴线的稳定转矩，即发动机输出的动力。

（1）曲轴　其功用是将连杆传来的推力变成旋转的扭矩，并输出给传动系，驱动配气机构、机油泵、发电机等附属装置工作。

（2）飞轮　其作用是贮存作功行程时的功能，用以克服辅助行程时的阻力，使曲轴旋转均匀，便于发动机的启动。

（二）配气机构

配气机构的作用是根据发动机工作循环和点火次序，适时地开启和关闭各缸的进、排气门，使纯净空气或空气与燃油的混合气及时地进入气缸，废气及时地排出。配气机构一般由气门组、气门传动组两部分组成（图 11 -1）。

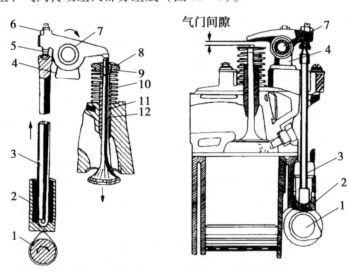

（a）摇臂压缩气门弹簧，气门开启　　　（b）气门弹簧伸长，气门关闭

图 11 -1　配气机构示意图

1 -凸轮轴；2 -挺杆；3 -推杆；4 -摇臂支架；5 -调整螺钉；6 -锁紧螺母；7 -摇臂；
8 -气门弹簧座；9 -锁片；10 -气门弹簧；11 -气门导管；12 -气门

1. 气门组的组成及各零件的作用

气门组由气门、气门导管、气门弹簧、弹簧座等组成。

（1）气门　气门由头部和杆身两部分组成。气门头部密封锥面的锥角称为气门锥角。气门杆身是气门上下运动的导向部分。

（2）气门导管　气门导管固定在气缸盖内，用以引导气门运动，并将气门热量传到冷却水套中，防止气门受热卡住。

（3）气门弹簧　通常为一个或两个圆柱形螺旋弹簧。其作用是自动关闭气门，保证气门密封。为防止弹簧共振。

2. 气门传动组的组成及其作用

气门传动组由凸轮轴、正时齿轮、挺杆、推杆、摇臂、摇臂轴、调整螺钉等组成。

（1）凸轮轴　其作用是按规定时刻开启和关闭气门。

（2）凸轮轴正时齿轮　其作用是保证曲轴位置和气门启闭的正确关系。

（3）挺杆　其作用是将凸轮的推力传给推杆。

（4）推杆　其作用是将从凸轮轴经过挺杆传来的推力传给摇臂。

（5）摇臂　其摇臂实际上是一个双臂杠杆，用来将推杆传来的力改变方向，作用到气门杆端推开气门。

3. 配气机构工作过程

当发动机工作时，曲轴通过正时齿轮驱动凸轮轴旋转。当凸轮轴传到凸轮的凸起部分顶起挺杆时，挺杆推动推杆上行，推杆通过调整螺钉使摇臂绕摇臂轴摆动，克服气门弹簧的预紧力，使气门开启。随着凸轮凸起部分升程的逐渐增大，气门开度也逐渐增大，此时便进气或排气。当凸轮凸起部分的升程达到最大时，气门实现了最大开度。随着凸轮轴的继续旋转。凸轮凸起部分的升程逐渐减小，气门在弹簧张力的作用下，其开度也逐渐减小直到完全关闭，结束了进气或排气过程。

4. 气门间隙的含义

在气门杆尾端与摇臂头之间留存的间隙，称为气门间隙。

5. 气门间隙过大、过小的危害

发动机热态时，气门杆因温度升高膨胀而伸长，若不留间隙，则会使气门离开气门座，造成漏气。因此在气门杆尾端与摇臂头之间一定要留有受热膨胀的间隙，此间隙会因配气机构机件的磨损而发生变化。间隙过大，将影响气门的开启量，引起充气不足，排气不畅，并可能在气门开启时产生较大的气门冲击响声。间隙过小，则会使气门工作关闭不严，造成漏气和气门与气门座工作面烧蚀。不同型号的柴油机气门间隙的数值不同，在维护时要按说明书中的规定数值检查和调整气门间隙。

（三）燃料供给系统

1. 燃料供给系统的作用

将油料和空气按比例混合形成的可燃混合气按时地供给燃烧室压缩燃烧作功，燃烧后的废气经净化处理后排入大气。

2. 燃料供给系统的组成

发动机燃料供给系统由燃油供给装置、空气供给装置（空气滤清器、进气管道）、混合气形成装置（燃烧室）、废气排出装置（排气管道、消音器）组成。其中柴油机燃油供给装置由柴油箱、输油泵、柴油滤清器、喷油泵、喷油器等组成，如图11-2所示。汽油机燃油供给装置由油箱、燃油过滤器、汽化器等组成，如图11-3所示。按照燃料供给方式的不同分为化油器式和汽油直接喷射式。插秧机使用的汽油机一般使用化油器式。

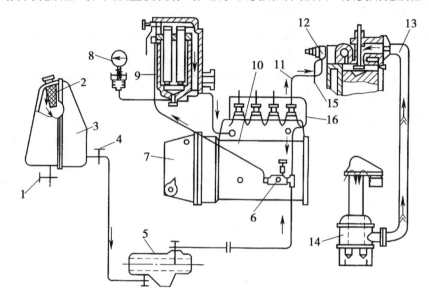

图 11-2　柴油机燃料系统示意图

1-排放沉淀物开关；2-加油口滤网；3-燃油箱；4-输油开关；5-柴油粗滤器；
6-输油泵；7-调速器；8-压力表；9-柴油细滤器；10-喷油泵；11-高压油管；
12-喷油器；13-进气管；14-空气滤清器；15-喷油器回油管；
16-喷油泵回油管

3. 工作过程

发动机工作时，气缸内的真空负压把空气经空气滤清器滤清后吸入各气缸，完成空气的供给工作；另一方面，在发动机的带动下，输油泵把柴油经过低压油管从柴油箱吸出并送往柴油滤清器，然后进入喷油泵，经喷油泵增压后的柴油，再经高压油管进入喷油器而直接喷入燃烧室与高温压缩空气混合并燃烧；汽油机在化油器的作用下，将汽油雾化与空气混合形成可燃混合气，并根据发动机的工作需要，提供浓度适宜的可燃混合气体送入各个汽缸压缩燃烧；最后气缸内燃烧的废气排出装置从气缸中排出。

4. 柴油机燃料供给系统的主要部件

（1）喷油器　其作用是将喷油泵供给的高压柴油雾化成细微油粒喷入燃烧室，以形成良好的可燃混合气。供油时，高压柴油经壳体油道进入针阀下部的环状油室，油的压力给针阀锥面一个向上的推力，当推力大于针阀弹簧张力时，针阀抬起，柴油经喷孔喷入气缸；不供油时，弹簧的张力使针阀锥面压紧喷孔，将喷孔封闭。主要分为孔式喷油器、轴针式喷油器两大类。

（2）喷油泵　其作用是根据发动机不同工况的要求，定时、定量向各缸喷油器供油。常用的是柱塞式喷油泵，它与调速器、输油泵等组成一体，固定在柴油机一侧的支架上。喷油泵由曲轴正时齿轮驱动，为了保证喷油时刻准确，各传动齿轮上都有装配标记。喷油泵凸轮轴转动，凸轮轴上每一个凸轮推动一个柱塞，柱塞上下运动，定时向对应油缸供油。

驾驶员操纵油门，使供油拉杆前后移动，供油拉杆经调节臂（或齿套）传动，使柱塞在柱塞套筒内转动，改变柱塞供油的有效行程，使供油量改变。在柱塞向上运动，当其顶面密封套筒上的进油口时，泵腔油压才上升到使喷油器针阀抬起开始供油，而当柱塞斜槽和回油孔接通时，泵腔中的柴油经中心孔流入回流管，供油就结束。

当需要停车时，拉动调速器上的停油手柄，强制供油拉杆退到停止供油位置，发动机熄火。

喷油泵类型主要有柱塞式喷油泵、喷油泵—喷油器式和转子分配式喷油泵3类。

（3）调速器　其作用是在供油拉杆位置不变时，随外界负荷变化自动调节供油量，稳定柴油机转速。柴油机多采用机械离心式调速器，按调速作用范围不同分为两速式、全速式和综合式3类。

（4）柴油机滤清器　其作用是滤清柴油中的杂质和水分，保证工作正常和减少供油零件磨损。柴油机滤清器有粗滤器和细滤器两种。在滤清器盖上有放空气螺塞，用以排除进入油管中的空气。

（5）输油泵　其作用是将柴油从油箱中吸出，压送到柴油滤清器，再输到喷油泵。柴油机广泛使用活塞式、膜片式输油泵。它安装在喷油泵的一侧，由喷油泵凸轮轴上的偏心凸轮驱动，使活塞往复运动，柴油经进油阀进入泵腔，又经出油阀压到喷油泵。油管中无油或进有空气时，可拧开滤清器和喷油泵上的放空气螺塞，扳动输油泵手柄，直接将柴油从油箱吸出，利用油流将燃料装置中空气驱出，以顺利起动和工作。

（6）空气滤清器　其作用是清除空气中的尘土和杂质，向气缸供给充足的清洁空气，减少气缸、活塞等机件磨损，延长发动机寿命。空气滤清器一般由粗滤部分（包括罩帽、集尘罩、导流片和集尘杯）、细滤部分（包括中央吸气管、油盘和油碗）和精滤部分（包括装在中央吸气管和壳体之间的上滤网盘和下滤网盘）组成。

5. 汽油机燃料供给系统主要部件

（1）油箱　用薄钢板冲压焊接而成，上部有加油管，油面指示表的传感器，出油开关。下部有放油塞，箱内有隔板以加强油箱的强度，并减轻行车时汽油的振荡。油箱是密封的，一般在油箱盖上装有空气蒸汽阀，保持油箱内压力正常。

（2）燃油过滤器　功用是除去汽油中的杂质和水分。由于汽油泵、化油器、喷油器等精密零件，要求供给清洁的汽油，否则会引起故障。汽油滤清器采用的滤清方式有沉淀式和过滤式。

过滤器里面起主要作用的是滤芯，滤芯一般可分为：纸质、金属片缝隙式滤芯、多孔陶瓷滤芯等。其中，纸质滤芯滤清效果好，成本低，制造和使用方便，故采用最多。

（3）化油器　化油器的功用是在汽油机工作产生的真空作用下，将一定比例的汽油雾化与空气混合，并根据发动机的工作需要，为各汽缸提供浓度适宜的可燃混合气体燃烧作功，保证发动机在各种工况下都能有效工作的机械装置。化油器主要由浮子室、浮子、针阀、喷油管、量孔、喉管、混合室、节气门、油门等组成，见图11-3。

（四）汽油机点火系统

汽油机点火系统是指安装在气缸盖上的火花塞能按时在火花塞电极间产生电火花的一套装置设备。

汽油机点火系统的功用是按照气缸的工作顺序定时地在火花塞两电极间产生足够能量的

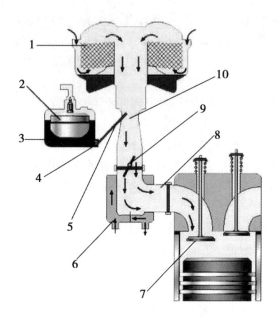

图 11 - 3 汽油机燃料供给系统示意图

1 - 空气滤清器；2 - 浮子；3 - 浮子室；4 - 量孔；

5 - 喷管；6 - 进气预热套；7 - 进气门；

8 - 进气歧管；9 - 节气门；10 - 喉管

电火花，点燃燃烧室中的混合气。

点火系统一般由电源：蓄电池和发电机（图 11 - 4 中未画出）、点火开关、点火线圈、电容器、断电器、配电器、火花塞、阻尼电阻、高压导线等组成，如图 11 - 4 所示。

点火线圈：用来将电源供给的 12V、24V 或 6V 的低压直流电，转变为 15 ~ 20kV 的高压直流电，它主要由初级绕组、次级绕组、和铁芯等组成。

断电器：由断电器凸轮、断电器触点和断电器活动触点臂组成。断电器凸轮由发动机凸轮轴驱动，并以相同的转速旋转。为了保证发动机在一个工作循环内（曲轴转两转）各缸轮流点火一次，断电器凸轮的凸角数与发动机的气缸数相等。断电器的触点串联在点火线圈初级绕组的电路中。

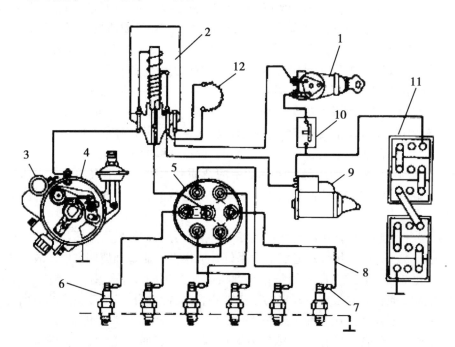

图 11 - 4 点火系统的组成

1 - 点火开关；2 - 点火线圈；3 - 电容器；4 - 断电器；5 - 配电器；6 - 火花塞；

7 - 阻尼电阻；8 - 高压导线；9 - 启动机；10 - 电流表；11 - 蓄电池；12 - 附加电阻

（五） 发动机润滑系统

1. 润滑系统的功用

润滑系统的功用是不断地将洁净的润滑油输送到各运动机件的摩擦表面，以形成油膜润滑。其具体作用表现在：

（1）润滑作用　在运动机件的表面之间形成润滑油膜，减少磨损和功率损耗。

（2）清洗作用　循环流动的润滑油冲洗零件表面并带走磨损下来的金属微粒。

（3）冷却作用　循环流动的润滑油带走零件表面摩擦所产生的部分热量。

（4）密封作用　润滑油填满气缸壁与活塞、活塞环与环槽之间的间隙，可减少气体的泄漏。

（5）防锈作用　润滑油膜可以防止零件表面与水分、空气及燃烧气体接触而发生氧化和锈蚀。

2. 润滑系统的组成

润滑系统由机油供给装置（包括机油泵、限压阀、油管和油道等）和滤清装置（包括机油粗滤器、机油细滤器、机油集滤器等）组成。

3. 润滑方式

润滑系统的润滑方式有 3 种：

（1）压力润滑　利用机油泵使机油产生一定压力，将机油连续地输送到负荷大、相对运动的摩擦表面，如主轴承、连杆轴承、凸轮轴承和气门摇臂轴等处的润滑。

（2）飞溅润滑　利用运动零件激溅或喷溅起来的油滴和油雾，来润滑外露表面和负荷较小的摩擦面，如凸轮与挺杆、活塞销与销座及连杆小头等处的润滑。

（3）润滑脂润滑　对一些分散的、负荷较小的摩擦表面，定时加注润滑脂进行润滑，如水泵、发电机、启动机轴承的润滑。

4. 主要零部件的作用及其类型

（1）机油泵和限压阀　机油泵的作用是将机油从油底壳中吸出，不间断地压送到各润滑表面。常用的机油泵有齿轮式和转子式两种。限压阀附设在机油泵体上，其作用是保持机油压力在一定范围内。机油压力过低时，零件润滑不良，磨损加剧；机油压力过高时，使管路接头渗漏、密封衬垫损坏。

（2）机油滤清器　其作用是清除机油中的各种杂质和胶质，从而减少零件磨损，防止油道堵塞，延长机油的使用期限。机油滤清器常用的有机油集滤器、机油粗滤器、机油细滤器 3 种。

（3）机油散热器　其作用是对机油强制冷却，使机油在最佳温度（70～90℃）范围内工作。机油散热器有风冷式和水冷式。风冷式机油散热器一般安装在发动机冷却水散热器的前面，利用冷却风扇的风力使机油冷却。

（4）曲轴箱通风装置　其作用是将少量经活塞环缝隙窜入油底壳的混合气和废气排出，延缓机油的稀释和变质，同时降低曲轴箱内的气体压力和温度，防止机油从油封、衬垫等处渗漏。曲轴箱通风有自然通风和强制通风两种。

5. 润滑系统工作过程

发动机工作时，油底壳内的润滑油经集滤器被机油泵吸上来后分成两路；一路（少部分机油）进入细滤器，经过滤清后流回油底壳；另一路（大部分机油）进入粗滤器，滤清后的机油，在高温时（夏季）经过转换开关进入机油散热器，冷却后的机油进入主油道；当机油温度低（冬季）不需要散热时，可转动转换开关，使从粗滤器流出的机油不通过机油散热器而直接进入主油道。主油道把润滑油分配给各分油道，进入曲轴的主轴颈、凸轮轴的主轴颈，同时主轴颈的润滑油经曲轴上的斜油道，进入连杆轴颈，经分油道进入气缸盖上摇臂支座的润滑油润滑摇臂轴及装在其上的摇臂。主油道中还有一部分润滑油流至正时齿轮室润滑正时齿轮。最后润滑油经各部位间隙返回油底壳。

（六）发动机冷却系统

1. 冷却系统的功用

冷却系统的作用是把高温机件的热量散发到大气中，保持发动机在正常温度下工作。

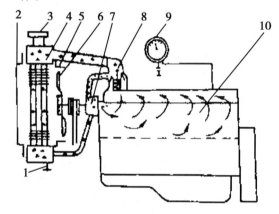

图 11 - 5　水冷系统

1 - 放水开关；2 - 百叶窗；3 - 散热器盖；
4 - 散热器；5 - 护风罩；6 - 风扇；7 - 水泵；
8 - 节温器；9 - 水温表；10 - 水套

2. 冷却系统的组成

冷却系统有水冷式和风冷式两种基本形式。大部分的插秧机的发动机由于功率不大，均采用风冷形式。风冷式冷却系统主要由散热片组成。

少部分乘坐式插秧机的冷却系统采用强制循环水冷式，由水套、水泵、散热器、风扇、节温器、水温表和放水开关等组成（图 11 - 5）。水冷发动机正常工作水温为80～90℃。

3. 强制循环水冷式工作过程

当发动机开始工作，缸盖出水温度（简称水温）低于70℃时，节温器关闭，冷却水不进入散热器，全部从水泵进水支管直接进入水泵，由水泵再泵入水套，进行所谓"小循环"（如图中箭头所示）；当水温高于70℃时，节温器部分打开，使一部分冷却水进入散热器，进入所谓"大循环"，一部分冷却水仍进入"小循环"。当水温高于85℃时，节温器全部打开，使冷却水全部进入散热器（如图中黑点所示）内，进行"大循环"。

二、发动机常见故障的种类及原因

发动机常见故障一般可分为油路故障、气路故障、电路故障。其中，最常见的故障有以下几种。

1. 发动机冒黑烟原因

排气管冒黑烟主要是由于燃油在气缸内燃烧不完全引起。其故障原因有：供油量过大；供气量过少；发动机负荷过大；曲柄连杆机构严重磨损，气缸压缩不良。

2. 发动机冒白烟原因

排气管冒白烟主要是由于气缸有水和燃烧不完全引起。其故障原因有：压缩不良；供油时间过晚；喷油器雾化不良；喷油压力低；柴油中混有水或油路中有空气。

3. 发动机冒蓝烟原因

排气管冒蓝烟主要是由于机油进入气缸参与燃烧引起。造成机油进入燃烧室的原因：活塞环，气缸磨损，机油从油底壳窜入燃烧室；气门导管间隙过大，机油从气门导管窜入燃烧室；油浴式空气滤清器内机油过多，机油从进气道吸入燃烧室。

4. 汽油机启动困难燃油路引起的故障原因

燃油滤清器损坏，油路堵塞，油路中有气或有水，汽油不符合要求等。

5. 柴油机启动困难燃油路引起的故障原因

油路中有水或空气，燃油滤清器损坏，油路堵塞，柴油不符合要求，喷油泵、喷油器调整不当或失灵、供油时间不对等。

6. 发动机启动困难气路引起的故障原因

空气滤清器损坏或堵塞造成进气不足、不干净，排气不尽，进、排气门间隙不对等。

7. 发动机启动困难压缩系统引起的故障原因

缸套、活塞环磨损严重，缸垫漏气，进、排气门间隙不对等。

8. 化油器怠速不稳的原因

怠速是指维持发动机自身运转的最低稳定转速。怠速不稳的主要原因是空气调整螺钉和节气门螺钉调整不当。

操作技能

一、发动机冒黑烟故障的诊断与排除

1. 诊断故障

（1）首先拧下空气滤清器，取下滤芯，观察排气管排烟情况，如果黑烟消失，则表明空气滤清器太脏，柴、汽油不能完全燃烧。如果排烟没有消失，表明问题不在空气滤清器上。

（2）检查气门间隙。如果气门间隙过大，使气门开度减小，也会造成进气不足。

（3）用断缸法检查各缸的喷油情况，断开某缸高压油管，若此时排黑烟减轻，表明该缸供油量过大或喷油质量差。

（4）若发动机在小油门时黑烟不断排出，反复踏动油门时，排气管有"突突"排气异声或放炮声，并夹有黑烟排出，则表明供油时间过晚，使一部分柴油或汽油来不及充分燃烧被排出。

（5）如果无论什么状态下，发动机都冒黑烟，则是由于油泵供油量过大造成的。

2. 排除故障

（1）清洗空气滤清器。

（2）调整气门间隙。

（3）在试验台上检查调整喷油压力和喷雾质量。

（4）检查调整供油提前角。

（5）检修调整喷油泵。

二、发动机冒白烟故障的诊断与排除

1. 诊断故障

（1）大油门时排气管处有"突突"的排气异声或放炮声，发动机没劲，水箱易开锅，表明供油时间过晚。

（2）发动机燃烧过程中伴有"啪啪"的声音，此时发动机呈间断冒白烟现象，表明柴油或汽油中有水或气缸垫损坏，使微量的水滴入气缸。

（3）反复变换油门位置，排气没有异音，发动机温度升高后，白烟减轻，表明气缸压缩不良。

（4）发动机间断冒白烟，采用断缸法检查，当切断某缸的供油时，则白烟减轻，表明该缸的喷油器出现故障。

2. 排除故障

（1）供油时间过晚造成的冒白烟，要调整供油提前角。

（2）柴油或汽油中有水或气缸垫损坏造成的冒白烟，要排除油中的水，更换气缸垫。

（3）压缩不良造成冒白烟，要检修气缸套、活塞、活塞环的技术状态，必要时更换新件。

（4）喷油质量差或滴油造成冒白烟，应调整或检修喷油器，必要时更换新件。

三、发动机冒蓝烟故障的诊断与排除

1. 诊断故障

（1）观察排气管　若有蓝烟冒出，烧机油。一是查油浴式空气滤清器是否加机油过多，超过刻线进入燃烧室；二是查气缸套活塞组是否磨损，密封不严，机油从汽缸壁窜入燃烧室；三是气门导管磨损严重，机油压入燃烧室，此时机油消耗量骤增。

（2）观察加机油口　在发动机工作时，水温达70℃以上，拔出机油检测尺，若机油检测口处向外冒烟，表明气缸密封不严，燃油气体从气缸间隙漏入油底壳；若机油尺上下窜动，表明缸套活塞组磨损严重或曲轴箱通气孔堵塞。如果检测口处冒烟不明显，表明气缸密封良好，机油不是从气缸壁窜入燃烧室，而是从气门导管或空气滤清器进入燃烧室。

2. 排除故障

（1）油浴式空气滤清器加机油过多，倒掉多余的机油，不超过刻线。

（2）气缸套活塞组磨损严重，鉴定后更换缸套活塞组零件。

（3）气门导管磨损严重，鉴定后更换气门导管。

（4）清洁曲轴箱通气孔。

四、汽油机燃油路引起启动困难的故障诊断与排除

1. 故障诊断

汽油发动机启动困难的油路故障最常见的是化油器进油通道堵塞。

（1）打开化油器浮子室，检查在浮子下落时是否带动进油针阀随之下落。若针阀

不随浮子运动仍与针阀座紧密结合，可判断针阀与阀座粘接引起进油通道堵塞，此故障一般为汽油胶质凝结在针阀与阀座之间所致。可采用酒精或丙酮清洗。此类故障常出现在长时间不使用的插秧机上。特别是作业结束后没有放尽化油器浮子室中的汽油，在长时间存放的情况下，就会出现汽油胶质凝结，导致化油器性能故障。

（2）取下浮子和针阀，从化油器进油接管处接入汽油，观察汽油从阀座口流出状况。若无汽油流出，则为进油通路堵塞。

（3）油路堵塞表明大量的杂质进入化油器内部，根本原因是汽油滤清器失效。因此在清洗化油器的同时，需对汽油滤清器进行检查。

2. 故障排除

（1）停机熄火，拆卸化油器。

（2）使用清洗剂、汽油、酒精或丙酮清洗化油器，重点清洗主喷嘴和量孔。清洗中切勿使用硬物来疏通主喷嘴，否则会造成雾化不良。

（3）取下浮子和针阀，如果是进油通路堵塞，可使用压缩空气或清洗剂从进油接管处吹入，清除杂质和汽油胶质凝结。

（4）在清洗化油器的同时，需对汽油滤清器进行清洗或检查更换。

（5）汽油不清洁，清洗油箱，更换符合技术要求的汽油。

五、柴油机燃油路引起启动困难的故障诊断与排除

1. 故障诊断

（1）低压油路。松开柴油机滤清器上的放气螺钉或油管接头，用手油泵压油，观察出油情况。如果出油通畅，表明油箱至柴油滤清器这一段的油路良好；如果出油带气泡，表明此段油路中有空气；如果反复压动手油泵，在排气螺钉或油管接头处不出油，表明此段油路堵塞，或手油泵失效，

（2）高压油路（喷油泵至喷油器段）。拆下高压油管接头，将油门放在中等位置，转动曲轴（手摇或启动发动机），观察喷油泵的喷油情况。若出油良好，表明喷油泵没有问题，应进一步检查喷油器喷油情况；若喷油泵出油微弱或不出油，表明喷油泵有故障，应进行油泵的修理调试。喷油泵、喷油器检查无误后，如发动机仍不能启动，需检查供油时间是否正确。

2. 故障排除

（1）低压油路中如果有空气，只需排除空气即可；如油路堵塞，需清洗柴油滤清器、疏通油管、拆检手油泵等。

（2）高压油路如果喷油泵出故障需要调校喷油泵，喷油器应进行检查调整或更换。

六、发动机气路引起启动困难的故障诊断与排除

1. 故障诊断

（1）空气滤清器堵塞会造成发动机进气不足，也会导致发动机启动困难、发动机冒黑烟、易开锅、功率下降等。此时可把空气滤清器滤芯取下，让空气直接进入，进行启动；如发动机顺利启动，表明空气滤清器滤芯太脏。

（2）如空气滤清器清洁后，发动机仍启动困难，同时发现空气滤清器进气管有烟

排出（俗称空气滤清器倒气），则表明进气门密封不严。

（3）排气通道是否受堵，管口直径是否变小。

2. 排除故障

（1）停机熄火，拆卸空气滤清器。

（2）清洗空气滤清器和清洁滤芯，如滤芯损坏或超过说明书规定的使用时间应更换新滤芯，并正确装配，保证密封效果。

（3）进气门密封不严，应拆下进气门进行检查、和气门座进行成对研磨或更换。

（4）清除排气通道受堵处，恢复管口直径到原来形状和尺寸。

七、发动机压缩系统引起启动困难的故障诊断与排除

1. 故障诊断

诊断气缸压缩不良的方法有 3 种：

（1）测量法　用压力表测量压缩终了气缸内的实际压力，然后与标准压力对比，从而确诊气缸的技术状态。

（2）经验法　用手摇曲轴进行感觉，然后从喷油器孔向气缸内加入适量机油，并装回喷油器，再用手摇动曲轴进行感觉，如果此次摇转曲轴感觉比没加入机油前费力，则证明是气缸压缩不良；如果感觉没有明显变化，同时能听到空气进气口处或排气支管处有明显的漏气声，表明是进气门或排气门关闭不严。

（3）启动发动机同时观察两个部位，即机体与缸盖的结合面和水箱内，若这两个部位有气泡，则表明气缸垫损坏。

（4）活塞环磨损过量会导致发动机噪音变大、发动机冒蓝烟、发动机机油消耗过快、发动机功率下降等。

2. 故障排除

（1）若因气缸压缩不良造成发动机不能启动或启动困难，则应对气缸、活塞、活塞环和气门进行全面检查和维修。

（2）若因气缸垫损坏造成漏气，则应更换气缸垫。

（3）若因缸套、活塞环磨损过量，则应更换缸套、活塞环。

八、化油器怠速不稳的调整

1. 故障诊断

怠速，是指维持发动机自身运转的最低稳定转速。怠速不稳是发动机在怠速运转下一会儿高一会儿低，直接影响整车技术性能的发挥与该车的耗油量。

2. 故障排除

怠速不稳的调整主要是通过两个螺钉来实现的，它们是空气调整螺钉和节气门螺钉，空气调整螺钉在化油器靠进气口或排气口处，节气门螺钉在油门线旋转臂处。一般采取"一高一低"的方法调整怠速。所谓"一高"，就是在调整空气调整螺钉时，要尽力使发动机的转速升高（其目的是使怠速供油系统的油气比例为最佳）；而"一低"，就是在调整节气门螺钉时要尽力使发动机的转速降低（其目的是使节气门的开度减小，从而减少供油系统的供油量）。调整方法如下：

（1）准备　当油门转把完全放松后应有一定自由间隙，空气滤清器应装好，并确认其他部件性能完好，油品符合标准。然后，启动发动机使其预热，将阻风门完全打开。

（2）预调　①将空气调整螺钉拧到底，再反转 1.25 圈；②调整节气门螺钉，以保证当油门转把完全放松后，发动机能以一定转速运转。

（3）调低　调整节气门螺钉，使发动机转速尽可能的降低。

（4）调高　调整空气调整螺钉，使发动机转速尽可能的升高。

（5）重复（3）、（4）的步骤。如此反复几次耐心地调整，直到得到满意的怠速。

第二节　诊断与排除传动与行走部分故障

相关知识

插秧机上使用的传动类型主要有皮带传动、齿轮传动、链条传动、液压传动等。

一、机械传动常识

（一）带传动

1. 带传动的类型

根据传动带的截面形状不同，可分为平带、V带（又称三角胶带或三角皮带）和特殊截面带（如多楔带、圆带等）。此外，还有同步带，它属于啮合型传动带。

2. 带传动的特点

传动带具有良好的弹性，靠摩擦力工作，所以带传动具有如下特点：

（1）能缓冲和吸振，运行平稳，无噪声。

（2）在超载时可产生打滑现象，可防止其他构件或零件损坏，起到安全保护作用。

（3）可适用于中心距较大的传动。

（4）结构简单，制造、安装和维护比较方便。

（5）因有弹性滑动和打滑，不能保证准确的传动比，对轴压力较大，带的寿命较短。

3. 带传动的失效形式

（1）打滑　带传动靠摩擦工作，当工作外载荷超过皮带传动的最大有效拉力时皮带在皮带轮上打滑，不能传递动力。

（2）带的疲劳破坏　带在工作时的应力是交变应力。转速越高，带越短，单位时间内绕过带轮的次数越多，带的应力变化越频繁，带会发生疲劳破坏，使传动失效。

4. 带传动的张紧方法

（1）改变中心距法　通过改变带轮的中心位置来调整带的张力。

（2）安装张紧轮法　当中心距不能改变时，可在松边内侧（或外侧）安装一张紧轮的方法。

（二）链传动

链传动是由主动链轮、从动链轮和链条组成。链轮上带有轮齿，依靠链条的链节与链轮齿的啮合来传递运动和动力。目前，链传动最大传递功率达到 50 000kW，最高速度达到 40m/s，最大传动比达到 15，最大中心距达 8m。

1. 链传动的特点

（1）没有滑动和打滑，能保持准确的平均传动比。

（2）传动尺寸紧凑，不需很大张紧力，轴上载荷较小，效率较高。

（3）结构简单，能在湿度大、温度高的环境工作。

（4）只能用于平行轴间的同向回转传动，瞬时速度不均匀。

（5）高速时平稳性差，不适宜载荷变化很大和急速反转的场合。

（6）磨损后易发生跳齿，有噪声。

2. 链传动的失效形式

（1）疲劳　链在紧松边拉力的反复作用下，经过一定的循环次数，链板会发生疲劳破坏。正常润滑条件下，链板的疲劳强度是决定链传动承载能力的主要因素。

（2）磨损　因铰链销轴磨损，使链节距过度延长，引起跳齿和脱链。

（3）胶合　润滑不当或转速太高时，销轴与套筒表面将发生胶合。它限定了链传动的极限转速。

（4）破断　经常启动、制动的链传动，由于过载易造成冲击破断。

（5）拉断　在低速重载或严重过载下，链条被拉断。

3. 链传动的张紧方法

为防止链条垂度过大造成啮合不良和松边颤动，需用张紧装置。如中心距可调整时，可用调整中心距来控制张紧程度；如中心距不可调节，则可使用张紧轮。张紧轮一般置于松链的外侧或内侧，靠近小链轮处。

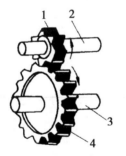

图 11-6　平面齿轮传动
1-主动齿轮；2-主动轴；
3-从动轴；4-从动齿轮

4. 链传动的润滑

链传动的润滑十分重要，对高速、重载的链传动更为重要，良好的润滑可缓冲冲击，减少磨损，延长链条的使用寿命。常见的润滑方式有 3 种：

（1）人工定期润滑　定期在链条松边内、外链间隙中注油。

（2）滴油润滑：用油杯向链条松边内、外链间隙中滴油，单排链每分钟供油 5～20 滴，速度高时取大值。

（3）油浴润滑　链条从油池中通过，链条浸油深度为 6～12mm。

（三）齿轮传动

1. 齿轮传动的特点

（1）瞬时传动比恒定，能传递任意夹角两轴间的运动。

（2）结构紧凑，适宜近距离传动。

（3）传动效率高，一般情况下传动效率 $\eta = 0.95 \sim 0.995$。

（4）传递的功率和速度范围较大（传递的功率由几分之一瓦到几十千瓦。圆周速度由很低到 100m/s 以上）。

（5）制造和安装精度较高，而且成本也较高。

2. 齿轮传动常用类型

（1）根据齿轮传动相对位置，可分为两大类，即平面齿轮传动（两轴向平行，见图 11-6）和空间齿轮传动（两轴不平行，见图 11-7）。

（a）相交轴的锥齿轮传动　　（b）相错轴的螺旋齿轮传动

图 11-7　空间齿轮传动

（2）按齿轮传动在工作时圆周速度不同，可分为低速（$V < 3m/s$）、中速（$V = 3 \sim 15m/s$）、高速（$V > 15m/s$）三种。

（3）按工作条件分为闭式传动和开式传动。

（4）按齿与其轴线方向分为直齿、斜齿和曲齿。

（5）按轮齿的轮廓曲线分为渐开线齿轮、摆线齿轮和圆弧齿轮等。

（6）按啮合方式分为外啮合齿轮传动、内啮合齿轮传动和齿轮齿条传动。

3. 齿轮传动的失效形式

齿轮传动的失效形式主要表现为轮齿的失效，共有以下几种情况：

（1）轮齿的折断　齿轮传动中，由于严重过载或受冲击载荷作用而引起轮齿突然折断。硬度高的钢制齿轮和铸铁齿轮，容易发生这种断齿。另外，齿轮在工作中，轮齿受到的弯曲应力是变应力，当应力值超过其弯曲疲劳极限时，齿根部分易产生疲劳裂纹，裂纹逐渐扩展，导致轮齿折断，这种失效是由于变应力作用引起的疲劳失效，称为疲劳断裂。

（2）齿面点蚀　齿轮传动中，两齿轮在压力作用下齿曲面相互接触，在接触表层产生局部接触应力。由于接触应力反复作用使齿面发生齿面点蚀失效，或称接触疲劳失效。

（3）齿面磨损　相互啮合的轮齿表面有相对滑动，会引起齿面磨损。齿面磨损通常有磨料磨损和跑合磨损两种。

（4）齿面胶合　高速重载下的齿轮传动，常因啮合区载荷大、转速高、发热大而使局部温度很高，引起润滑失效，导致两齿面间直接接触并相互粘连，当两齿面继续相对运动时，较软的齿面沿滑动方向被撕下而引起沟纹，这种现象为齿面胶合。当齿轮在低速重载下传动时，由于啮合区的润滑油膜不易形成也可能造成齿面胶合。

（5）齿面塑性变形　对齿面较软的齿轮，在重载下可能产生局部的塑性变形，使轮齿表面失去原来的渐开线形状，从而正确的啮合遭到破坏。这种失效在当过载严重或启动频繁时容易发生。

二、插秧机传动机构

1. 主传动箱

插秧机主变速箱的作用是通过变速拨叉使不同齿轮组啮合，将发动机的动力按照不同的参数传递给行走机构和插植机构。插秧机主变速箱的主要组成部件有：壳体组件、输入轴及齿轮组件、插植驱动轴及齿轮组件、驱动轮轴组件、变速拨叉组件、安全离合器组件等。现在不少乘坐式插秧机采用的是皮带无级变速装置、HST 液压无级变速装置或者 HMT 液压齿轮混合液变速装置。

2. 插植传动箱

插秧机插植传动箱的作用是将发动机的动力传递给送秧机构和插植臂，与秧箱和插植臂配合完成送秧和栽插动作。插秧机插植传动箱的主要组成部件有插植离合器、横向送秧量调整机构、横向送秧机构、纵向送秧机构等。

3. 株数变速箱

株距变速箱的主要组成部件有壳体、株距输入轴及齿轮组件、株距输出轴及齿轮组件、株距拨叉组件等。株距变速箱通过株距拨叉带动不同齿轮组啮合，改变插植机构和行走机构间的传动比例，从而改变每穴秧苗之间的距离即株距。

操作技能

一、主传动皮带松弛故障的诊断与排除

1. 故障诊断

（1）主传动皮带松弛导致的故障现象：负荷重时机器不工作或前进速度慢，作业效率变低；液压升降缓慢等。

（2）检查主传动皮带松紧度。用 4kg 左右的力按压主传动皮带中部，当下陷量超过 15mm 时，说明主传动皮带松弛。

（3）检查主传动皮带是否存在老化现象。

2. 故障排除

（1）皮带老化更换新皮带。

（2）主传动皮带松弛，可通过调整主离合器拉线来消除故障。

（3）调整时通过调节锁紧螺母，改变拉线长短，将拉线调整到规定位置。

（4）调整后锁紧螺母，注意拉线调整勿过紧或者过松。

二、转向离合器手柄间隙过大故障的诊断与排除

1. 故障诊断

（1）在空旷场地检查转向离合器手柄间隙，操作时注意周边环境，以免发生事故。

（2）转向离合器手柄间隙过大导致的故障现象：转向不灵。

2. 故障排除

通过调整转向拉线上的调整机构进行调整。

（1）调整时先将锁紧螺母松开。

（2）通过调节长螺母，将转向拉线调整到规定长短。

（3）调整到位后轻托转向手柄间隙应在 1～2mm。

（4）锁紧螺母。

三、驱动链条太长故障的诊断与排除

1. 故障诊断

驱动链条过长导致的故障现象：容易跳齿、容易脱链、传动不稳定。

2. 故障排除

（1）明确张紧装置的数量和位置，有的机型只有一个张紧装置，有的有前后两个张紧装置。

（2）只有一个张紧装置时，调整时以传动平稳无异响为宜，不宜调整过紧过松。有前后两个张紧装置时，可先将一端的张紧装置调整到中间，再调另一端张紧装置。

（3）调整时尽量使两端的张紧装置张紧度一致，不宜调整过紧过松，以传动平稳无异响为宜。

（4）锁紧螺母。

四、液压拉线调整不当故障的诊断与排除

1. 故障诊断

液压拉线调整不当导致的故障现象：上升缓慢、下降缓慢、固定位置无法固定。

2. 故障排除

（1）明确故障后，可通过调节液压拉线进行排除。

（2）通过调节锁紧螺母位置，来调整液压拉线至合适位置。

（3）调整时应使上升下降均反应灵敏，固定位置要能切实固定住。

（4）锁紧螺母。

第三节　诊断与排除插植部分故障

相关知识

一、插秧机插植机构的配置

步进式插秧机一般采用曲柄摇杆式插植臂，如是 4 行机共有 4 个，2 个一组，呈左右对称状，而乘坐式插秧机大多采用偏心齿轮式插植机构。

曲柄摇杆式分插机构根据配置方式的不同可分为前插式和后插式两种。沿插秧机前进方向，前插式曲柄摇杆式分插机构配置在秧箱的后方，其摇杆与机架铰接点位于曲柄传动轴的后上方，后插式分插机构配置在秧箱的前方，其摇杆与机架铰接点位于曲柄传动轴的下方。后插式曲柄摇杆式插植机构按照机器前进方向位于秧箱的后方，这样机器前进时可以减小插植臂入土的前进距离，有利于提高插秧姿态。

偏心齿轮式插植机构按照机器前进方向位于秧箱的前方，这样机器前进时可以减小

插植臂入土的前进距离，有利于提高插秧姿态。

二、曲柄摇杆式插植臂的组成及工作原理

曲柄摇杆式插秧机插植臂的主要组成部件有压出臂组件、秧针、插植叉组件、插植臂壳体组件、摇柄、曲柄等。

压出臂组件的主要组成部件有压出凸轮、压出臂、压出臂销、压出弹簧等组成。其作用是在秧针入土前的瞬间，将插植叉迅速下压，弹出秧苗，完成栽插。

插植叉组件的主要组成部件有插植叉、压出螺母、压出锁母、缓冲垫、插植衬套、油封等组成。其作用是在秧针和插植叉的配合下，从苗箱上取下设定大小的秧苗块，并在秧针入土前，插植叉在压出臂组件的作用下，已设定的弹出速度将秧苗从秧针上推出，插入田中。插植叉的弹出距离一般以不超过秧针尖为宜，以东洋插秧机为例，弹出距离为16.7mm。

曲柄摇杆式插植臂壳体组件的主要组成部件有：插植臂外壳、盖板、注油帽、摇动曲柄、摇动曲柄、插植臂曲柄锁销等。其作用是安装各类插植臂零件，并在摇动曲柄和插植曲柄共同作用下使插植臂按照设定的轨迹完成插植动作。

曲柄摇杆机构通过改变摇动曲柄和插植曲柄的长度能够实现轨迹的变化和速度的变化。由插植传动箱传来的动力，通过插植臂曲柄轴带动压出凸轮转动，当压出凸轮作用于压出臂时，压出臂弹簧被压缩，插植叉提起。秧针进入秧门取秧后，带着秧块往下到达栽插位置时，压出臂瞬时间脱离压出凸轮，在压出臂弹簧的作用下，插植叉把秧块弹出，完成栽插动作。接着插植臂提起，压出凸轮再次作用于压出臂，由此往返动作，完成栽插工作。

曲柄摇杆机构主要由曲柄、摇杆和栽植臂组成。曲柄安装在与机架固定铰接的传动轴上，把传动轴的动力传给栽植臂。摇杆一端连接栽植臂，另一端固定在机架上。栽植臂是一连杆体零件，前端安装秧针。由于摇杆的控制作用，栽植臂把曲柄的圆周运动变为分插秧的特定的曲线运动，带动秧针完成分秧、运秧、插秧和回程等动作。曲柄摇杆式分插机构的工作过程由曲柄、栽植臂、摇杆和机架组成的四连杆机构控制。当曲柄随传动轴旋转时，栽植臂被驱使绕传动轴作偏心转动，但其后端又受摇杆的控制，从而使秧针形成特定的运动轨迹，保证秧针以适当的角度进入秧门分取秧苗，并以近似于垂直方向把秧苗插入土中。秧苗入土后，栽植臂中的曲轮卸去对推秧弹簧的压力是弹簧推动拨叉使推秧器迅速推出秧苗，完成插秧动作。

沿插秧机前进方向，前插式分插机构配置在秧箱的后方，其摇杆与机架铰接点位于曲柄传动轴的后上方。后插式分插机构配置在秧箱的前方，其摇杆与机架铰接点位于曲柄传动轴的下方。

前插式和后插式曲柄摇杆机构，其构造和工作原理基本相同，但秧针的运动轨迹有所不同。对于大苗移栽，特别是双季稻的后季稻插秧，由于秧苗较长，前插式容易发生"连桥"现象，即把前面已插秧苗的秧尖，又插到下一株秧苗的根部，后插式则可避免这种情况。

曲柄摇杆机构插秧频率一般为200～220r/min，加平衡块后，插秧频率可达250～270r/min。这种分插机构运动平稳、结构简单、密封耐用。其各铰接点均为滚动轴承，

以保证转动层灵活和运动轨迹准确。传动轴上安装有牙嵌式安全离合器，在分秧和插秧阻力过大时（如秧针碰到石块、树根等），可以通过牙嵌斜面压缩弹簧自动切断动力，使栽植臂停止工作，起到保护分插机构的安全作用。

三、偏心齿轮式插植机构的组成及工作原理

乘坐式插秧机插植臂的主要组成部件：压出凸轮、压出弹簧、压出臂、插植臂壳体、插植叉、秧针、太阳齿轮、行星齿轮、插植回转箱壳体等。

偏心齿轮式插植回转箱组件的主要组成部件：太阳齿轮、行星齿轮、齿轮间隙消除装置、插植回转箱壳体、输出轴等。偏心齿轮式插植回转箱组件的作用：安装各种零件，带动行星齿轮公转，与行星齿轮的自转配合带动插植臂完成腰果形轨迹，完成取秧、插秧动作。偏心齿轮式插植机构由于齿轮偏心设计，行星轮在公转时也围绕自身做不等速转动，运动轨迹为腰果形。消除偏心齿轮式插植机构的齿轮间隙可以加装凸轮，突出位置设计在秧针取秧点，此时顶杠在弹簧作用下顶住凸轮，消除齿轮间隙。

行星系齿轮机构对称设置作为插秧机分插机构，每旋转一周可以插秧二次，与曲柄摇杆式分插机构比较，振动小，在提高单位时间插次方面，具有较大潜力。该机构有3种齿轮传动形式：圆齿轮传动、非圆（椭圆）齿轮传动和偏心齿轮传动。

（1）圆齿轮传动　其优点是加工工艺简单，但有以下缺点：①相对运动工作轨迹为圆，只有在机器前进速度较高的情况下其工作轨迹（绝对运动轨迹）沿余摆线的摆环，才能满足插秧要求，因而栽植株距变大。②其半径为中心齿轮（太阳轮）与第三齿轮中心距离。增加封闭环（在此是圆）高度，势必增大齿轮和机构尺寸。③秧针不能同时满足取秧和插秧。

（2）非圆齿轮传动　该传动的行星系分插机构相对运动轨迹为腰果形，其工作轨迹（相对地面）符合插秧要求，秧针的取秧和插秧角度以及封闭环高度也较易满足设计要求，工作平稳，但加工工艺复杂。

（3）偏心齿轮传动　该传动的行星系分插机构与非圆齿轮行星系分插机构比较，具有相类似的相对运动轨迹和绝对运动轨迹，但在偏心距较大情况下，工作过程齿隙变化大，会引起振动，不过加工工艺简单。由于分插机构轴的转速较低（170～180r/min），在偏心距较小的情况下，齿隙变化也较小。目前市场出售的日本高速插秧机采用了偏心齿轮行星系机构作为分插机构，在机构上附加了消除齿轮的防振装置。

偏心齿轮行星系分插机构如图11-8所示，其栽植臂结构形式与曲柄

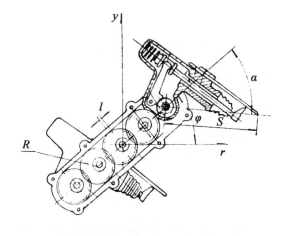

图 11-8　偏心齿轮行星系分插机构

摇杆式分插机构相近。栽植臂固定在末端齿轮。共5个齿轮，半径相同，齿轮Ⅰ为太阳轮，固定不动，对称两边分置两对齿轮。靠近太阳轮的为齿轮Ⅱ，两端齿轮为齿轮Ⅲ，

推秧凸轮固定在齿轮Ⅰ的轴上，行星系架在转动时，齿轮Ⅰ相对行星系架转动，由于栽植臂随齿轮Ⅲ相对凸轮的转动，带动推秧杆运动而压缩推秧弹簧。在凸轮缺口处，推秧弹簧释放能量，驱动推秧杆将秧苗从秧针上推入土中。由于机构旋转一周插秧两次，在中心轴转速降低（比较曲柄摇杆式）的情况下，单位时间插次反而多，而且取秧速度也有所降低，伤秧率随之减少。

操作技能

一、缓冲垫损坏故障的诊断与排除

1. 故障诊断

缓冲垫损坏的故障现象：插植臂运转时噪音加大，有明显金属撞击声；插植叉弹出距离超过秧针尖许多；秧苗栽插姿态变差等。

2. 故障排除

（1）当发现缓冲垫损坏时，插秧机应立即熄火。

（2）将存在问题的插植臂拆下。

（3）更换缓冲垫。

二、横向送秧脱挡故障的诊断与排除

1. 故障诊断

横向送秧脱挡故障现象：会导致秧箱不移动，无法送秧；严重时会导致横向送秧调整机构损坏；插植臂停止动作。

2. 故障排除

（1）立即熄火，打开插植齿轮箱盖板，观察横向送秧脱挡情况。

（2）如不严重将横向送秧调整机构复位。

（3）如有零件损坏，更换。

三、纵向送秧缓冲垫损坏故障的诊断与排除

1. 故障诊断

纵向送秧缓冲垫损坏故障现象：会发生大面积漏插秧；纵向送秧传动机构停止位置前移，与秧箱纵向送秧机构发生干涉，导致无法纵向送秧；严重时会损坏纵向送秧传动机构。

2. 故障排除

（1）立即熄火，检查纵向送秧机构损坏情况。

（2）如不严重，及时更换纵向送秧缓冲垫。

（3）如有其他零件损坏，更换。

四、横移送轴磨损故障的诊断与排除

横移送轴上设计有两条循环凹槽，凹槽在左右两端相互连接，凹槽长度应短于秧块宽度，俗称"8"字槽轴。横移送轴上两条循环凹槽与导向滑块组件相互配合，可以使导向滑块组件左右反复运动，从而带动秧箱左右反复运动实现横向送秧。

1. 故障诊断

横移送轴磨损导致的故障征象：秧箱左右横移距离过大，秧针与秧箱左右侧边干涉；秧箱中途回移；导向滑块卡住，无法送秧。

2. 故障排除

（1）立即熄火，打开插植齿轮箱，更换横移送轴。

（2）更换时要注意导向滑块的安装位置和角度。

（3）更换后应调整秧针与秧箱的左右间隙。

五、侧支架异响故障的诊断与排除

1. 故障诊断

侧支架内有咔咔声响。

2. 故障排除

（1）立即停机熄火，拆卸侧支架。

（2）如链条未张紧，则张紧链条。

（3）如链条磨损，拉伸过长则更换链条，更换链条时应注意输入输出轴的安装角度，将键槽与标记对齐。

六、插植叉不弹出或弹出缓慢故障的诊断与排除

1. 故障诊断

插植叉不弹出或弹出缓慢的原因：插植叉弯曲、插植叉生锈、压出弹簧老化或损坏；插植臂内无润滑；插植叉与插植衬套间有杂物。

2. 故障排除

（1）校正弯曲的插植叉或更换老化或损坏零件。

（2）加油润滑。

（3）清理杂质或锈蚀斑等。

七、插植叉时间提前或者滞后故障的诊断与排除

1. 故障诊断

插植叉弹出时间提前或者滞后的原因：压出凸轮磨损或损坏、压出臂磨损或损坏、插植曲柄键槽松动等。

2. 故障排除

更换新件。

第四节　诊断与排除电气故障

相关知识

一、插秧机电路的组成

步进式插秧机电气系统的主要组成部件：点火开关、飞轮磁电机、高压包、火花

塞、照明系统等。其作用是提供高压电给发动机点火系统，保证发动机正常运转，同时供电给照明系统，保证夜间照明用电。

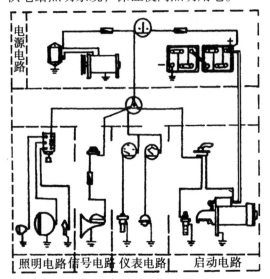

乘坐式插秧机电气系统的主要组成部件：点火开关、飞轮磁电机、高压包、火花塞、照明系统、插秧机状态检测报警系统、插植部平衡控制系统等。状态检测报警系统可以帮助驾驶员了解插秧机的工作状态，插植部平衡控制系统配有感应装置用来控制插植部始终处于水平状态。

虽然各型号插秧机的总体电路繁简程度不同，但都是由电源电路、启动电路（步进式插秧机一般由反冲式启动器替代）、照明及信号电路、仪表及故障报警等电路组成，如图11-9所示。

图11-9 插秧机的基本电路组成示意图

1. 电源电路

电源电路的作用是向各用电器供电。电源电路由发电机、调节器、蓄电池、电流表及电源开关等组成。

蓄电池的类型有酸性蓄电池（普通铅蓄电池和干式荷电铅蓄电池）和碱性蓄电池。蓄电池在不投入工作的情况下，逐渐失去电量的现象称为自行放电。蓄电池在充电时，电池的正极接直流电源的正极，负极接直流电源的负极。蓄电池在使用过程中会失水，请注意电解液的液面是否在上、下两刻线的中间，不足时要及时添加蒸馏水。配制电解液时，要注意应将浓硫酸缓缓地倒入蒸馏水中并不断搅拌。

2. 启动电路

启动电路由蓄电池、启动机、启动继电器及电源开关等组成。根据启动要求，线路压降不能超过 0.2～0.3V，由于启动电流较大，因此蓄电池连接启动机的导线和蓄电池搭铁线都用粗线，并应连接牢固和接触良好。

3. 照明与信号灯电路

照明电路是为插秧机夜间作业及行驶而设置的，主要包括前照灯、工作灯、灯开关和保险丝等。当光线昏暗时可以打开大灯补充照明，但不建议夜间作业，因为无法观察作业情况。在道路行驶状态下，转向时一定要通过转向灯开关打开相应方向转向灯，明确指示转向方向，预防事故发生。它们配置的原则是：同时使用的灯光接同一开关的同一挡，交替使用的灯光接在同一开关的不同挡位上。

4. 仪表及报警电路

仪表及报警电路的作用是通过驾驶台上的仪表或报警装置，使驾驶员能随时观察插秧机的工作情况。乘坐式插秧机上常用的仪表较多，一般一个多功能显示屏，可以显示有水温、机油压力、机油温度、发动机转速、缺秧指示与报警等，各仪表与相应的传感器采用串联连接，其火线经电源开关接电源。

二、插秧机电路特点

1. 低压直流。电源电压一般为12V，直流电。

2. 采用单线制。即各用电设备均由一端引出一根导线与电源的一个电极相接，这根导线称为电源线，俗称火线。另一根则均通过拖拉机的机体与电源的另一个极相连，称为搭铁。

3. 两个电源。拖拉机上有蓄电池和发电机两个电源，它们之间通过调节器连接。硅整流发电机输出的是直流电，用来给蓄电池充电和给其他用电设备供电。

4. 各用电设备与电源均为并联。即每一个用电设备与电源都构成一个独立的回路，都可以独立工作。凡瞬间用电量超过或接近电流表指示范围的，且用电次数较为频繁的电气设备，都并联在电流表之前，使通过这些设备的电流不经过电流表。凡灯系、仪表、电磁启动开关及预热器等用电设备，均接在电流表之后，并通过总电源开关与充电线路并联。

5. 开关、保险丝、接线板和各种仪表（电压表并联）采用串联连接。即一端或一个接线柱与火线相接，另一个接线柱与用电设备相接。当打开开关或某处保险丝熔断或接头松动接触不良时，该电路断开，不能通过电流。

6. 蓄电池供电与充电。当发电机不工作时，所有用电设备均由蓄电池供电，除启动电流外，其他放电电流基本上都经过电流表。当发电机正常工作时，发电机除向各用电设备供电外，同时还向蓄电池充电，这时除了充电电流通过电流表外，其他用电电流不经过电流表。

7. 搭铁接线。国家标准规定：采用硅整流发电机时，一般为负极搭铁；蓄电池若接成正极搭铁，则会烧坏硅整流发电机上的二极管，同时其他用电设备也不能正常工作。对于负极搭铁的电路，电流表的"－"极接线柱接蓄电池的正极引出线，电流表的"＋"极接线柱接电路总开关的"电源"接线柱引出线。

三、蓄电池

1. 蓄电池的作用

蓄电池是一种能将化学能转变为电能，又能将电能转变为化学能储存的装置。其功用是在发电机不工作或发电机工作电压低于蓄电池电压时，由蓄电池向各个用电设备供电，如启动、照明、信号等；在用电负荷过大超过发电机供电能力时，由蓄电池和发电机共同供电；在用电负荷小时，发电机向蓄电池充电，蓄电池将电能储存起来。

2. 蓄电池的组成

蓄电池由正负极板组、隔板、电解液、外壳、电极接柱、盖板加液孔盖、连接条等组成（图11-10）。极板由栅架和活性物质组成。

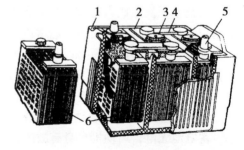

图11-10 蓄电池构造图

1-外壳；2-盖；3-加液盖；
4-连接条；5-极桩；6-隔板

3. 蓄电池的型号

蓄电池的型号一般由5个部分组成：第一部分数字表示单格电池的数量。第二部分表示电池用途。启动型蓄电池用"起"字的汉语拼音第一个字母"Q"表示。第三部分表示蓄电池特征。A表示干荷电池，B表示薄极板结构，W表示免维护蓄电池。第四部分表示额定容量值。第五部分表示特殊性能代号。G表示高启动率性能。

例如：6－Q W－70，6表示蓄电池由六个单格蓄电池串联，额定电压为12V。Q表示启动用蓄电池。W表示免维护蓄电池。70表示额定容量为70A·h。

4. 蓄电池的容量

蓄电池的容量是指在额定放电电压下能放电的时间与放电电流的乘积。

四、检查清洁电器元件注意事项

1. 不许用汽油清洗电器元件，不能使汽油进入电路开关。
2. 电器元件在检查清洁之前应将点火开关关闭，并卸下蓄电池连接导线。
3. 电器元件应连接可靠。
4. 拆卸蓄电池电缆时应先拆负极，再拆正极，安装时先装正极，后装正极。
5. 蓄电池接地极性必须与发电机接地极性一致。

五、插秧机电器系统简单故障的种类及原因

1. 蓄电池自行放电故障的原因

极板材料中含有杂质或电解液不纯；蓄电池盖上洒有电解液，使正副极桩导电；蓄电池长期不用，使硫酸下沉。

2. 插秧机灯不亮故障的原因

蓄电池出现故障或电力不足；保险器损坏；线路出现短路；线路出现断路或接触不良；开关接触不良；灯泡损坏。

3. 插秧机喇叭不响故障的原因

喇叭电源线路断路；喇叭继电器触点烧蚀；喇叭按钮接触不良；喇叭按钮搭铁不良；喇叭本身故障。

4. 汽油机突然停机火花塞引起的故障原因

火花塞积炭造成火花塞侧电极和中心电极短路，造成机器突然停车。故障原因：火花塞积炭；火花塞绝缘损坏，通常说漏电；火花塞套与火花塞高压线脱落，造成高压线断路，或者有油污造成断路；花塞间隙不合适。

5. 插秧机搭铁接触不良故障的原因

搭铁紧固螺钉松动或搭铁线折断。

6. 发动机启动困难启动系引起的故障原因

蓄电池无电，启动机自身有故障，如端子接触不良，启动继电器、导线损坏等。

7. 汽油机启动困难点火系引起的故障原因

导线连接松动，接触不良；点火线圈绕组断路或搭铁；点火控制器故障；火花塞间隙增大，烧蚀严重，积油积碳过多；高压导线电阻过大等。

操作技能

一、蓄电池自行放电故障的排除

1. 故障诊断

（1）观察该蓄电池是否是长期不用的蓄电池，观察蓄电池盖上是否洒有电解液，造成正负极桩导电。

（2）检查电解液，蓄电池长期不用，可能使硫酸下沉。

（3）检查极板以及脱落情况。

2. 故障排除

（1）蓄电池盖上若有电解液，清除。

（2）更换电解液。

（3）更换极板。

二、插秧机灯不亮故障的排除

1. 故障诊断

（1）先用火花法试验蓄电池是否有电。

（2）检查保险丝，如没跳开，则故障在蓄电池到保险丝的线路上；如跳开，并连续跳开，说明线路中有地方搭铁短路。此时应全部关闭各灯，如打开某一灯时，保险丝跳开，说明该灯线路有搭铁短路。

（3）电流正常而灯不亮，一是查灯泡本身是否损坏，二是逐点查蓄电池到灯的线路有无断路或接触不良，即可判断。

（4）开关接触不良，可用短路开关两接线柱加以判断。

2. 故障排除

（1）若蓄电池电力不足需及时充电；若蓄电池损坏，应更换蓄电池。

（2）找出线路中存在的短路、断路、接头接触不良或开关接触不良的部位，排除短路、断路或接触不良部位故障。更换保险丝。

（3）开关接触不良，更换开关即可。

（4）若灯泡本身损坏，则更换已损坏灯泡。

三、插秧机喇叭不响故障的排除

1. 故障诊断

（1）先用火花法试验蓄电池是否有电。

（2）检查喇叭用保险丝是否完好。

（3）若熔断丝正常，用喇叭的接点直接和蓄电池连接进行检查。若喇叭不响，检查喇叭继电器是否完好。

（4）若喇叭继电器正常，则对喇叭继电器和喇叭间配线进行导通检查。如不通，则为喇叭开关不良；如导通，则故障为喇叭开关和喇叭继电器间的配线缺陷。

2. 故障排除

（1）若蓄电池电力不足需及时充电；若蓄电池损坏，应更换蓄电池。

（2）若熔断丝损坏，应更换。

（3）若喇叭继电器损坏，应更换；若继电器完好，更换喇叭。

（4）喇叭开关或继电器间的配线有缺陷应修理或更换。

四、机器突然停机火花塞引起的故障诊断与排除

1. 故障诊断

（1）等机器冷却后，拆下火花塞检查其积炭是否造成火花塞侧电极和中心电极短路。

（2）若火花塞绝缘损坏，且中心电极和侧电极处火花呈暗红色，很弱。

（3）检查火花塞套与火花塞高压线是否脱落，造成高压线断路，或者是否有油污造成断路。

2. 故障排除

（1）等机器冷却后，拆下火花塞清除积炭。

（2）火花塞绝缘损坏，更换新品。

（3）清理并重新装牢高压线路。

（4）调整火花塞间隙至 0.7mm 左右。

五、插秧机搭铁接触不良故障诊断与排除

1. 故障诊断

插秧机搭铁接触不良后出现的现象：发动机启动后无法正常熄火，喇叭、大灯、转向灯等无法工作，控制面板无法正常显示，补苗报警装置无法工作等。

2. 故障排除

（1）利用万用表找出接触不良的点，判断发生故障的电路部位。

（2）拧紧接地螺丝。

（3）必要时进行更换维修。

六、发动机启动困难启动系引起的故障诊断与排除

1. 故障诊断

启动系统常见故障：启动机不转、启动机运转无力、启动机转发动机不转。

（1）检查蓄电池是否有电。接通电源，按喇叭和打开大灯，如果喇叭不响，大灯不亮，表明是电源亏电；如果喇叭响亮，灯光正常，表明是启动机自身出了故障。

（2）启动机自身故障。如端子接触不良；启动开关坏了；启动继电器损坏；导线损坏等。用金属工具短接启动机两接线柱，观察启动电机和火花强弱等情况：①若启动机立即转动，表明启动机动触盘或静触点接触不良；②若启动机不转但有微弱火花，表明启动机内部的换向器与电刷间接触不良，如换向器脏污、电刷接触面积小或弹簧弹力不足；③若启动机不转也无火花，表明启动机内部断路，如电刷卡死，弹簧折断，磁场绕组断路；④若启动机不转但有强烈火花，表明启动机内部有严重短路。

（3）若启动机运转但发动机不转，则表明启动机动力没有传给发动机，其原因可能是启动机离合器打滑或启动机齿轮与飞轮齿圈未进入啮合。

2. 故障排除

（1）先查蓄电池是否有电，无电应充电，损坏应修理或更换；再查蓄电池接线是否良好，并排除。

（2）启动机动触盘或静触点接触不良，可用砂纸打磨触点或更换动触盘；换向器与电刷间接触不良，应清洗换向器，研磨炭刷，更换弹簧；启动机内部断路或短路，应进行分解修理。

（3）检修启动机离合器或齿轮啮合机构。

七、汽油机启动困难点火系引起的故障诊断与排除

1. 故障诊断

（1）目视检查导线或线束插接器是否松脱。也可使用万用表，依次逐点检测线路或节点的电压情况或者通断情况，如导线未不松脱，应检查点火线圈产生火花的能力。

（2）拆下中央高压线，用绝缘钳夹住高压线，使其端部离发动机机体 6~7mm。

（3）启动发动机，如高压线端部出现稳定的蓝色火花，则表示低压电路良好，故障在高压电路，应检查高压导线和火花塞，一般插秧机的火花塞间隙在 0.7mm 左右。如高压线端无火花，则表示低压电路有故障，应检查点火线圈。

2. 故障排除

（1）如导线松动，应拧紧或将插接器插牢，使导线接触良好。

（2）点火线圈绕组断路或搭铁，点火间隙不对，应调整或更换。

（3）火花塞间隙增大，烧蚀严重，积油积碳过多，应清理或者更换。

（4）高压导线电阻过大应更换。

第十二章 插秧机技术维护与修理

第一节 插秧机定期保养

相关知识

一、插秧机技术保养

1. 技术保养的概念

插秧机在工作中，由于机件的运转、摩擦、振动、负荷的变化以及杂物堵塞等现象导致插秧机功率下降、油耗率升高，而插秧机平均小时耗油量是在充分考虑了插秧机的平均负荷和班内空行及空转等工况后确定的，具有重要的参考价值，同时，各部件配合失调，部分或全部工作能力丧失，甚至导致严重的故障和事故。为防止上述情况发生，保证插秧机正常工作并延长其工作寿命，必须定期对插秧机各部件进行检查和调整，必要时更换零部件。这些工作就是插秧机的技术保养。

2. 技术保养规程制定原则

技术保养规程是根据插秧机零部件的使用情况，确定插秧机零部件工作性能指标的恶化极限值。根据插秧机工作性能指标的恶化规律，通过科学试验和统计调查，确定主要零部件工作性能指标恶化到极限值时所经历的时间。插秧机零部件技术保养周期由短而长地排列、归纳，组成若干个保养号别，把保养号别、周期和内容用条款形式固定下来，就形成了技术保养规程。技术保养规程可以认为是对插秧机进行技术保养的技术法规，用户不得随意变更。由于各个厂家的插秧机保养各有不同，详细请参阅随机的插秧机使用说明书。

3. 插秧机主要部件的保养要求

（1）主变速箱的保养要求：按说明书要求定期更换一次指定的机油；按说明书要求定期检查液压滤清器，及时清洗脏物。

（2）株距变速箱的保养要求：按说明书要求定期检查，及时更换指定的机油；尤其注意株距挡位的定位，及时调整，不要脱挡。

（3）插植变速箱的保养要求：按说明书要求定期检查，及时更换添加指定的润滑油；注意导向凸轮滑块与凸轮轴键槽的配合，如滑块磨损，及时更换。

（4）侧边传动箱的保养要求：按说明书要求定期检查，及时更换添加指定的润滑油；注意链条的张紧片，如磨损，及时更换。

（5）前桥机构的保养要求：按说明书要求定期检查，及时更换添加指定的润滑油；注意检查转向节主销与衬套的配合，如发现烧结或间隙过大则应该解体更换。

（6）发动机整体保养的要求：按说明书要求定期检查发动机机油，及时更换；按说明书要求定期更换滤油器；按说明书要求定期清洗空气滤清器；清扫燃油滤清器；及时检查火花塞，去除积炭；长期不用时，放空汽油。

（7）点火系统保养的要求：清洁电器外表的污垢；检查断电器触点状态并加以清洁，如触点表面烧蚀不平，应进行光磨，用厚薄规检查触点间隙，如不符合要求，应进行调整；清洁点火线圈外表面的污垢，注意高压线和座孔的接触；检查火花塞是否有积炭，间隙是否适当，一般标准为 0.6~0.7mm，密封垫圈是否良好等。

（8）反冲式启动器的保养要求：检查发条弹簧盘紧情况，保证所需的张力；给发条弹簧抹上机油，防止生锈；检查扭簧，保证扭力可收回棘爪；检查拉绳，如磨损，则更换。

（9）插秧机电路系统的保养要求：及时清扫电器元件上的灰尘，检查防护罩完好情况，不让电器元件上有油污等脏东西；作业前检查电路通畅，电线束扎整齐，及时更换破损元件；检查电池状况，及时添加电池液；电池长期不用时，应拆卸下来，在避风干燥处保管。

（10）插秧机液压系统的保养要求：及时清扫液压系统各元件上的灰尘、污物；检查液压元件的密封情况，如密封圈损坏，及时更换；按说明书要求定期更换指定的液压油，定期清洗机油滤清器；拆卸液压元件，造成系统油道暴露时要避开扬尘，拆卸部位要先彻底清洁后才能打开。

二、插秧机定期保养

定期保养是指机器使用一定的时间所进行的保养。两次同号技术保养之间的时间间隔称为技术保养周期，其计算方法有按工作时间和按燃油消耗量两种。各生产厂家定期保养的时间和内容有异，按其说明书的规定进行。

1. 步进式插秧机定期保养（表 12-1）

表 12-1　步进式插秧机定期保养

部位	检查项目	实施内容	插秧前	使用中（20h 后）	每 50h（长期保管）	三季后
发动机	发动机机油	检查、补充、更换	○	○	●	
	燃油过滤器	清理	○		◎	
	燃油管的老化及漏油	每两季一次	○			●（两季后）
	燃油箱、汽化器的燃料	补充更换	○		◎	
	火花塞	清理、缝隙调整	○			
	空气滤清器、滤芯	清理	○		◎	●
	反冲式启动器吸气口	清理	○	○	◎	
拉线	配线的损伤	补修、更换	○			
	配件连接部不良	连接	○			

部位	检查项目	实施内容	插秧前	使用中(20h后)	每50h(长期保管)	三季后
行走部	V形皮带调整	检查、调整、更换			○	●
	齿轮箱油量	检查、补充、更换			●(起初一次)	●
	驱动链轮箱左右油量	检查、补充				◎
	主离合器手柄、插植离合器手柄、液压手柄操作	检查、调整	○			◎
	侧离合器手柄间隙	检查、调整	○			◎
	变速手柄操作	检查	○			
	液压提升注油	注油			◎	
插植部	插植部支架黄油	补充				●
	插植臂油量	检查、补充	○		◎	
	各箱体有无漏油	检查				
	推秧器、秧爪	检查、更换	○		○	●
	指定注油的地方	注油			◎	
	插植臂螺母有无松动	检查			○	
	容易生锈的地方	注油	○		◎	

表中符号表示：检查——○；调整、清理——◎；更换——●

2. 乘坐式插秧机定期保养（表12-2）

表12-2　乘坐式插秧机定期保养

实施项目		保养内容	检查、更换时间间隔
空气滤器的清扫	海绵	用煤油或汽油清洗后进行干燥	每隔100h打扫一次
	滤纸	用压缩空气吹	
燃料过滤器		更换	每隔200h或2年
蓄电池		确认比重，需要时进行充电	每天作业前
电气线路检查		表皮的剥落、接点的松动	若有异常更换部件
燃料管路及接头部		检查	管路每2年更换
发动机与启动电机的检查		启动性能检查	每季检查
液压装置的检查		漏油检查	每季检查
液压软管及接合部		检查	软管每2年更换
转向各部紧固检查		再紧固	作业前后、入库保养前

实施项目	保养内容	检查、更换时间间隔
各钢丝的检查	自由行程	作业前后、入库保养前
重要螺栓、螺母检查	再紧固	作业前后、入库保养前
秧爪	检查、更换	作业前后、入库保养前
三角皮带	有无磨损	作业前后、入库保养前
纵向送秧轴承	检查、更换	作业前后、入库保养前
秧门导轨	检查、更换	作业前后、入库保养前
火花塞	检查积碳、污迹	每200h
长导轨	点检、有磨损更换	作业前后、入库保养前

三、机械识图的基本知识

1. 视图的基本概念

（1）图线的型式及应用　图样是由各种图线组合而成的。画图时，图线应根据国家标准《机械制图》的规定（表12-3）正确使用。

表12-3　图线及其应用

图线名称	图线型式及尺寸关系	代号	图线宽度	一般应用
粗实线	——————————	A	b（0.5～2mm）	可见轮廓线
粗点划线	——— · ——— · ———	J	b（0.5～2mm）	有特殊要求的线
细实线	——————————	B	约b/3	尺寸线、尺寸界线、剖面线、引出线
细点划线	——— · ——— · ———	G	约b/3	轴线、对称中心线
双点划线	——— · · ——— · · ———	K	约b/3	假想投影轮廓线
虚　　线	- - - - - - - - - -	F	约b/3	不可见轮廓线
双折线		D	约b/3	断裂处的边界线
波浪线		C	约b/3	断裂处的边界线，视图和剖视图的分界线

（2）视图　机件向投影面投影所得到的图形，称为视图。工程机械制图是采用正投影的方法来绘制的。

（3）视图的分类　视图可分为基本视图、局部视图、斜视图和旋转视图。

①基本视图。国家标准规定，用正六面体的6个平面为基本投影面，从机件的前、

后、左、右、上、下6个方向，分别向这六个基本投影面进行正投影所得到的六个视图，称为基本视图。它们的名称分别为：主视图、后视图、左视图、右视图、俯视图、仰视图，如图12-1所示。

在表示机件的视图中，通常采用的基本视图是主视图、俯视图和左视图，即三视图。其投影规律为：主视图、俯视图长对正，主视图、左视图高平齐，俯视图、左视图宽相等。

②局部视图。机件的某一部分向基本投影面投影所得的视图，称为局部视图。局部视图是不完整的基本视图。利用局部视图，可以减少基本视图的数量，补充基本视图尚未表达清楚的部分，如图12-2所示。

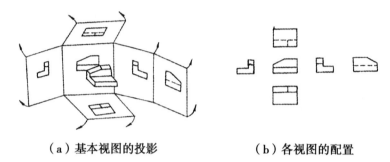

（a）基本视图的投影　　　　　　（b）各视图的配置

图 12-1　基本视图

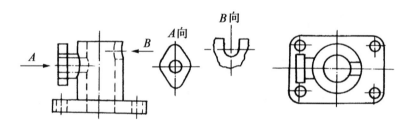

图 12-2　局部视图

③斜视图。机件向不平行于任何基本投影面的平面投影所得的视图，称为斜视图。斜视图一般用于表达机件倾斜部分的实形。因此，只画出倾斜部分的投影，见图12-3。

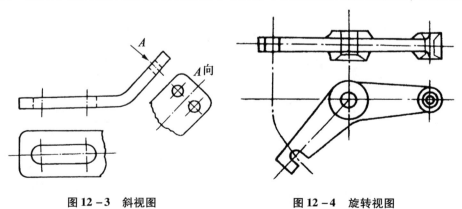

图 12-3　斜视图　　　　　　　图 12-4　旋转视图

④旋转视图。假想将机件的倾斜部分旋转到与某一选定的基本投影面平行后再向该投影面投影所得的视图，称为旋转视图，如图12-4所示。

⑤剖视图。假想用剖切面剖开机件，将处在观察者和剖切之间的部分移去，而将其余部分向投影面投影所得到的图形，称为剖视图。剖视图的种类有全剖视图、半剖视图和局部剖视图三种。全剖视图画法举例如图12-5所示。

⑥剖面图。假想用剖切平面将机件的某处切断，仅画出断面的图形，称为剖面图，简称剖面。剖面图的种类有移出剖面和重合剖面两种。移出剖面图画法举例如图12-6所示。

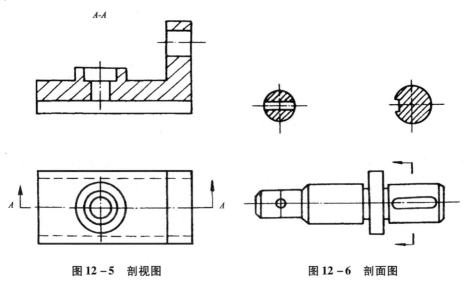

图 12-5　剖视图　　　　　　　图 12-6　剖面图

2. 视图的尺寸标注规则

（1）基本规则　机件的真实大小应以图样上所注的尺寸数值为依据。图样中（包括技术要求和其他说明）的尺寸，以毫米为单位时，不需标注计量单位的代号和名称。如采用其他单位，则必须注明相应计量单位的代号或名称。图样中所标注的尺寸，为该图样所示机件的最后完工尺寸。机件的每一尺寸一般只标注一次，并应标注在反映该结构最清晰的图形上。

（2）标注尺寸的三要素　一个完整的尺寸应包括尺寸界线、尺寸线和尺寸数字三个基本要素，如图12-7所示。

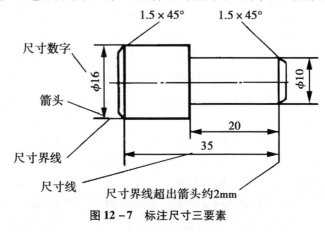

图 12-7　标注尺寸三要素

3. 识读一般零件图

一台机器是由许多零件组成的。零件图就是详细地表达零件形状、大小和加工要求等的图样，是制造和检验零件的依据。

（1）零件图组成　一般零件图包括四项内容：标题栏、一组视图、完整的尺寸和技术要求。

①标题栏。内容应包括：零件的名称、材料、数量、图号、图样的比例、图样的责任者签名和日期以及设计或制造单位的名称等。据此可了解零件的大体情况，并根据标题栏中的文字方向，确定识图方向。

②一组视图。用必要的基本视图、剖视、剖面和其他规定画法，准确、清晰、完整地表达出零件的内外形状和各部分结构。

③完整的尺寸。根据尺寸标注规则，为满足零件制造和检验者的需要应标出一套正确、完整、合理和清晰的尺寸。包括反映形体大小及形状的尺寸、确定位置的尺寸，以及零件长、宽、高的总体尺寸。

④必要的技术要求。用规定符号、代号或文字说明表达零件在制造、检验和调试过程中应达到的质量标准。零件图上都有技术要求，其内容包括：表面粗糙度、公差与配合、形状公差与位置公差以及热处理或表面处理后的各种技术要求等。凡国家标准已规定了相应代号或符号的，必须用它们直接标注在视图上；无规定代号或符号的，可用简明的文字写在图样的右下方位置。

（2）识读零件图的步骤和方法　看懂零件图，是技术人员必须具备的一项基本技能。根据零件图，要想像出零件的立体形状，懂得零件的尺寸和各种技术要求的含义。其具体识图步骤和方法如下：

①看标题栏。由标题栏了解零件名称、材料、比例等，大致知道零件的用途和形状，以及看图方向。

②分析视图。找出主视图和其他基本视图、局部视图等，分析各视图之间的关系及表达的内容，找出各剖视、剖面的剖切位置及投影方向等。

③分析形体。根据视图特征，将零件想像地分解为几部分，分析它们由哪些基本形体构成，它们之间相对位置如何，有哪些结构特点，进而综合地想像出整个零件的立体形状和各部分结构。

④分析尺寸。a. 按照视图和形体分析，找出零件在长、宽、高三个方向的主要尺寸基准和辅助基准。b. 从基准出发，找出各形体的定位尺寸、定形尺寸和零件的总体尺寸。c. 根据"公差与配合"的知识，求出各尺寸的最大极限尺寸、最小极限尺寸和公差，从而知道零件的精确程度。视图和尺寸是从形状和大小两个方面共同表达一个零件的，所以识图时应把视图、尺寸和形体三者紧密结合起来考虑，切勿孤立地进行尺寸分析。

⑤看懂各种技术要求。识图时要弄懂该零件的各种技术要求，不仅有符号、代号，还有文字说明。如各表面的表面粗糙度、形位公差和零件的热处理，以及表面修饰和其他附加要求等，都应看懂。

（3）识图举例　图12-8是转向节主销零件图，识读方法如下：

①看标题栏。从标题栏中可以知道这个零件的名称叫转向节主销，材料是45号，图样比例是1:2，说明实物比图形大一倍。

②分析视图。转向节主销用了一个主视图和一个左视图表达，左视图上有一个局部剖视。主视图按加工位置水平横放。因为这是一根实心轴，所以没有采用全剖视或半剖

视，只用了一个局部剖视，以表达主销上切削平面的形状。

③分析形体。这根轴基本上是一根光轴，两端均有倒角，在轴中部有一切削平面。在其左端面上有一中心对称的切槽，从左视图上可以看出该切槽与中部切削平面是相对平行的。主视图表达了主销的基本形状和结构，左视图则对切削平面的高度及其与切槽的相对位置给予了明确的表达。

④分析尺寸。从主视图上可以看出，主销的中心线是主要基准线，表示外圆和切槽的尺寸都是从此出发的。主销的左端面是长度尺寸的主要基准面，基本尺寸208、94、15和3.5等都是从这个基准面出发的。主销的$\phi38$是重要尺寸，其上偏差为0，下偏差为-0.017。切削平面高度36.55mm，也是较重要的尺寸，上偏差为0，下偏差为-0.10。为了便于装配，在主销的两端均有倒角，在右端作了标注说明。尺寸94表达了切削平面的位置，用15表达了切削平面的宽度，切削平面两端各有一个圆角 $R6$。

⑤技术要求。图中表面粗糙度要求最高的 R_a 值为0.8μm。

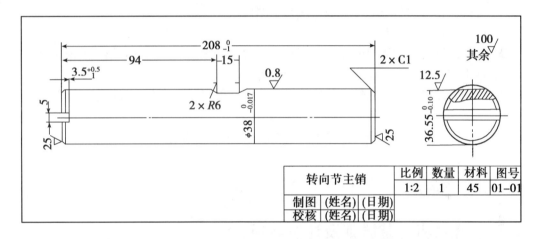

转向节主销		比例	数量	材料	图号
		1:2	1	45	01-01
制图	(姓名)	(日期)			
校核	(姓名)	(日期)			

图 12-8　转向节主销零件图

操作技能

一、检查与调整气门间隙

1. 打开气门室盖，上紧摇臂支座螺母。

2. 摇转曲轴，待曲轴皮带轮上"0"刻线正好对准正齿轮室盖上的指针（或飞轮上的"0"刻线正好对准飞轮壳上检查窗上的记号时），表明是第一缸压缩上止点。此时第一缸的进排气门均关闭，第一排的进排气门均可调整，并根据发动机的工作顺序，推算出还有那些缸的气门处于关闭状态，列出可调整的气门数。

3. 松开调整螺钉锁母，把适当尺寸的厚薄规插入被调的气门间隙中，进行检查，若间隙不符合要求，可用改锥拧动调整螺钉进行调整，直止把符合尺寸的厚薄规插入气门间隙处，用手抽动有阻涩感为合适。一个气门调好后，再用同样方法调其他几个可调的气门间隙。

4. 上述列出的几个气门调好后，再转动曲轴360°，用同样的方法调整余下的几个气门。

5. 气门间隙调完后，再转动曲轴几圈，复查一遍气门间隙，无误后装回气门室罩盖。

二、清洗柴油滤清器和更换滤芯

1. 将燃油滤清器的开关转向关的位置。

2. 拆下滤清器外壳，清洗或更换滤芯。

3. 在杯体内装满燃油。

4. 打开燃油开关，让燃油一边流出，一边在不让空气进入杯内的情况下按顺序装上。当有空气进入时，应及时排除油路中的空气。

三、更换液压油滤清器和液压油

1. 趁机器在热的状态下拧开液压油箱下部放油塞，放出液压油。

2. 拆下液压油滤清器。

3. 在新的液压油滤清器的橡胶环上涂一层薄薄液压油，然后装好液压油滤清器。

4. 拆下液压油箱盖，加注液压油至规定量。

5. 启动发动机空转数分钟，然后停下发动机，再用油尺复查一次油量。

第二节　插秧机修理

相关知识

一、插秧机拆装原则及注意事项

插秧机修理是指对发生故障或损坏的插秧机进行维修并恢复其使用性能的过程。插秧机拆装的质量直接影响机器的技术性能。拆卸不当，将造成零件不应有的缺陷，甚至损坏；装配不良，往往使零件与零件之间不能保持正确的相对位置及配合关系，影响机器的技术性能指标。

拆卸的目的是为了检查和修理机器的零部件，以便对需要维修、保养的总成进行保养，或对有缺陷的零件进行修复及更换，使配合关系失常的零件经过维修调整达到规定的技术标准。

1. 拆卸应遵循的原则

（1）掌握机器的构造及工作原理　拆卸前若不了解机器的结构和特点，拆卸时不按规定任意拆卸、敲击或撬打，均会造成零件的变形或损坏。因此必须了解机器的构造和工作原理，这是确保正确拆卸的前提。

（2）掌握合适的拆卸程度　该拆卸的必须拆卸，不拆卸检查就可以判定零件的技术状况和排除故障的，就不要拆卸。零部件经过拆卸，容易引起配合关系的变化，甚至产生变形和损坏，特别是过盈配合件更是如此。盲目拆卸不仅浪费工时，而且会使零件间原有的良好配合关系、配合精度破坏，缩短零件使用寿命，甚至留下故障隐患。拆卸过盈配合件时，零件的受力部位要选择正确，加力要均匀。

（3）选择合理的拆卸顺序　由表及里按顺序逐级拆卸。拆卸前应清除机器外部积存的尘土、油垢和其他杂物，避免沾污或零件落入机体内部。一般先拆外围及附件部件，然后按机器—总成—部件—组合件—零件的顺序进行拆卸。

（4）选用合适的拆卸工具　为提高拆卸工效，减少零部件的损伤和变形，应使用相应的专用工具和设备，严禁任意敲击和撬打而使零件变形或损坏。如在拆卸过盈配合件时，尽量使用压力机和拉出器；拆卸螺栓连接件时，要选用适当的工具，依螺栓紧固的力矩大小优先选用套筒扳手、梅花扳手和固定扳手，尽量避免使用活扳手和手钳，防止损坏螺母和螺栓的六角边棱，给下次的拆卸带来不必要的麻烦。另外，应充分利用机器大修配备的拆卸专用工具。

（5）拆卸时应为装配做好准备

①拆卸时要注意检查校对装配标记和做好记号　为了保证一些组合件的装配关系，在拆卸时应对原有的记号加以校对和辨认，如轴瓦、曲轴配重、连杆和瓦盖、主轴瓦盖、中央传动大小锥齿轮、定时齿轮等，通常制造厂均打有记号，拆卸时应查对原记号。没有记号或标记不清的应重新检查做好标记，以免装错。有的组合件是分组选配的配合副，或是在装配后加工的不可互换的组合件，必须做好装配标记，否则将会破坏它们的装配关系甚至动平衡。

②按分类、顺序摆放零件　为了便于清洗、检查和装配，零件应按不同的要求（如系统、大小、精度等）分类顺序摆放，否则，零件胡乱堆放在一起，不仅容易相互撞伤，而且会在装配时造成错装或找不到零件的麻烦。为此，应按零件的所属装配关系分类存放，同一总成、部件的零件应集中在一起放置；不可互换的零件应成对放置；易变形和贵重零件应分别专门放置；易丢失的小零件，如垫片、销子、钢球等应存放在专门的容器中。

2. 拆卸和装配作业注意事项

（1）当需要起升或顶起机器时，应在适当位置及时地安放垫块、楔块。

（2）在进行以蓄电池为电源的电气系统拆装作业之前，要先拆下蓄电池负极接线，再拆卸其他电器件、线缆等。

（3）每次拆卸零件时，应观察零件的装配状况，看是否有变形、损坏、磨损或划痕等现象，为零件鉴定和修理做准备。

（4）对于结构复杂、有较高配合要求的组件和总成，如主轴承盖、连杆轴承盖、气门、柴油机的高压油泵柱塞等，必须做好记号。组装时，按记号装回原位，不能互换。

（5）保证零件的清洁。装配前零件必须进行彻底清洗。经钻孔、铰孔或镗孔的零件，应用高压油或压缩空气冲刷表面和油道。

（6）做好装配前和装配过程中的检查，避免不必要的返工。凡不符合要求的零件不得装配，装配时应边装边检查。如对配合间隙和紧度、转动的均匀性和灵活性、接触和啮合印痕等的检查，发现问题应及时解决。

（7）遵循正确的安装顺序。一般是按拆卸相反的顺序进行。由内向外逐级装配，由零件装配成部件，由零件和部件装配成总成，最后装配成机器。要注意做到不漏装、错装和多装零件。机器内部不允许落入异物。

（8）采用合适的工具，注意装配方法，切忌猛敲狠打。

（9）注意零件标记和装配记号的检查核对。凡有装配位置要求的零件（如定时齿轮等）、配对加工的零件（如曲轴瓦片、活塞销与铜套等）以及分组选配的零件等均应进行检查。

（10）在封盖装配之前，要切实仔细检查一遍内部所有的装配零部件、装配的技术状态、记号位置、内部紧固件的锁紧等，并做好一切清理工作，再进行封盖装配。

（11）所有密封部件，其结合平面必须平整、清洁，各种纸垫两面应涂以密封胶或黄油。装配紧固螺栓时，应从里向外、对称交叉的顺序进行，并做到分次用力，逐步拧紧。对于规定扭矩的螺栓需用扭矩扳手拧紧，并达到规定的扭矩，保证不漏油、不漏气、不漏水。

（12）各种间隙配合件的表面应涂以机油，保证初始运转时的润滑。

（13）注意环境保护和人身财产安全，不在拆装现场吸烟，不随意倾倒污染物。

二、常用工量具

（一）游标卡尺

1. 游标卡尺的组成与用途

游标卡尺由主尺、副尺、活动卡脚和固定卡脚等组成。固定卡脚同主尺制成一体。活动卡脚同副尺制成一体，固定螺钉用来固定副尺。上卡脚用来测量内表面，下卡尺用来测量外表面。有的游标卡尺，在主尺背面有深度尺，与活动卡脚一起移动，可测量沟槽的深度，如图 12-9 所示。

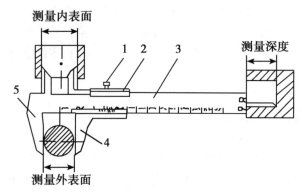

图 12-9　游标卡尺
1-固定螺丝；2-副尺；3-主尺；
4-活动卡脚；5-固定卡脚

游标卡尺是一种中等精度常用量具。它可以直接量出零件的外径、内径、宽度、长度、深度等尺寸。其精确度有 0.10mm、0.05mm、0.02mm 等数种。

2. 游标卡尺的读数方法

读数时，先读出副尺的零线对主尺刻线左边的完整格数为多少毫米；再找出副尺上那一条线对齐主尺上刻线，将这条刻线在游标上的格数乘上游标尺的精度值，即为毫米的小数值。最后，将主尺与副尺的读出尺寸相加，得出测量总尺寸。

3. 游标卡尺的使用注意事项

（1）测量前，首先要擦清卡尺表面，并将卡脚合并，检查刻线的零位是否正确，如不正确，应采取相应校正措施。

（2）测量时先将卡脚张开，再缓慢推动副尺，使两卡脚与工件接触，禁止强拉硬卡；

（3）不能用卡尺测量铸毛坯件，以免损坏卡尺精度；

（4）游标卡尺使用后要擦净涂油，放入专用木盒内。

（二）千分尺

1. 千分尺的测量精度和种类

千分尺（又称分厘卡）如图 12 - 10 所示，是一种精密量具，其测量精度为 0.01mm，比游标卡尺精度高。

千分尺按用途区分，有内径千分尺和外径千分尺两种。

2. 千分尺的读数方法

读数时，先读出活动套管边缘在固定套管线最近的轴向刻度线后面的数（为 0.50mm 的整数倍）；再读出活动套管上那一格同固定套管上基准线对齐（即轴向刻度中心线重合）的圆周刻度数（为 0.50mm 的等分数）；最后把两个读数相加，即为总尺寸。

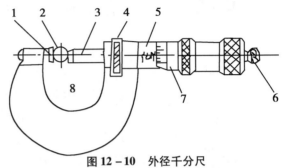

图 12 - 10　外径千分尺

1 - 砧座；2 - 被测工件；3 - 螺杆；4 - 制动环；
5 - 固定套管；6 - 棘轮；7 - 活动套管；8 - 弓架

3. 千分尺的使用注意事项

（1）测量前必须擦干净度量表面，检查和必要时调整尺的零位。

（2）测量时，先转动活动套管，当测量面将接近工件时，改用棘轮转动，直到棘轮发出"咔咔"响声后停止转动，扳动制动环，读取测量值。

（3）测量时，千分尺要放正，并要注意温度影响。测量后，要倒转活动套管后再拿出。

（4）不能用千分尺去测量毛坯，更不能在工件旋转时去测量，或当作锤子使用。

（三）塞尺

1. 塞尺的组成及作用

塞尺又称厚薄规。它由许多不同厚度的钢质尺片组成，每片上有两个平行的测量面，如图12 - 11所示。厚度在 0.03 ~ 0.1mm 的，各片的尺寸间隔为 0.01mm；厚度在 0.1 ~ 1mm 的，尺寸间隔为 0.05mm。塞尺长度有 50mm、100mm、200mm 等规格。

塞尺在修理作业中常用来检验相配合表面之间的间隙大小。

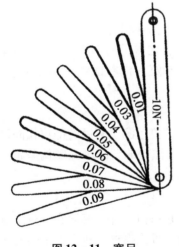

图 12 - 11　塞尺

2. 塞尺的使用注意事项

使用前要把塞尺擦拭干净。根据被测间隙的大小，可用一片或数片重叠组合成需要的尺寸（片数宜越少越好），插入间隙内。例如，用 0.12mm 厚的能插入间隙，而 0.13mm 厚的不能插入，则被测间隙是0.12 ~ 0.13mm。在插入时用力不可过大，以免损坏尺片。

（四）内径百分表

1. 内径百分表的组成及作用

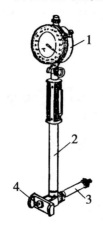

图 12 - 12　量缸表

1 - 百分表；2 - 表杆；
3 - 接杆；4 - 活动量杆

内径百分表俗称量缸表，如图 12 - 12 所示，由百分表、表杆、接杆、活动量杆等组成。其表盘刻度为 100 格，指针转动一格为 0.01mm，转动一圈为 1mm。

内径百分表是一种比较性的间接测量仪表，在插秧机发动机修理作业中，主要用来测量发动机气缸内孔的尺寸、圆度和圆柱度。

2. 内径百分表的使用注意事项

使用前，先根据被测气缸直径选择合适的接杆，与固定螺母一起旋入内径百分表下端的接杆座内，然后用外径百分尺校对内径百分表所测气缸的标准尺寸，此时活动量杆应被压缩 1mm 为宜，旋转表盘使"0"位对正大指针，记住小指针指示的毫米数，扭紧接杆上的固定螺母。

测量时，当大指针顺时针方向离开"0"位，表示气缸直径小于标准尺寸的缸径；若逆时针方向离开"0"位，表示气缸直径大于标准尺寸的缸径。测量时必须使量杆与气缸的轴线保持垂直，应前后摆动内径百分表，当前后摆动内径百分表时，指针指示到最小数字时，即表示量杆与气缸轴线垂直，此读数为标准读数。

3. 圆度的测量方法

校对内径百分表后，将表量杆放在气缸上边缘第一道活塞环相对应处，测量气缸同一横断面的纵向和横向直径，测得最大直径和最小直径二者之差值的 1/2，即为圆度偏差。同样可在气缸中部或下部（距气缸下边缘 10~15mm 处）横断面测得圆度偏差，若柴油机的气缸圆度超过极限值时，则需进行镗磨修理。

4. 圆柱度的测量方法

在气缸纵截面内，内径百分表在气缸上、中、下 3 个部位与测量圆度的部位相同进行测量，测得上下最大差值的 1/2，即为圆柱度偏差。若柴油机的气缸圆柱度偏差超过规定的极限值时，则需进行镗磨修理。

（五）扭力扳手

扭力扳手是一种可读出所施加扭矩大小的专用扳手，它由扭力杆、套筒头、刻度盘与指针组成。扭力扳手可以用来紧固对扭紧力矩有要求的螺母或螺栓。扭力扳手的规格以最大可测扭矩来划分，常用的有 98N·m、196N·m、294N·m 等。

操作技能

一、插植衬套的更换

1. 拆卸插秧臂，卸除其他部件，仅余插植臂壳体。

2. 选取专用工具，慢慢将插植衬套从插植臂壳体中敲出，注意敲击的力度，不要将壳体损坏。

3. 更换新的插植臂壳体，在外面涂抹润滑油。

4. 使用专用工具，慢慢将插植衬套敲入插植臂壳体中。

5. 将其余部件全部安装回位。

二、秧箱的更换

1. 将秧箱降到便于作业的高度。

2. 卸下轧制弹簧。

3. 卸下纵向连动钢丝和离合器钢丝。

4. 卸下秧苗支持板。

5. 卸下挂钩的连接器。

6. 卸下导轨下的规定导向板。

7. 由两人抬起秧箱的左右，从导轨上卸下秧箱；作业时不要使钢丝和线束缠绕。

8. 换上新秧箱，按相反顺序安装。

9. 检查测试。

三、秧针与秧箱左右间隙的调整

1. 秧针与秧箱左右间隙是指当秧箱移到最左或最右的时候时，秧针与秧箱内侧的间隙。

2. 秧针与秧箱左右间隙的调整方法是将秧箱停至最左最右的位置，松开秧箱支架的固定螺栓，使用木捶轻敲秧箱支架，向左或者向右调整秧针与秧箱左右间隙至规定值。

四、秧箱与导轨间隙的调整

1. 秧箱与导轨之间由于有相互接触的运动，发生磨损后间隙会变小，间隙过小时应及时更换秧箱滑块。

2. 更换时应将所有秧箱滑块一起更换，切勿更换部分滑块，如不及时更换会导致秧针打秧箱底部。

五、化油器的清洗

1. 清洗化油器外观。

2. 卸下与化油器相连的燃料管、燃料停止螺线管连接器、地线。

3. 卸下阻风门钢丝，卸下吸入弯管。

4. 打开化油器浮子室，检查在浮子下落时是否带动进油针阀随之下落。

5. 清洗各个油道、量孔。

6. 按相反顺序安装。

7. 注意：调速杆和调速杆弹簧在拆时不要弄变形。

第四部分　插秧机操作工高级技能

第十三章　作业准备

第一节　作业条件及物料准备

相关知识

一、机插秧播种量、穴苗数等数值的确定

机插秧作业前数值确定包括育秧阶段和插秧准备阶段两个方面，育秧阶段主要是确定每秧盘的播种量和秧苗平均成苗密度，插秧准备阶段主要是确定每亩大田的基本穴数和穴株数。通过科学计算，我们不仅可以明确播种量、穴苗数、成苗密度等数值，而且可以用于指导实际作业，实现标准化管理。

1. 每盘的适宜播种量确定方法

机插育秧每盘的播种量的确定和很多因素有关，如水稻品种、发芽率、发芽势、基本苗等，一般来说按照种植品种不同可分为常规稻（粳稻）、杂交稻两大类。

（1）常规稻　（粳稻）计算每盘的适宜播种量的思路如下：一般来说首先应明确计算的基本量，这里我们用到的基本量是每亩的基本苗数，机插秧常规稻每亩的基本苗在 7 万 ~ 8 万苗，常规步进式插秧机每亩穴数最多在 1.8 万穴，这样每穴的平均苗数在 4 棵苗，每穴插秧机的取秧面积一般在 $11 \times 11.7 \text{mm}^2$，一个秧盘的面积是 $580 \times 280 \text{mm}^2$，这样每盘播种粒数就是 4×秧盘面积/取秧面积 ≈ 5 000 粒/盘。再考虑到一般正规的水稻种子发芽率、发芽势均在 90% 以上，以及常规稻千粒重，常规稻育秧的适宜盘播种量在 130 ~ 150g。在计算时还要注意到不同水稻品种、栽插时间的早晚等因素对每亩基本苗都有影响，在计算时要相应变化。

依照上面的计算思路我们可以计算出较为准确的播种用种量，减少不必要的过量用种，这对于育秧面积较大的合作社和农机大户意义较大，可明显节约用种量。

（2）杂交稻　杂交稻每盘适宜播种量的计算思路与常规稻基本一致，但由于杂交稻的分蘖势很强，一般每穴的苗数在 1 ~ 2 株苗，每穴插秧机的取秧面积与常规稻一样，这样每盘播种粒数就是在 1 250 ~ 2 500 粒/盘，每盘的适宜播种量是 1 ~ 2 粒/cm²。

但在实际育秧过程中需要注意的是，由于杂交稻每盘的播种量较低，会导致盘根情况较差，严重时甚至会导致秧苗无法使用，所以在实际育秧中，可选取较大的播种量进行育秧，以减少盘根差带来的风险。

2. 秧苗标准的穴苗数的确定

秧苗标准的穴苗数是指插秧机每穴应栽插的标准秧苗数，是我们判断插秧机作业质

量的一个重要标准。秧苗的穴苗数由插秧机取秧面积、播种密度来决定的。在实际作业中，我们应通过调整取秧面积，使得插秧机栽插的穴苗数尽量符合标准穴苗数。

（1）粳稻秧苗标准的穴苗数　常规稻秧苗以横向送秧 20 次、纵向送秧 13mm 为例，所取秧块面积为 1.82cm²，标准的穴苗数为 2.7 ~ 4.6 株。

（2）杂交稻秧苗标准的穴苗数　杂交稻秧苗以横向送秧 20 次、纵向送秧 13mm 为例，所取秧块面积为 1.82cm²，标准的穴苗数为 1.8 ~ 2.7 株。

3. 秧苗平均成苗密度的计算方法

秧苗平均成苗密度是育秧时需要注意的一个数值，会影响到后期插秧机栽插的平均穴苗数，一般来说我们应先明确标准或预期的平均穴苗数和栽插时预计采用的取秧面积，两者的比值就是秧苗平均成苗密度，再乘以秧盘面积，即可得到每盘的播种量。

以平均穴苗数 3 ~ 5 株，以横向送秧 20 次、纵向送秧 13mm 为例，秧苗平均成苗密度要达到 2.3 ~ 4.2 株/cm²。

4. 一定的成苗密度条件下，每盘播种量的计算

成苗密度 1.5 ~ 2.5 株/cm²、成苗率 80% 条件下（千粒重 27g），每盘播种量的计算方法是：成苗密度 × 秧盘面积（58 × 280）× 千粒重/成苗率。

5. 每盘秧块成苗数量的计算

秧块成苗标准数量的计算公式是：每盘芽谷干种播量（g）/1.3/千粒重 g × 1 000 × 80%。

其中：1.3 为芽谷干种和干种的吸水量比值，80% 为发芽势和发芽率的比值。

6. 大田每亩基本苗的计算

大田每亩基本苗的计算方法是：每亩栽播的秧块数 × 秧盘面积（58 × 280）× 成苗密度。

7. 平均穴苗数的计算

平均穴苗数的计算方法是：秧针切块面积 × 成苗密度。

二、机插秧株距、取苗量等数值的确定

1. 株距的确定方法

株距是插秧机影响每亩基本苗的主要变量，一般来说插秧机都有三挡甚至更多的株距挡位可以选择，那么如何选择适合的株距挡位？我们应该根据确定的基本量来进行计算，已明确选用的株距。

计算株距需要用到的基本量是每亩基本苗数和平均穴苗数。每亩基本苗数/平均穴苗数 = 每亩栽插穴数，再代入确定株距的公式中 666.7 × 1 000 000/每亩栽插穴数/H = 株距（mm）。

其中：H 为插秧机行距，一般为 300mm。

2. 平均穴苗数的计算

平均穴苗数的计算方法是：秧针切块面积 × 成苗密度。

3. 平均取苗量（穴苗数）的查定方法

当我们用选定的株距挡位栽插之后，这时候我们可以对平均穴苗数进行查定，看看是否达到我们的预期效果。

查定时一般采用五点取样法，即在田块中间和四边各选取一个点进行取样，选定区域应分布均匀，离田埂一个作业宽度以上。

随机取 5 个区，每区选取 1 行的连续 20 穴，数出每穴株数，合计总苗数除以 100 可以得出栽插平均取苗量（穴苗数），看看是否达到我们的预期，也可以验证之前的计算是否正确。

4. 每亩大田所需秧块数量的计算

在实际作业前，每亩大田所需秧块数量也是我们需要了解的数值，这样我们可是根据计算结果预备相应数量的秧块，提高机插秧作业的效率，避免浪费秧苗。一般来说，所需秧块的数量取决于每亩基本苗数，即亩栽插穴数×平均穴苗数。

每亩大田所需秧块数量的计算公式：亩栽插穴数 × 平均穴苗数/穴苗数（58 × 280）/成苗密度。

操作技能

一、确定机插秧株距

1. 明确计算所需的基本量，即每亩基本苗数和平均穴苗数。

2. 代入公式得到每亩栽插穴数 = 每亩基本苗数/平均穴苗数。

3. 再将每亩栽插穴数代入株距公式：666.7 × 1 000 000/每亩栽插穴数/H，得到株距数值。

4. 根据计算的株距数值选取最近的株距挡位。

二、计算平均取苗量

1. 选取检测区域，采用五点取样法进行检测区域选定，选定区域选取合理，分布均匀，离田埂一个作业宽度以上。

2. 每区选取 1 行栽插秧苗，选取其中 20 穴秧苗，查定每穴秧苗数。

3. 将查定结果全部累加。

4. 累加结果除以 100 可得平均取苗量（穴苗数）。

第十四章　作业实施

第一节　机器调试

相关知识

一、不同播种密度情况下插秧机的调试方法

插秧机在实际作业中并不一定都是栽插标准秧苗，往往会遇到各种播种量的秧苗，如何在不同播种密度情况下保证栽插质量，这就需要我们对插秧机进行调整。

机插秧调整的目的是根据水稻品种、栽插日期等来确定合理的每亩基本苗数调整的方法分为株距挡位调整和取秧量调整两种。

1. 通过株距挡位进行调整

株距挡位调整就是通过改变株距挡位进而改变每亩栽插的穴数，在平均取秧量固定的情况下，达到改变每亩基本苗的目的。一般来说通过株距挡位调整，数值变化较大，通常情况下我们通过株距挡位调整来使每亩基本苗接近预设值，在通过取秧量进行细微调整。

2. 通过取秧量进行调整

取秧量调整就是通过改变取秧面积进而改变平均取秧量，在株距确定的情况下，达到改变每亩基本苗的目的。由于取秧量调整可以做到较细微的调整，所以在所需调整量不大的情况下，可通过取秧量细微调整来达到目的。

二、插秧机各项作业数值的调整要求

插秧机作业时有很多作业数值都可以进行调整，如插秧深度、株距、横向取秧量、纵向取秧量、纵向送秧量，在这些数值中有些是可以单独进行调整的，有些则是相互关联的，我们在确定数值时应注意到这些方面。

1. 插秧深度

理论上插秧深度为秧块的上表面在泥面下 10mm，但在实际作业中很难明确测定这个数值，一般做到"不漂不倒、越浅越好"即可。

在实际作业时我们还要根据田间的实际情况进行调整，如田间水量较大时，可适当调深插秧深度，以免产生漂秧。有的机型有插秧深度自动调整按钮，可以自动将插秧深度调深，水量较大时，可使用这个功能。

2. 株距、横向取秧量、纵向取秧量

这三个作业数值的调整是相互关联的，都关系到最终的每亩基本苗，这里我们应按照一定顺序进行调整。

（1）由于株距挡位调整范围较大，一般来说我们应先调整株距挡位到合适范围，

调整时可根据株距计算公式，计算出理论值，在将株距挡位调整到最接近理论值的挡位。

（2）接下来调整横向取秧量和纵向取秧量，当株距确定后我们就能计算出平均取秧量，平均取秧量＝每亩基本苗／［666.7×1 000 000／（300×株距）］，再结合播种密度就可以确定理论取秧面积，理论取秧面积＝横向取秧量×纵向取秧量，通过调整可使实际取秧面积接近我们的计算值，从而保证每亩基本苗达到预期值。

在实际调整中，一般来说纵向取秧量的调整较为方便，而横向取秧量调整相对复杂些，我们可优先调整纵向取秧量。这样要注意的是，调整横向取秧量和纵向取秧量时尽量不要让这两者之间的比例过大，这样可以保证取秧精度，提高均匀度合格率。

3. 纵向取秧量和纵向送秧量

这对数值的调整常常会被人忽视。一般来说，高速插秧机在设计时已将纵向取秧量和纵向送秧量的调整进行关联设计，我们在进行纵向取秧量调整的时候纵向送秧量会自动匹配。而大部分步进式插秧机在设计时，并未对纵向取秧量和纵向送秧量的调整进行关联设计，这就需要我们手动进行匹配，以保证纵向送秧量能够满足纵向取秧量的需求。

三、作业中优先保证的作业质量指标的确定

插秧机作业时有很多作业质量的指标，如空格率、伤秧率、漂秧率、翻倒率、插秧深度合格率、均匀度合格率、相对均匀度合格率、邻接行距合格率等。在这么多作业质量指标中我们在作业中应该明确优先保证的指标。

1. 从这些指标测定的难易程度来分析

大体上我们可以把这些指标分为三大类：第一类属于大体可以目测型，如空格率、伤秧率、漂秧率、翻倒率；第二类属于可通过简单方法测定的，如插秧深度合格率、邻接行距合格率；第三类这是需要复杂方法进行测定的，如均匀度合格率、相对均匀度合格率。这样从难易角度出发，我们在作业过程中首先应保证第一类可大体可以目测型的指标，接下来第二类可通过简单方法测定的指标也应保证。

2. 从指标的重要性来分析

这些指标也可以分为三大类：第一类属于对作业质量有重要影响的指标，如空格率、插秧深度合格率、均匀度合格率、相对均匀度合格率；第二类属于对作业质量有一定影响的指标，如伤秧率、漂秧率、翻倒率；第三类则属于对作业质量影响不大的指标，如邻接行距合格率。我们在作业中应优先保证有重要影响的指标。

3. 结合上面两个方面的来分析

在实际作业过程中，我们应优先保证空格率、插秧深度合格率两个指标，接下来保证均匀度合格率、伤秧率、漂秧率、翻倒率等指标。

四、推秧器极限位置与秧针间距的要求

1. 推秧器是插秧机实现栽插动作的重要部件，在秧爪将秧苗插入土壤后，推秧器应能弹出并实现强制推秧，推秧器极限位置与秧针尖之差应不大于2mm。

2. 当推秧器极限位置与秧针尖之差过大后，或导致秧苗栽插的姿态变差，这时需

要检查推秧器缓冲垫厚度或秧针长度，必要时更换合格零件。

五、秧爪与取苗口间隙的要求

1. 秧爪应对准相应的秧门，秧爪与秧门之间的侧隙应大于1mm，这样可以保证插秧机的伤秧率在合理的水平以内。

2. 当秧爪与秧门之间的侧隙过小时，会造成伤秧率的上升，导致秧苗的返青期变长，不利于秧苗生长。我们应在每天作业前检查秧爪与秧门之间的侧隙。

3. 插秧机长时间使用后销孔会磨大，这时需检查推秧器左右旋转度，若旋转超过秧针范围需更换合格零件。

六、秧爪与苗箱的侧间隙

为防止秧爪与载秧台侧面有干涉，秧爪与载秧台之间的间距应大于0.5mm。我们在检查这个间隙时应将秧箱移至最左侧或者最右侧。

七、秧爪行距偏差的要求

插秧机各行应均匀分布，各个秧爪的行距偏差不允许大于5mm。一般来说当我们将秧针与取苗口的间隙调整到正常值范围内时，各个秧爪的行距偏差就会保持在合理范围内，不需要特别关注。

八、插植臂反转方向摆动量的要求

1. 插秧机不允许插植臂和秧爪反转方向窜动，在停机状态下，用手沿反转方向摆动插植臂，秧爪尖空行程应不大于5mm。

2. 插秧作业时，插植臂和秧爪的反转方向窜动会导致取秧量变化，秧针切取秧苗的角度变化，使作业质量变差。

3. 一般在插秧机尤其是高速插秧机设计的时候都会在插植臂回转箱内设计锁止机构来抑制反转方向摆动量。当发现插植臂和秧爪反转方向摆动量过大时，我们应检查锁止机构是否损坏。

九、秧爪处于最低位置时高差的要求

1. 插秧机各秧爪尖动作应一致，各行纵向取苗量误差应不大于2mm。

2. 当秧爪纵向取苗量相同，并处于最低位置时，秧爪尖高差应不大于5mm。

十、停机状态下秧爪尖空行程的要求

1. 插植离合器分离时，秧爪尖应停留在尾托板或浮板尾部地面50mm以上，且在推秧和取秧行程之间的预定位置，秧爪尖的空行程最大不超过一个回转周期。插秧机这样设计是为了保证秧针在停机状态不与地面发生接触，以免导致秧针变形。

2. 当秧爪尖不在预定位置停留时，我们应检查插植离合器是否发生损坏。

操作技能

一、纵向送秧与取秧的匹配调整

1. 明确插秧机纵向取秧量挡位。
2. 根据纵向取秧量挡位来确定插秧机纵向送秧量调整挡位。
3. 按照机型的不同找到插秧机纵向送秧量调整机构。
4. 使用工具将纵向送秧量调整到相应挡位。

二、秧爪与取苗口间隙的调整

1. 检查秧爪与取苗口的间隙，判断间隙是否在正常范围内。
2. 使用工具将回转箱固定销和插植臂固定螺母松开，步进式插秧机需要松开曲柄和摇杆两个部件的固定螺母。
3. 将秧爪与取苗口的间隙调整到正常范围。
4. 使用工具将回转箱固定销和插植臂固定螺母锁紧。

第二节　田间作业

相关知识

一、插秧机运行安全技术条件

1. 整机安全技术要求

（1）在机具明显部位应安装永久性标牌，内容应包括：型号、标定功率、总质量、出厂编号、出厂时间及生产厂名称。

（2）防护装置部位，应有醒目、永久的安全标志和危险图形标志。

（3）各运动件应运转灵活，无碰撞、卡滞现象。

（4）各加油处应按标准检查油量，缺少时将油品加至标准量。各注油部位充分注油润滑。空运转10min，停机5min后观察，静结合面不渗油，动结合面不滴油。

（5）安全离合器静态分离扭矩应为（40±5）N·m。各组插植臂运转状态应一致，曲柄在链轮轴上不应窜动。

（6）秧针与秧门间隙大于1.25mm，两侧均匀；秧箱移至两端时，秧针与秧箱侧壁间隙不小于1mm。

（7）纵向送秧量不小于10mm。

（8）插植离合器应分离彻底，结合可靠。分离时，秧针尖应停留在距浮板上平面70mm以上处。

（9）各操作手柄灵活可靠，调节机构灵活准确。

（10）各紧固件必须紧固，保证牢固可靠。

（11）非运动件不应有明显偏转、变形。

（12）塑料件外形应完整、表面光滑整洁。

（13）推秧器行程及推秧器与秧针间隙达到规定要求。

2. 发动机安全技术要求

（1）发动机应动力性能良好，运转平稳，怠速稳定，无异响，机油压力正常。发动机功率不得低于原标定功率的85%。

（2）发动机应有良好的制动性能。

（3）发动机停机装置必须灵活有效。

（4）发动机燃料供给、润滑、冷却和排放系统应齐全，性能良好。

（5）发动机排气方向应侧向驾驶员。

（6）发动机自由加速烟度排放应符合 GB14767.6—1993 的要求，检验方法按 GB/T3846—1993 执行。

3. 传动箱安全技术要求

（1）各转动部件运转应灵活，操纵自如，不得有卡滞和碰撞现象。

（2）各滑动齿轮和离合牙嵌应移动灵活，拨叉挡位准确、可靠，齿轮啮合轴向偏差不大于2mm，不得有脱挡、乱挡现象。

（3）作业期间每天检查一次油面高度，机油加到油标中间，每季作业前需更换新机油。

（4）链条箱中链条应挂油。

4. 插植臂安全技术要求

（1）曲柄转动和推秧器移动应自如，密封可靠。

（2）推秧凸轮与拨叉的轴向偏差应不大于1mm。

（3）插植臂左右应不窜动，秧针运转不得碰撞秧门，两侧间隙在1.25~1.75mm。

（4）插植臂拨叉处不得缺油。

5. 其他安全技术要求

（1）驾驶员在初次使用机器前，应详细阅读使用说明书，并负有向其他操作人员讲解使用说明书的安全操作规程和安全注意事项的责任。

（2）使用机器前，驾驶员负有检查机器上防护装置和安全标志、标识有无缺损的责任，当出现缺损时，应及时补全。

（3）不得对机器进行妨碍操作、影响安全的改装。

（4）启动前驾驶员必须认真检查各运动部位运转是否灵活，各操作手柄是否灵活可靠。

（5）检查各紧固件是否牢固可靠，不许有松动和脱扣现象。零部件无错装、裂纹。

（6）检查主离合器手柄在［分离］位置时是否能切断发动机动力，如不能，应调整修理。

（7）机器运转时不得触摸旋转部位和插秧工作部件。工作时，装秧人员的手脚不准伸进分插部位。

（8）装秧、清理秧针、秧门等其他部位时，应停机后才能进行。

二、机插秧作业质量查定

1. 机插秧作业质量查定的基本条件

插秧机试验的秧苗条件：土层厚度 15~25mm，苗高 80~250mm，叶龄 2.5~5 叶，盘土宽比分格秧箱内挡宽小 1～3mm。

插秧机试验的大田一般条件：试验地的纵、横向坡度不大于 0.5°，测区长度不小于 40m，宽度不小于 20m，田面高低差不大于 30mm。

插秧机试验的大田作业条件是：泥脚深不大于 300mm，水深 10～30mm，耙后沉淀按锥形穿透法测定，锥深为 60～100mm。

插秧机性能测定时，一般采用五点（对角线）取样法，选取 5 个测区，测区离田边大于 1 个工作幅宽。

2. 插秧作业质量合格的判定规则

插秧作业判定规则首先将检测项目按其对作业质量的影响程度分成 A、B 两类，其中漏插率、相对均匀度合格率属于 A 类。检测项目中，当 A 类项目全部合格，B 类项目少于等于 2 项次不合格时，作业质量合格。检测项目中，当 A 类出现不合格时，作业质量不合格。

操作技能

一、秧苗机插前状态查定

秧苗机插前状态查定主要有机插前均匀度合格率、插前空格率、床土绝对含水率、苗高、叶龄。

1. 机插前秧苗均匀度合格率查定

机插前秧苗均匀度合格率是指待栽插秧苗的测定合格小秧块数与测定总小格数之比的百分数，对插秧机作业的合格率有着较大的影响，插前均匀度合格率应大于 85%。

查定步骤：①从秧箱中取出已栽插 1/3 的秧盘（块）或截取整个秧块的中段。②按照插秧机取秧面积来确定小格面积，选取合适的取样框。③在 5 盘秧盘上用取样框随机取若干排共 100 小格，测定每小格上的秧苗株数。④计算出平均株数，再按照平均株数确定合格范围。⑤根据合格范围确定合格格数。如果当地农艺要求规定的每穴株数为 5 株，则均匀度合格范围是 3～8。这样我们就可以确定刚才测定的小格中哪些是在合格范围内。⑥根据计算公式计算出插前均匀度合格率。

2. 机插前秧苗空格率查定

插秧机性能试验用秧苗的空格率应小于 5%。秧苗的空格率是指上述查定用的 100 个小格中空格数与测定总小格数之比的百分数。

3. 床土绝对含水率的测定

插秧机试验床土绝对含水率的测定方法：从试验的秧盘（块）中，各取床土不少于 20g，在（105±2）℃恒温下干燥 6h，或在（180±2）℃恒温下干燥 4h 的方法进行测量。

4. 苗高的测定

机插秧苗高的测定方法：从试验的秧苗中随机取样 5 盘（块），从每盘秧苗中随机取样 20 株，测量秧苗最高生根处到最长叶片的叶尖的距离，计算其平均值。

5. 叶龄的测定

机插秧苗叶龄的测定方法：从试验的秧苗中随机取样 5 盘（块），从每盘秧苗中随机取样 20 株，测量叶片数，计算其平均值。

二、插秧机作业质量查定

1. 机插秧后均匀度合格率

该合格率分为绝对均匀度合格率和相对均匀度合格率两种。绝对均匀度合格率是指田间查定的均匀度合格率，相对均匀度合格率则是指绝对均匀度合格率与插前均匀度合格率之比值，一般用来衡量插秧机作业质量的是相对均匀度合格率。

测定绝对均匀度合格率时，测量步骤和插前均匀度合格率的测定基本一致，在5个测区附近各测100穴的穴苗数，计算出平均穴苗数，在按照平均穴苗数确定合格范围。这样我们就可以确定刚才测定的小格中哪些是在合格范围内。绝对均匀度合格率是指合格小秧块数与测定总小格数之比的百分数。

相对均匀度合格率=绝对均匀度合格率/插前均匀度合格率，在一般作业条件下，机动插秧机的相对均匀度合格率应≥90%。

2. 插秧深度合格率

测定时，①应在5个测区附近各测10穴；②测量每穴秧苗的插秧深度。③根据合格范围确定合格穴数。④计算出插秧深度合格率。秧深度合格率=合格穴数/总穴数。在一般作业条件下，机动插秧机的插秧深度合格率应≥90%。

3. 机插秧后空格率

是指上述查定的100穴中空穴数与测定总穴数之比的百分数，再减去插前空格率。插秧机作业时的空格率应小于5%。

4. 漂秧率

水稻秧苗栽插后，秧根未栽入土内，而漂浮于水面的秧苗称为漂秧。漂秧率是指漂秧株数总和与测定总株数之比的百分数。测定时，应在5个测区全幅宽内各测100穴。漂秧率=漂秧穴数/总穴数。在一般作业条件下，机动插秧机的漂秧率应小于等于3%。

5. 漏插率

栽插后如某穴无水稻秧苗的插穴称为漏插。测定漏插率时，应在5个测区全幅宽内各测200穴。漏插率=漏插穴数/测定总穴数-空格率。在一般作业条件下，机动插秧机的漏插率应≤5%。

6. 伤秧率

伤秧是指茎基部有折伤、刺伤、和切断现象的秧苗。伤秧率是指伤秧株数总和与测定总株数之比的百分数。测定时，应在5个测区全幅宽内各测100穴。在一般作业条件下，机动插秧机的伤秧率应小于等于4%。

7. 翻倒率

带土苗栽插时，苗块倒翻于田中，叶鞘与泥面接触的秧苗称为翻倒秧。翻倒率是指翻倒穴数总和与测定总穴数之比的百分数。测定时，应在5个测区全幅宽内各测200穴。翻倒率=翻倒穴数/总穴数。在一般作业条件下，机插秧的翻倒率应小于等于3%。

8. 邻接行距合格率

测定时，应在5个测区内连续测定10个邻接行的行距，以插秧机所插秧的标准行距H为标准，所测行距大于0.8H且不大于1.2H为合格。在一般作业条件下，机动插秧机的邻接行距合格率应≥90%。

第十五章　插秧机故障诊断与排除

第一节　诊断与排除发动机故障

相关知识

一、化油器的工作过程

化油器作为一种精密的机械装置，可称为发动机的"心脏"，主要由启动装置、怠速装置、中等负荷装置、全负荷装置、加速装置等组成。其工作过程如图 15-1 所示。

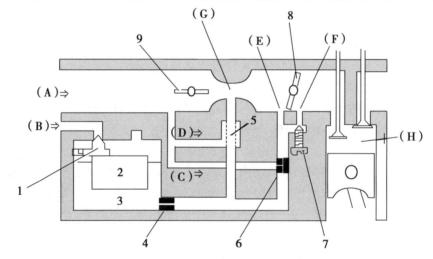

图 15-1　化油器工作过程示意图

1-浮子阀；2-浮盘；3-浮子室；4-主供油口；5-主喷嘴；6-先导供油口；

7-先导螺丝；8-节流阀；9-阳风门阀；（A）自空气滤清器；（B）自燃料箱；

（C）先导通气孔；（D）主通气孔；（E）慢速端口；（F）急速端口；

（G）文丘里部；（H）燃烧室

当发动机高速运行时，主系统在文丘里部（喉管 G）及主喷嘴 5 处生成混合气体。当活塞下降并吸入空气时，空气流经化油器的文丘里部（喉管 G）。此时，流经文丘里部 G 的空气使主供油口 4 部产生负压。在该负压的作用下，浮子室内 3 的汽油与来自主通气孔（D）的空气混合并从主喷嘴 5 喷出。此时的汽油流量会受到主供油口 4 的限制。

当发动机低速运行时，低速系统利用节流阀 8 附近的低速端口（E）及怠速端口（F）来生成混合气体，此时由于节流阀 8 的开度很小，文丘里部（G）产生的负压也很小，无法从主喷嘴 5 喷出汽油。因此，在节流阀 8 开度很小的情况下低速运行时，由于在节流阀 8 与化油器内壁的缝隙间产生负压，因此先导通气孔（C）的空气与来自主供油口 4 的汽油在先导供油口 6 处混合，将汽油从低速端口（E）及怠速端口（F）

吸出。

通气孔的作用在于将汽油和空气混合，提高雾化性，并防止混合比因发动机的转速而改变。在文丘里部（喉管 G）所产生负压的作用下，通气孔处于高压状态，因此空气从通气孔流入主喷嘴 5 内，形成气泡并与汽油混合。当发动机低速运行时，汽油被该气泡推向上方并从主喷嘴 5 喷出，以协助供应汽油。当发动机高速运行时，由于通气孔与文丘里部（喉管 G）之间的压力差变大，因此从通气孔进入大量空气以防止混合气体变浓。

怠速端口是在空转（节流阀几乎处于完全闭合状态）时供应汽油的端口。汽油供应量可通过先导螺丝进行调整。低速端口是在低速运行（节流阀处于稍微开启的状态）时供应汽油的端口。

浮子 2 和浮子阀 1 是对来自燃料箱（A）的汽油的流入量进行控制，以使汽油的液面高度保持一定。如果浮子室内 3 汽油的液面升高，也就导致浮子阀的位置上移，从而阻止汽油流入。如果浮子室内 3 汽油的液面下降，也就导致浮子阀位置下移，从而使汽油流入浮子室内 3。从而保证汽油的喷出量不会随文丘里部（喉管 G）与浮子室内 3 的压力差的变化而变化。

二、反冲式启动器的工作原理

步进式插秧机发动机启动系统由反冲式启动器和辅助机构组成。反冲式启动器主要由壳体、启动手柄、拉绳、拉绳卷轮、驱动爪、启动器螺旋弹簧、卡簧、驱动板、螺钉、六角法兰螺栓、启动器滑轮、固定卡等组成，如图 15-2 所示。其功用是给汽油机提供初始运动能量，使发动机由静止状态进入运转状态。

反冲式启动器的工作原理：启动时，用力拉动启动手柄及拉绳，使拉绳卷轮旋转，卷轮上的驱动爪滑出，卡主启动器滑轮，带动曲轴旋转，使活塞反复运动，进、排气门开、闭，火花塞点燃混合气，气体经燃烧膨胀作功，推动活塞下行，通过连杆带动曲轴旋转，完成热能到机械能的转换，实现发动机启动。启动后，启动滑轮随发动机曲轴一起旋转，驱动爪自动回位，在螺旋弹簧的作用下，启动轮、拉绳和手柄等回到起始位置。

三、发动机调速系统的工作原理

插秧机上使用的发动机一般都是使用机械式调速系统，主要组件：飞球、弹簧、滑环、杠杆、拉杆等组成，如图 15-3 所示。其原理是利用飞球的离心力与调速器弹簧的张（或拉）力之间的关系，自动地控制油门的大小（转速增大时降低油门开度，转速减小时增加油门开度），使发动机保持额定的转速，并使其运转趋向平稳。

发动机的油门手柄是来改变调速器弹簧的力，还可调节发动机的转速。利用怠速调节螺丝及高速调节螺丝对调速杆的动作范围进行限制，并通过对其进行调整，可设定怠速转速及最高转速。两个有一定重量的飞球（飞块）2 由活动杠杆连接于轴 1 上，轴 1 由传动装置带动而回转，飞球也随着回转。

当发动机的油门固定时，若动机负载不变、此时调速器上飞球的离心力与调速器弹簧的张（或拉）力保持平衡，供油量不变，以保持一定的转速和功率。

当发动机负荷增加时，转速降低，飞球上的离心力减少，飞球的离心力小于调速器

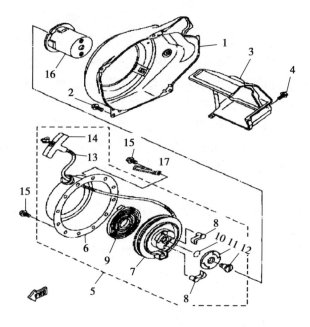

图 15-2 反冲式启动器结构示意图

1-风扇箱；2-六角法兰螺栓；3-气缸空气罩；4-六角法兰螺栓；5-反冲式启动器组合；
6-启动器壳体；7-拉绳卷轮；8-驱动爪；9-启动器螺旋弹簧；10-卡簧；11-驱动板；
12-螺钉；13-拉绳；14-启动器手把；15-六角法兰螺栓；16-启动器滑轮；17-固定卡

弹簧的张（或拉）力，由于弹簧的作用，飞球下降，滑环4下移，通过调速杠杆5和拉杆6使油门开大，供油量增加，直到飞球的离心力与弹簧张力再度平衡时，供油量一定，转速稳定。

当发动机负荷减少时，转速上升，飞球的离心力大于调速器弹簧的张（或拉）力，带动滑环4上移，通过调速杠杆5和拉杆6使油门减小，供油量减少，转速下降，直到飞球的离心力与弹簧张力达到新的平衡。

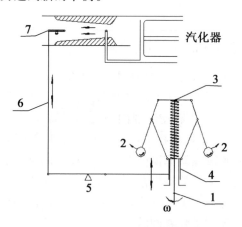

图 15-3 离心自动调速器示意图

1-轴；2-飞球；3-弹簧；4-滑环；
5-杠杆；6-拉杆；7-油门

四、发动机复杂故障的种类及原因

一台技术再先进、性能再优良的插秧机，由于受运行条件的影响以及使用、保养、调整不当等因素的制约而产生的故障是比较复杂的。一个故障现象往往可能有几种因素造成，而同一因素产生的故障由于车辆及故障程度不同，表现出的现象也不完全一样。所以，在诊断复杂故障时，要想迅速排除故障，首先要思维缜密，判断准确，切不可武断，否则不但不能有效排除故障，还会留下潜在隐患，造成更加严重的故障。为此，诊断故障时，不仅要注意某一现象与其他故障现象相同的一面，更要注意每个故障特殊的一面，只有这样才能准确诊断故障。诊断时应按照由表及里、由简到繁、分段检查、多问为什么、逐步缩小故障范围的原则来进行。

1. 缸垫漏气故障的原因

缸垫损坏漏气主要原因是缸盖螺栓松动或紧固力不一致，缸垫变形损坏或垫反。

2. 发动机飞车故障的原因

柴油发动机因高压油泵调速齿条或齿圈卡在最大供油位置，或因各种原因导致调速器失去调速特性，及额外的机油进入气缸燃料会导致发动机出现飞车故障。

汽油发动机因各种原因导致调速机构失灵或调速齿轮损害。

3. 气门挺杆抱死故障的原因

气门挺杆抱死有两种情况：一种由于机油中杂质较多，杂质的尺寸刚好能卡在壳体与柱塞的间隙里，使气门挺杆抱死；另一种情况是由于加工精度差，柱塞运行到壳体底部后，由于间隙过小甚至为零而卡在壳体底部。

4. 发动机功率不足故障的原因

发动机功率不足故障的原因：①油路有故障。油路不畅，供油时间过早或过晚，供油压力偏低。②气路有故障。进气不足、排气不净。③汽缸压不足；缸垫不密封，烧蚀；气门间隙过大或过小；气门座圈烧蚀，不密封；气门弹簧过软工作不良；活塞环咬死或对口；活塞与缸套间隙过大。④电路有故障。进气受阻，造成混合气过浓；点火时间过迟或触点间隙过序过大；发动机排气管漏气；高压分线漏电或脱落，分电器插孔漏电或窜点；分电器凸轮磨损不均或火花塞积炭过多，裂损漏电。⑤发动机温度过高；水泵，节温器工作不良，皮带打滑，冷却系统水垢过多。⑥配气相位失常。

5. 发动机过热故障的原因

发动机过热故障的原因：①发动机超负荷工作。②点火不正时或高压电火花弱，火花塞热值不当。③可燃混合气比例不当。④冷却不良：发动机散热片或散热器不清洁，强制风冷式发动机导流罩破损，水冷式发动机冷却液不足，节温器损坏；水泵皮带过松或水泵损坏；水箱盖的压力阀开启压力过低；水温表和传感器失灵。⑤供油时间过晚。

6. 积炭过多故障的原因

火花间隙不对，混合气过浓；供油时间不对，喷油压力过低或供油量过大，气门间隙不当；燃油品质较差。

7. 点火时间不当故障的原因

点火时间不当的主要原因是点火时间没有调整好；无点火的原因是火花塞电极间隙

过大或电极间隙有积碳。

操作技能

一、缸垫漏气故障诊断与排除

1. 故障诊断

发动机工作时有"突突"异响，插秧机行驶无力。

2. 故障排除

（1）检查发动机油路、电路是否正常。

（2）当确定油路、电路正常时，可以怀疑是缸垫损坏故障，进行缸头缸垫更换。

（3）清理待拆卸部位，防止灰尘进入缸体。

（4）使用专用套筒拆下火花塞。

（5）使用相应工具拆卸缸头螺母。

（6）取下需更换的缸头缸垫。

（7）清理缸体、缸头。

（8）安装新的缸垫。

（9）安装缸头，旋紧缸头螺母，这里须注意的是按照对角的顺序依次旋紧缸头螺母，旋紧时须使用扭矩扳手，保证每个缸头螺母都上紧到规定扭力。

（10）安装火花塞，发动机复位。

二、发动机飞车故障诊断与排除

1. 故障诊断

发动机转速突然升高并超出允许的最高转速而失去控制，且伴有巨大声响排气管冒黑而浓的烟。

2. 故障排除

（1）立即切断油路气路，把空气滤清器摘掉，用布堵塞死进气管，强制熄火。

（2）检查空气滤清器的机油量，机油量多排除之。

（3）检查调速器内机油，如机油过黏则更换机油。

（4）拆开喷油泵检视窗盖或喷油泵前端油量调节拉杆（齿杆）端面护帽，用手移动拉杆，如果涩滞，说明拉杆（齿杆）与套锈蚀，或润滑不良，应予以除锈润滑。

（5）检查拉杆（齿杆）是否弯曲变形卡滞，若是则应拆下矫正或更换新件。

（6）在检查拉杆（齿杆）时，若拉杆运动自如，但向后推动不能自动前移，说明拉杆与调速器连接杆件脱开，应拆开调速器检视窗盖进行检查排除。

（7）检查调速机构（调速臂、怠速钢丝）是否弯曲变形，若是则应拆下矫正或更换新件。

（8）检查调速齿轮轴和调速齿轮是否松动变形，若是则应拆下矫正或更换新件。

三、气门挺杆抱死故障诊断与排除

1. 故障诊断

发动机不工作，拉动反冲式启动器无压缩感。拆卸汽缸盖后可发现气门顶杆不回位。

2. 故障排除

（1）机油中杂质较多造成气门挺杆抱死故障的排除。油中的杂质刚好能卡在气门挺杆与导管的间隙里，使其抱死。这时拆下挺杆，清洗挺杆和导管等；更换旧机油，并清洗机油路；重装挺杆等。

（2）加工精度差造成气门挺杆抱死故障的排除。加工精度差造成间隙过小甚至为零而卡在壳体底部，这种情况只能对气门挺杆进行拆卸、更换。

四、发动机功率不足的故障诊断与排除

1. 诊断故障

发动机不能提高到应有的转速，达不到额定的功率。表现为转速均匀，但转速提不高，排烟过少；转速不均匀，排大量黑烟。

2. 排除故障

（1）检查排除油路故障。检查燃油质量是否符合技术要求，并排除；检查供油时间、供油量、供油压力、雾化质量是否符合技术要求，并排除。

（2）检查排除气路故障。检查清洁空气滤清器和消声器及出口直径，并排除。

（3）检查排除压缩系故障。检查缸垫密封性能、气门间隙、汽缸压力和缸套活塞环的磨损等情况，并排除。

（4）检查排除电路故障。检查火花塞极点间隙、点火时间、空气和汽油的混合是否符合技术要求、高压分线是否漏电或脱落、分电器插孔是否漏电或窜点、分电器凸轮磨损是否不均或火花塞积炭是否过多等，并分别排除。

（5）检查排除冷却系统故障。检查风扇皮带、冷却水质量和数量、水箱、散热器或散热片、水泵、节温器等是否符合技术要求，并分别排除和清洁冷却系统水垢和污垢。

（6）检查调整配气相位，使之符合技术要求。

五、发动机过热的故障诊断与排除

1. 诊断故障

发动机"开锅"，功率不足，插秧机行走速度慢，排大量黑烟。

2. 排除故障

（1）降低发动机负荷。

（2）立即停机熄火，等水温降低后进行检查，冷却液量缺少应补足。

（3）清洁发动机散热片或散热器、水箱水垢。

（4）检查调整水泵皮带松紧度、水箱盖的压力阀开启压力等到正常值。

（5）检修或更换发动机导流罩、节温器、水泵、水温表和传感器。

（6）检查调整供油时间符合技术要求。

（7）选择和发动机匹配的火花塞类型及热值，调修点火时间和高压电火花。

（8）调整可燃混合气浓度。

六、积炭过多故障诊断与排除

1. 故障诊断

积炭过多故障现象：发动机工作不良，出现启动困难、急速不稳、加速不良、急加油回火、尾气超标、油耗增多等现象。同时，附着在燃烧室内壁上的积炭阻碍了燃烧热量的传递，使得缸内温度过高，积炭进一步加剧，最终导致发动机整体温度过高。

2. 故障排除

（1）拆解发动机后对积炭部位进行清洗，

（2）如果是气门积炭则在拆下进气歧管后，用手工或采用清洁药物浸泡即可清除；

（3）如果是发动机缸内积炭则必须拆下气缸盖才可以清洗。

（4）清除后更换新的衬垫。

（5）旋紧缸盖螺母，这里须注意的是按照对角的顺序依次旋紧螺母，旋紧时须使用扭矩扳手，保证每个螺母都上紧到规定扭力。

（6）安装火花塞，发动机复位。

七、点火时间不当故障诊断与排除

1. 故障诊断

打开点火开关，但无法点火，不能启动发动机。发动机运转不平稳或有动现象。发动机功率下降、油耗增大且加速性能下降。

2. 故障排除

（1）调整配时齿轮。

（2）若是火花塞电极间隙过大，需要调整电极间隙为 $0.6 \sim 0.7$mm；若是电极间隙有积碳，需清理电极间隙中的积碳。

第二节　诊断与排除传动及行走部分故障

相关知识

一、插秧机各种离合器工作原理

1. 主离合器

步进式插秧机主离合器采用的张紧轮结构，手柄有［连接］和［断开］两个位置，当主离合器处于［连接］位置时，控制着主离合器皮带的张紧轮，位于"张紧"状态，将发动机动力传输到变速箱。同时，插秧机的液压仿形自动控制系统处于工作状态。当其处于［断开］位置时，张紧轮放松，切断到变速箱的动力。液压仿形自动控制系统被约束而不起作用。

乘坐式插秧机主离合器多为脚踏板控制的摩擦片式离合器，工作原理：脚踏板压下，通过拨叉，摩擦离合器的从动片与摩擦片分离，发动机的动力不再传递到变速箱中；脚踏板抬起，通过拨叉，摩擦离合器中的从动片与摩擦片合上，发动机的动力传递到变速箱中，插秧机工作。

2. 插植离合器

插植离合器采用的牙嵌式，手柄有［连接］和［断开］两个位置，当插植离合器处于［连接］位置时，插植传动箱中插植离合器牙嵌啮合，插植部开始工作，插秧机可正常插秧作业。当插植离合器牙嵌处于［断开］位置时，插植离合器分离，插植部失去动力，停止运动。

3. 送秧离合器

纵向送秧由一对常分开式的凸轮副和一个棘轮机构的传动完成，在每次横向送秧终了时在导向滑块的作用下凸轮副相互并靠在一起，形成传动副，从动凸轮转动，使棘爪带动棘轮旋转一定角度，从而拨动秧块向下（秧门方向）运动，完成纵向送秧动作。

横向送秧装置工作原理：导向凸轮轴上开有两条相反的凸轮滑槽，并在轴两端平滑地过渡。由导向套和滑块等构成的导向滑块套组件随着导向凸轮轴旋转而左右移动，由于导向滑块套的一侧固定在横向送秧滑杆上，而滑杆与苗箱由苗箱支臂相连，因此带动苗箱在一定的范围内左右移动，实现横向送秧。

4. 安全离合器

安全离合器采用牙嵌式，其工作原理：在正常插秧无过载时牙嵌式安全离合器链轮组合在压紧弹簧的作用下是闭合的，从而通过链条将动力输入插植臂，实现插秧动作。在过载时，过大的阻力使安全离合器链轮组合克服压紧弹簧的作用力分开，切断输入插植系统的动力，起到过载保护的作用。

5. 差速锁

插秧机差速锁主要构件：一组差速锥齿轮、弹簧、差速锁爪、差速齿轮、差速轴等。

插秧机差速锁原理：当某个驱动轮打滑时，操纵差速锁将差速器壳与半轴锁紧成一体，使差速器失去差速作用，进而把扭矩转移到另一侧驱动轮上。

二、传动及行走部分复杂故障的种类及原因

1. 行驶挡不灵故障的原因

固定变速拨叉的定位螺丝松动，或压紧弹簧压力不够，使定位钢珠不能定位在变速拨叉的沟槽中，造成变速拨叉移位，形成拨挡不到位，变速箱中齿轮啮合不上，插秧机不工作。

2. 机体左右不平衡故障的原因

机体左右平衡是动态平衡，是由液压油缸与其前端"U"形构件调节的。机械左右不平衡是因为"U"形构件上的仿形调节螺丝没有调节到位造成的。

3. 机体原地打转故障的原因

（1）插秧机左右转向离合器靠转弯内侧的一个出现问题，多为拉线太紧，离合器没有回位，一侧的轮子不动造成机体打转。

（2）转弯内侧的行走轮连接销轴脱落或断裂，内侧行走轮不动造成机体打转。

4. 安全离合器失灵故障的原因

（1）安全离合器弹簧压力过紧，当插植部工作遇到较大阻力时，动力无法断开。

（2）出厂时离合器链轮与轴间的间隙过小，摩擦力增大，发生"咬合"现象。

（3）未及时加润滑油，以及进水引起锈蚀等原因，造成离合器链轮与轴之间摩擦力增大。

（4）离合器弹簧老化、开口销（或锥型销）或卡簧松脱，当插植部正常工作时，安全离合器在"切断－结合"中抖动，发出"咔咔"声，导致插植臂抖动，不能正常工作。

操 作 技 能

一、行驶挡不灵故障的诊断与排除

1. 故障诊断

行驶挡不灵故障现象：挡位不稳，工作时常出现"跳挡"现象。

2. 故障排除

（1）紧固变速拨叉的定位螺丝。

（2）调大压紧弹簧压力，使定位钢珠定位在变速拨叉的沟槽中，不使变速拨叉移位，保证变速箱中齿轮啮合。

二、机体左右不平衡故障诊断与排除

1. 故障诊断

机体左右不平衡故障现象：插秧机升起时，机体无法保持左右平衡。

2. 故障排除

（1）检查插秧机机体平衡状态，判明倾斜方向。

（2）明确机体"U"形构件上的仿形调节平衡螺栓位置。

（3）使用相应工具调节"U"形构件上的仿形调节螺丝，至机体平衡位置。

（4）锁紧机体平衡螺栓。

三、机体原地打转故障的诊断与排除

1. 故障诊断

机体原地打转故障现象：插秧机行进时转向不灵，向一边偏，在田间作业时表现尤为明显，出现原地打转现象。

2. 故障排除

（1）通过转向手柄检查转向离合器。

（2）查看是否因靠转弯内侧的一个拉线太紧，离合器没有回位。

（3）如是则调整拉线松紧。

（4）如不是则检查转弯内侧的行走轮连接销轴是否脱落或断裂。

（5）如是则更换安装。

四、安全离合器失灵故障的诊断与排除

1. 故障诊断

（1）机器运转时，秧针在秧门口停止不动。

（2）在插植臂运转时，快速将测试用铁板插到秧门口位置，阻拦插植臂运转。

（3）若插植臂来回振动，秧针打击铁板，则说明安全离合器能够正常工作。

（4）若插植臂秧针只击打铁板一次就不动了，则说明安全离合器不能够工作。

2. 故障排除

（1）前置式安全离合器拆卸安全离合器罩；后置式安全离合器拆卸侧边传动箱。

（2）前置式安全离合器拆卸固定螺母。

（3）取下弹簧及部件，使用专用工具拆卸安全离合器轴。

（4）使用新配件安装安全离合器。

（5）涂抹密封胶，安装安全离合器罩。

（6）后置式安全离合器拆卸弹簧固定销。

（7）取下弹簧及部件，清洁加油。

（8）安装新部件，压缩弹簧，安装固定销。

（9）将侧边传动箱安装复位。

第三节　诊断与排除插植部分故障

相关知识

一、苗箱不移动故障的原因

1. 导向滑块脱离了凸轮滑槽，凸轮轴旋转时，导向滑块组件无法左右移动，因此也无法带动苗箱左右移动。

2. 导向滑块组件与移动滑杆的连接螺丝松了。

二、插植叉带回秧苗故障的原因

由于秧针或插植叉磨损、变形，造成插植叉与秧针的间隙过大，秧块夹在插植叉及秧针之间，没有插下而被带回。

操作技能

一、苗箱不移动故障诊断与排除

1. 故障诊断

苗箱不移动故障现象：插秧机作业时苗箱无法左右移动，苗箱横向移动装置可能会发出异响。

2. 故障排除

（1）判明齿箱不移动的故障原因。

（2）检查是否是导向滑块脱离了凸轮滑槽。

（3）检查是否是导向滑块组件与移动滑杆的连接螺丝松了。

（4）如是导向滑块问题，则进行更换。打开插植齿轮箱盖，松开导向滑块的限位螺丝，更换新导向滑块，将导向滑块安装在凸轮滑槽，装上盖板，旋紧螺丝，检查移动是否顺畅。

（5）如是导向滑块组件与移动滑杆的连接螺丝松动，则使用工具紧固连接螺丝。

二、插植叉带回秧苗故障诊断与排除

1. 故障诊断

插秧机作业时插植叉无法正常将秧苗栽插进土壤中，秧苗附着在插植叉上被带回。

2. 故障排除

（1）检查插植叉带回秧苗的故障原因。

（2）明确故障原因，如：秧针或插植叉磨损、变形，造成插植叉与秧针的间隙过大。

（3）如是插植叉磨损、变形则更换磨损的插植叉。

（4）如是秧针磨损、变形则更换磨损的秧针。

（5）更换完后，调整秧针与插植叉间的间隙。

第四节 诊断与排除液压系统故障

相关知识

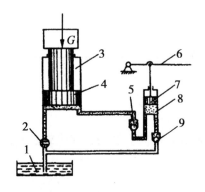

图15-4 液压千斤顶工作原理

1-油箱；2-放油阀；3-缸体；4-大活塞；

5、9-单向阀；6-杠杆手柄；

7-小活塞；8-泵体

一、液压传动基础知识

1. 液压传动的基本概念及工作过程

液压传动是以液压油作为工作介质，利用液体压力能来传递动力和进行控制的一种传动方式。

液压传动的工作过程 以液压千斤顶为例，它由手动柱塞液压泵、液压缸以及管路等构成一个密封的连通器，见图15-4。它的工作过程分为吸油、压油和放油3个步骤。

（1）吸油 当抬起手柄6，使小活塞7向上移动，活塞下腔密封容积增大形成局部真空时，单向阀9打开，油箱中的油在大气压力的作用下吸入活塞下腔，完成一次吸油动作。

（2）压油　当用力压下手柄时，活塞7下移，其下腔密封容积减小，油压升高，单向阀9关闭，单向阀5打开，油液进入下举升缸下腔，驱动活塞4使重物G上升一段距离，完成一次压油动作。反复地抬、压手柄，就能使油液不断地被压入举升缸，使重物不断升高，达到起重的目的。

（3）放油　如将放油阀2旋转90°，活塞4可以在自重和外力的作用下实现回油。这就是液压千斤顶的工作过程。

从以上的工作过程可以看出，液压传动是以密封容积的变化建立油路内部的压力来传递运动和动力的传动。它先将机械能转换为液体的压力能，再将液体的压力能转换为机械能。

2. 液压传动系统常用的图形符号

为了加强便于学习和交流，国内外都广泛采用液压元件的图形符号（可查阅有关手册）绘制液压系统原理图，如图15－5所示（图中A、B表示出油口，P表示进油口，T表示回油口）。液压传动系统的图形符号脱离元件的具体结构，只表示元件的职能，使系统图简化，原理图简单明了，便于阅读、分析、设计和绘制。按照规定，液压元件图形符号应以元件的静止位置或零位（中位）来表示。

3. 液压系统的优、缺点

（1）优点　①结构紧凑、重量轻，反应速度快；②液压装置易于实现过载保护；③可进行无级变速；④振动小，动作灵敏；⑤可实现低速大扭矩马达直接驱动工作装置，减少中间环节。

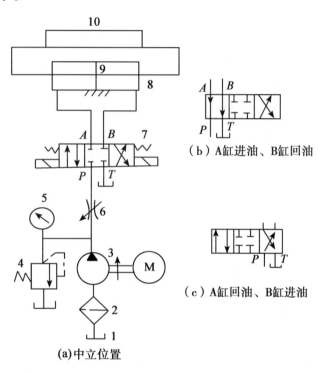

（b）A缸进油、B缸回油

（c）A缸回油、B缸进油

（a）中立位置

图15－5　液压传动系统原理图

1－油箱；2－滤油器；3－液压泵；4－溢流阀；
5－压力表；6－节流阀；7－换向阀；
8－液压缸；9－活塞；10－工作台

（2）缺点　①液压传动故障诊断和维修困难；②液压油容易泄漏；③传动过程中能量损失大效率低，并容易受液压油温度的影响。

二、液压传动系统的组成和功用

液压传动系统一般由动力元件、执行元件、控制调节元件、辅助元件和工作介质5个部分组成。

1. 动力元件

动力元件即液压泵，它是将原动机输入的机械能转换为液压能的装置。其作用是为液压系统提供压力油，它是液压系统的动力源。

2. 执行元件

执行元件是指液压缸和液压马达，它是将液体的压力能转换为机械能的装置，其作用是在压力油的推动下输出力和速度（或力矩和转速），以驱动工作部件。

3. 控制调节元件

控制调节元件是指各种阀类元件，如溢流阀、节流阀、换向阀等。其作用是控制液压系统中油液的压力、流量和方向，以保证执行元件完成预期的工作运动。

4. 辅助元件

辅助元件指油箱、油管、管接头、滤油器、压力表、流量表等。其作用分别是贮油、输油、连接、过滤、测量压力和流量等，以保证系统正常工作。

5. 工作介质

工作介质即传动液体，通常为液压油。其作用是实现运动和动力传递。

三、液压传动系统的主要部件

1. 液压泵

（1）种类 液压泵的种类较多，按结构不同，液压泵可分为柱塞泵、齿轮泵（外啮合和内啮合齿轮泵）、叶片泵、螺杆泵等；按输油方向能否改变可分为单向泵和双向泵；按输出的流量能否调节可分为定量泵和变量泵；按额定压力的高低可分为低压泵、中压泵和高压泵三类。液压泵图形符号见表 15 – 1。

表 15 – 1　液压泵的图形符号

特性 名称	单向定量	双向定量	单向变量	双向变量
液压泵	⌀	⌀	⌀	⌀

（2）齿轮泵工作原理 齿轮泵是液压系统中最常用的液压泵，有内啮合齿轮泵和外啮合齿轮泵两种。外啮合齿轮泵主要由泵体和两个互相啮合转动的齿轮所组成。齿轮的顶圆、端面和泵体及端盖之间的间隙很小。泵体两端和前后端盖封闭的情况下，内部形成密封容腔。容腔分为吸油腔和压油腔，如图 15 – 6 所示。当齿轮在电动机带动下旋转时，一面容腔由于啮合着的轮齿逐渐脱开，把轮齿的槽部让出来，使得这一容腔的容积不断增大，形成了部分真空，从而产生吸油作用。外界油液便在大气压力作用下，由吸油腔吸入泵内。随着齿轮转动，油液填满齿槽空间，并被带到另一面空腔。另一面密封容积腔由于轮齿不断进入啮合，使得容积不断减小，于是形成压油作用，把齿槽空间的油液相继压出泵外。齿轮连续旋转，吸油腔就不断吸油，压油腔也就不断压油。

外啮合齿轮泵结构简单，制造简易，价格低廉，工作可靠，自吸能力强，对油液污染不敏感。但噪声大，且输油量不均。由于压油腔的压力大于吸油腔的压力，使齿轮和轴承受到径向不平衡的液压力作用，易造成磨损和泄漏。齿轮泵多用于低压液压系统（2.5MPa以下）。

2. 液压控制阀

液压控制阀是液压系统的控制元件，用来控制和调节液流方向、压力和流量，从而控制执行元件的运动方向、输出的力或力矩、运动速度、动作顺序，以及限制和调节液压系统的工作压力，防止过载。根据用途和工作特点的不同，控制阀主要分方向控制阀（单向阀、换向阀）、压力控制阀（溢流阀、减压阀、顺序阀等）和流量控制阀（节流阀、调速阀等）。

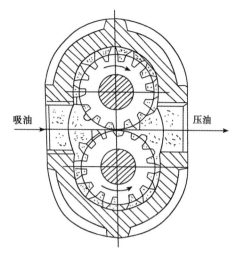

图 15-6　外啮合齿轮泵工作原理图

（1）方向控制阀　用来控制油液流动方向以改变执行机构的运动方向，分为单向阀和换向阀两大类。单向阀的作用是允许油液按一个方向流动，不能反向流动。换向阀的作用是利用阀芯和阀体间相对位置的改变，控制油液流动方向，接通或关闭油路，从而改变液压系统的工作状态。

下面以三位四通阀为例（图 15-7）说明换向阀是如何实现换向的。三位四通换向阀有 3 个工作位置和每个工作位置有 4 个通路口。3 个工作位置就是滑阀在中间以及滑阀移动到左、右两端时的位置，四个通路口即压力油口 P、回油口 O 及通往执行元件两端油口 A 和 B。由于滑阀相对阀体作轴向移动，改变了位置，所以各油口的连接关系就改变了，这就是滑阀式换向阀的换向原理。

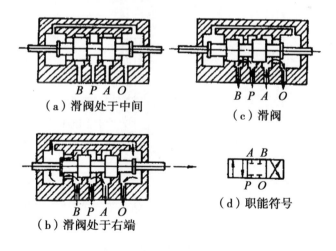

图 15-7　滑阀式换向阀换向原理

换向阀按阀芯的通油口，可分为二通、三通、四通、五通等，表达方法如图 15-8 所示，其中箭头表示通路，一般情况下还表示液流方向。"⊥"和"⊤"与方框的交点表示通路被阀芯堵死。根据改变阀芯位置的操纵方式不同，换向阀可分为手动、机动、电磁、液动和电液动换向阀等，符号如图15-9所示。

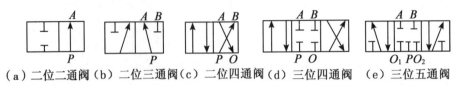

（a）二位二通阀（b）二位三通阀（c）二位四通阀（d）三位四通阀　（e）三位五通阀

图15-8　换向阀的位数和通路符号

（a）手动　（b）机动　（c）电磁　（d）液动　（e）电液动　（f）弹簧　（g）定位

图15-9　换向阀操纵方式符号

（2）压力控制阀　用于控制工作液体压力。常用的压力控制阀有溢流阀、减压阀、顺序阀。溢流阀在液压系统中起溢流和稳压作用，当系统压力超过极限压力时才打开的溢流阀称为安全阀。溢流阀的工作原理是：如图15-10所示，当活塞底部的推力小于弹簧力时，滑阀在弹簧力作用下下移，阀口关闭；当系统压力升高到大于弹簧力时，弹簧压缩，滑阀上移，阀口打开；部分油液流回油箱，限制系统压力继续升高，并使系统压力保持在 $P = F/S$ 的数值。调节弹簧力 F，即可调节液压泵供油压力。

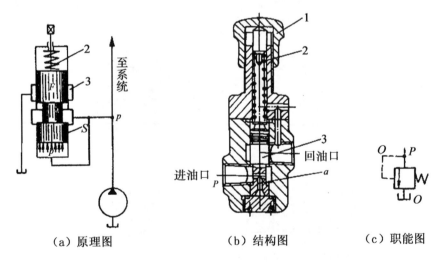

（a）原理图　　　　　（b）结构图　　　　　（c）职能图

图15-10　直动式溢流阀
1-液动；2-电液动；3-弹簧

（3）流量控制阀　流量控制阀是靠改变工作开口的大小来控制通过阀的流量，从而调节执行机构（液压缸或液压马达）运动速度的液压元件。油液流经小孔、狭缝或毛细管时，会遇到阻力，阀口流通面积越小，油液通过时阻力就越大，因而通过的流量就越少。流量控制阀就是利用这个原理制造的。常用的流量控制阀有普通节流阀、调速阀、温度补偿调速阀以及这些阀和单向阀、行程阀的各种组合阀。

普通节流阀的节流口的形式是轴向三角槽式，如图 15-11 所示。油从进油口 P1 流入，经孔 b 和阀芯 1 右端的节流槽 c 进入孔 a，再从出油

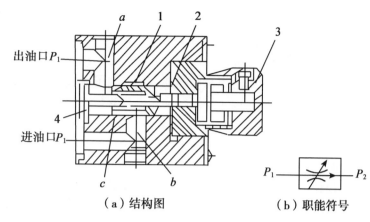

出油口 P_1
进油口 P_1

P_1　　P_2

（a）结构图　　　　　（b）职能符号

图 15-11　普通节流阀
1-阀芯；2-推杆；3-调节手把；4-弹簧

口 P2 流出。调节手把 3 即可利用推杆 2 使阀芯 1 作轴向移动，以改变节流口面积，从而达到调节流量的目的。弹簧 4 的作用是使阀芯 1 始终向右压紧杆 2。

3. 执行元件

液压缸和液压马达都是执行元件，液压缸输出是往复直线运动，液压马达输出是旋转运动。液压缸可以分为活塞式、柱塞式和摆动式 3 种，其中以活塞式应用较多。活塞式液压缸的结构基本可以分为缸筒和缸盖、活塞和活塞杆、密封装置、缓冲装置、排气装置 5 个部分。

四、液压系统回路图的识读方法

1. 查看液压泵，落实油路来源方向；
2. 查看控制阀，确定有多少条回路；
3. 查看油缸的工作方向，注意其所在的回路；
4. 查看其他元件，注意各元件的用途。

五、插秧机液压系统

步进式插秧机液压系统的主要组成：液压泵、油缸、控制阀、控制阀臂、仿形连动臂、液压连动臂、液压手柄及连接钢丝等。

乘坐式插秧机液压系统的主要组成：液压泵、油缸、控制阀、控制阀臂、仿形连动臂、液压连动臂、液压助力系统、液压手柄及连接钢丝、HST 液压无级变速装置（简称 HST）或 HMT 液压齿轮混合变速装置（简称 HMT）等。

它们都是通过液压手柄或者液压仿形控制系统控制液压阀门开闭，从而实现插秧机液压无级变速、液压助力转向、机体或插植部液压升降和液压仿形等。液压手柄通过拉线控制控制阀臂转动从而控制液压阀门开闭，实现液压升降。插秧机使用的液压控制类型主要有手柄拉线控制、中央浮板拉线控制、电液控制等。

（一）液压仿形装置的工作原理

1. 液压仿形插深自动控制系统工作原理

插秧机液压仿形插深自动控制系统的结构如图 6-9 所示，其工作原理：插秧机中浮板与液压仿形油缸的控制阀相连，通过利用浮板与机体之间的相对位置变化，改变控制阀门开关，来控制液压油缸的动作，改变行走轮与机体的位置，使机体与浮板保持一个稳定的相对位置关系，从而达到仿形要求、稳定插秧深度的目的。

中央浮板在液压仿形系统中的作用：插秧机上只有中浮板与液压仿形油缸的控制阀相连，当浮板上下浮动时，带动油压连动臂及油压阀臂转动，控制阀动作，完成机体的自动升降。

插秧机插秧过程中机体的重量分配比例：插秧过程中机体的重量绝大部分由行走轮承担，浮板只承担极少部分重量，以满足浮板的接地压力，保证液压仿形正常起作用。

2. 液压仿形控制拉线的作用与控制原理

液压仿形控制拉线的作用：液压仿形控制拉线处于打开状态时，中浮板的上下浮动能控制液压阀门的操作，油缸运动，保证液压仿形正常起作用；当液压仿形控制拉线处于关闭状态时，中浮板的上下浮动对液压阀不起作用，液压仿形失效。

液压仿形控制拉线的控制原理：当液压仿形控制拉线在"断开"位置时，其前端顶杆受弹簧弹力的作用顶在前面，中浮板前端抬起时不能克服弹簧弹力，使油压阀臂不能向后移动，液压仿形不起作用。而液压手柄操作可克服弹簧弹力，控制液压阀。当液压仿形控制拉线在［连接］位置时，其前端顶杆被拉向后方，使油压阀臂可自由地带动液压控制阀臂处于［上升］、［下降］位置，液压仿形起作用。

液压仿形控制拉线的调整方法：调整液压仿形控制拉线上的调整螺丝，使其张紧程度保证：主离合器放在［连接］位置时；将中浮板向上抬，此时机身应能上升且阀臂应处于［上升］位置；将中浮板放下，机身应下降且阀臂处于［下降］位置。

3. 液压仿形插深自动控制系统工作过程

液压仿形自动插深控制系统是通过利用浮板与机体之间的相对位置变化来控制液压油缸的动作，改变行走轮与机体的位置，使机体与浮板保持一个稳定的相对位置关系，从而达到稳定插秧深度的目的。作业中行走轮随犁底层高低起伏向前运动，在没有液压仿形系统时，插秧机机体也随着犁底层的起伏而出现上下波动，这样所插的秧苗就会有深有浅，有的插得很深，有的甚至插不到土壤中。PF48 型插秧机插秧作业时，液压手柄应处于"下降"位置，让浮板紧贴地面。

（1）遇犁底层不平时，沿大田表面（水平面）运动的浮板就会相对于机体作上下浮动。浮板用一拉杆与油压连动臂连接。当浮板上下浮动时，带动油压连动臂及油压阀臂转动，控制阀动作（基本原理与手柄控制相同），完成机体的自动升降。

（2）如犁底层上凸时［图 15-12a］，行走轮上抬，而此时浮板仍贴于大田水平面，这样浮板与机体的距离就拉大，在浮板与机体的距离拉大的同时，浮板与液压连动臂相连的拉杆向下拉动连动臂（连动臂与液压阀臂之间是一个四杆机构），阀臂（图 15-12）逆时针转动，通过油缸等使机体下降，迅速与浮板（或者说是田间水平面）保持原先的相对固定位置。

（3）反之，犁底层下凹时［图 15-12b］，行走轮下沉，而此时浮板仍贴于大田水平面，这样浮板与机体的距离就缩小，在浮板与机体的距离缩小的同时，浮板与液压连动臂相连的拉杆向上推动连动臂，阀臂（图15－12）顺时针转动，通过油缸等使机体上升，迅速使机体与浮板保持原先的相对固定位置。通过这样不断的调节，达到仿形的目的，实现插秧深度的基本稳定一致。

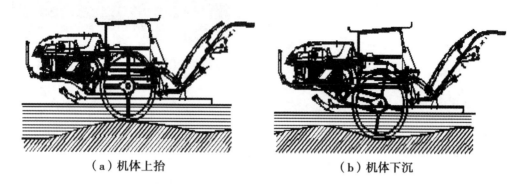

（a）机体上抬　　　　　　　　　　　（b）机体下沉

图15－12　液压仿形插深自动控件示意图

在油压阀臂构件上，有两个长形腰孔，下面一个腰孔为液压钢丝销孔，受液压手柄控制；上面腰孔为液压控制启动钢丝（秧苗支架钢丝）销孔，受主离合器手柄控制。如图15－13所示。

当主离合器手柄在"断开"位置时，液压控制启动钢丝（秧苗支架钢丝）受弹簧弹力的作用顶在前面，中浮板前端抬起时不能克服弹簧弹力，使油压阀臂不能向后移动，液压仿形不起作用。此时将液压手柄置于"上升"位置，液压钢丝带动油压阀臂向后移动，并将液压控制启动钢丝（秧苗支架钢丝）向后收缩，压缩弹簧。因此主离合器手柄在"断开"位置时，液压手柄仍可起作用，液压自动仿形不起作用。当主离合器手柄在"连接"位置时，液压控制启动钢丝（秧苗支架钢丝）被拉向后方，使油压阀臂可自由地带动液压控制阀臂处于"上升"、"下降"位置，液压仿形起作用。

4. 软硬田块液压仿形控制系统

软硬田块液压仿形控制系统的工作原理：由于中浮板与泥面接触，依靠浮板的浮力来控制液压仿形的工作。而田块软硬程度不同，中浮板相对泥面压力反应灵敏度也会变化。通过调节中浮板上液压仿形拉线上的弹簧张力大小，或是调节仿形拉线和液压阀臂移动距离长短，控制浮板相对泥面压力反应的灵敏度，来保证液压仿形的稳定性。

软硬田块液压仿形控制系统的使用方法：如田块软，则应将灵敏度手柄调低，降低中浮板反应灵敏度，延长转臂运动距离，使液压仿形启动缓慢；如田块硬，则相反。

（二）乘坐式插秧机自动平衡（UFO）控制装置

乘坐式插秧机自动平衡（UFO）控制装置主要由倾斜传感器、控制装置、平衡阀或者平衡电机组成，如图15－14所示。其作用是保证机插秧时插植部保持水平。

该装置的工作原理：当插秧机插植部分倾斜时，插秧机的倾斜传感器发出电信号，电信号传递给平衡液压系统的平衡阀，平衡阀控制油路操纵平衡系统油缸，油缸活塞伸出或回缩，控制插植部自动进行平衡。

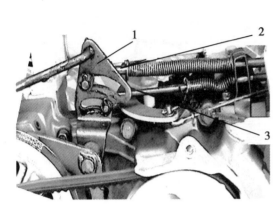

图 15 - 13　仿形控制机构实物照片
1 - 油压；2 - 液压控制启动钢丝；3 - 液压

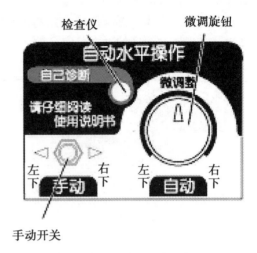

图 15 - 14　自动平衡控制装置

（三）乘坐式插秧机液压转向助力系统

机械液压转向助力系统的主要组成部分有液压泵、控制阀、油缸、油管、压力流体控制阀、V 型传动皮带、储油罐等。可以对转向系统施加辅助作用力，从而使驾驶员能够轻松控制轮胎转向。

液压转向助力系统的工作原理：当插秧机转弯时，方向盘带动转向助力系统控制阀，控制阀控制油缸从中立位置向一侧伸展或回缩，推动插秧机车轮转向。机器转向主要靠油缸推力，而驾驶员只是打开控制阀，操作轻便。

（四）皮带无级变速

皮带无级变速装置主要由高功率橡胶皮带、可变直径输入"驱动"皮带轮、可变直径输出"从动"皮带轮、附属联动调整机构等组成，如图 15 - 15 所示。该装置中当一个可变直径皮带轮的半径增加时，另一个可变直径皮带轮的半径将减小以保持皮带紧绷。随着两个皮带轮改变它们相互的半径，将产生无数个传动比——从低到高的所有值。如移动主动皮带盘一侧盘体的位置来降低主动皮带轮的直径，此时减

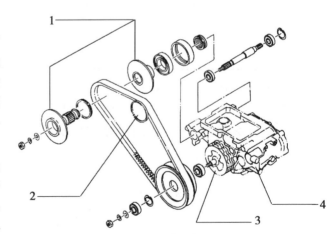

图 15 - 15　皮带无级变速构造
1 - 主动皮带盘；2 - 张紧轮；
3 - 主离合器；4 - 主变速箱

速比增大，从动盘转速变小；反之直径变大，减速比变小，转速变大。该装置一般由副

变速手柄来操纵，手柄操作时，一定要在发动机工作状态下进行，并且皮带张紧轮必须有效张紧。所以一般情况下，它传递的功率不大于55kW，传动效率为0.8～0.9。该装置的主要缺点是机构体积大，无法实现零速启动，变速范围相对较小。

（五）HST 液压无级变速装置

HST 液压无极变速装置主要由输油泵、变量柱塞泵、液压马达、油冷器、液压油滤清器、补充泵、高低压安全止回阀等组成。变量柱塞泵和液压马达是 HST 是液压无级变速装置中的主要部件。变量柱塞泵由发动机飞轮端皮带轮驱动，其流量随配流盘角度的变化而改变。而配流盘角度受主变速手柄控制。变量柱塞泵吸入低压油，排出高压油，将机械能转化为液压能；而液压马达则吸入高压油，排出低压油，将液压能还原为机械能，并通过输出轴将扭矩传递给行走系统。输油泵（补油泵）在行走中立、减速慢行和空挡位置时起冷却油泵的作用，而在加速换挡时向油泵、油马达内部循环补充液压油。

液压马达按照工作原理可分节流无级变速和容积无级变速两类。前者是通过调节节流元件流通面积的大小来调节液压马达的转速；后者是通过变换变量泵或液压马达的排量来调节液压马达的转速。液压无级变速操纵控制方便，易实现过载保护，但传动效率低，仅为70%左右。

液压马达是液压传动中的一种执行元件。它的功能是把液体的压力能转换为机械能以驱动工作部件。它与液压泵的功能恰恰相反。液压马达在结构、分类和工作原理上与液压泵大致相同。有些液压泵也可直接用作为液压马达。但是，由于液压马达和液压泵的工作条件不同，对它们的性能要求也不一样，所以同类型的液压马达和液压泵之间，仍存在许多差别。首先液压马达应能够正、反转，因而要求其内部结构对称；液压马达的转速范围需要足够大，特别对它的最低稳定转速有一定的要求。因此，它通常都采用滚动轴承或静压滑动轴承；其次液压马达由于在输入压力油条件下工作，因而不必具备自吸能力，但需要一定的初始密封性，才能提供必要的启动转矩。

1. 液压马达的特点及分类

液压马达按其结构类型来分可以分为齿轮式、叶片式、柱塞式和其他型式。按液压马达的额定转速分为高速和低速两大类。额定转速高于 500r/min 的属于高速液压马达，额定转速低于 500r/min 的属于低速液压马达。高速液压马达的基本型式有齿轮式、螺杆式、叶片式和轴向柱塞式等。它们的主要特点是转速较高、转动惯量小，便于启动和制动，调节（调速及换向）灵敏度高。通常高速液压马达输出转矩不大所以又称为高速小转矩液压马达。低速液压马达的基本型式是径向柱塞式，此外，在轴向柱塞式、叶片式和齿轮式中也有低速的结构型式，低速液压马达的主要特点是排量大、体积大转速低（有时可达每分钟几转甚至零点几转），因此可直接与工作机构连接，不需要减速装置，使传动机构大为简化，通常低速液压马达输出转矩较大，所以又称为低速大转矩液压马达。目前乘坐式插秧机上常用的是轴向柱塞式液压马达，如图 15 – 16 所示。

2. 轴向柱塞式液压马达的工作原理

轴向柱塞式液压马达工作时斜盘和配油盘固定不动，柱塞可在缸体的孔内移动。斜盘中心线和缸体中心线相交一个倾角 δ。高压油经配油盘的窗口进入缸体的柱塞孔时，高压腔的柱塞被顶出，压在斜盘上。斜盘对柱塞的反作用力 F 分解为轴向分力 Fx 和垂

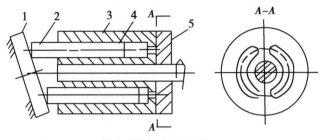

轴向柱塞马达原理图

图 15 – 16　HST 液压无级变速机构机构示意图
1 – 料盘；2 – 柱塞；3 – 缸体；4 – 轴；5 – 配油盘

直分力 Fy。Fx 与作用在柱塞上的液压力平衡，Fy 则产生使缸体发生旋转的转矩，带动输出轴转动。液压马达产生的转矩应为所有处于高压腔的柱塞产生的转矩之和，随着柱塞与斜盘之间夹角的变化，每个柱塞产生的转矩是变化的，液压马达对外输出的总的转矩也是脉动的。若改变马达压力油输入方向，则可改变输出轴旋转方向。同时斜盘倾角 δ 的改变、即排量的变化，不仅影响马达的转矩，而且影响它的转速和转向。斜盘倾角越大，产生转矩越大，转速越低。

（六）HMT 液压齿轮混合变速装置

虽然 HST 液压变速装置能够实现无级变速，但传动效率偏低，而皮带无级变速机构虽然传动效率较高，但无法实现零速启动，针对 HST 液压变速装置和皮带无级变速装置的缺点，将 HST 液压变速装置和行星齿轮变速装置组合起来，形成了 HMT 液压齿轮混合变速装置。该装置主要由 HST 液压变速系统，行星齿轮系，输入装置、输出装置等组成，如图 15 – 17 所示。通过 HST 液压无级变速装置来改变太阳轮（中心轮）和行星齿轮之间的转速比，从而改变最终内齿轮的输出转速。该装置不仅实现无级变速、零速启动，而且传动效率可达到 85% 左右，基本接近齿轮传动的效率，比 HST 液压变速装置有了很大提高。

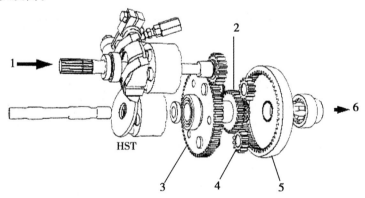

图 15 – 17　HMT 液压齿轮混合变速机构构造
1 – 来自发动机的输入；2 – 中心轮；3 – 行星齿轮驱动轮；
4 – 行星齿轮；5 – 内齿轮；6 – 到插秧机行走部

工作时,发动机的一部分动力经 HST 液压变速装置传送到行星齿轮系的太阳轮(中心轮)上,发动机的另一部分动力传送到行星齿轮系的行星齿轮上,这两部分动力经过行星齿轮系变速后由内齿轮输出。这样通过 HST 液压变速装置可以改变太阳轮(中心轮)和行星齿轮之间的转速比,从而改变最终内齿轮的输出转速。HST 液压变速装置转速最高时,输出转速最低,HST 液压变速装置转速最低时,输出转速最高。

六、液压系统常见故障的种类及原因

1. 液压仿形提升缓慢故障的原因

(1)机油路不畅。

(2)液压仿形控制钢丝调整过松或液压仿形控制连接装置变形,浮板上台时,液压控制阀臂没有运动到位,油缸工作不畅。

2. 液压仿形下降缓慢故障的原因

(1)机油路不畅。

(2)液压仿形控制钢丝调整过紧或液压仿形控制连接装置变形,浮板下降时,液压控制阀臂没有运动到位,油缸工作不畅。

3. 液压提升系统提升缓慢故障的原因

(1)机油路不畅。机油滤清器被堵,液压泵运行不畅。

(2)液压拉线太松,控制阀不到位。

4. 液压提升系统下降缓慢故障的原因

(1)齿轮箱机油太脏,液压缸油路不畅。清洗滤清器,更换机油。

(2)液压拉线太紧,控制阀不到位。调整液压拉线到适合程度。

操作技能

一、液压仿形提升缓慢故障的诊断与排除

1. 故障诊断

启动发动机,将挡位置于［中立］,主离合器手柄处于［结合］位置,液压手柄处于［下降］位置,踩踏中央浮板后部,使前部翘起,插秧机上升缓慢。

2. 故障排除

(1)挡位［中立］,启动发动机,主离合器"结合",插植离合器"分离",液压手柄处于［下降］位置,油门为满油门状态。

(2)放平插秧机,用脚踩主浮板后端,使前端升起,听液压泵工作声音,查看插秧机是否同步升起,升起速度是否在正常范围;如液压泵工作声音过大,则检查液压油是否过于黏稠。如是则应清洗油路和滤清器,或更换机油。

(3)如液压泵工作声音正常,上升缓慢则调短液压仿形控制拉线。

(4)检查液压仿形控制连接装置是否变形,若是则应拆下矫正或更换新件。

二、液压仿形下降缓慢故障的诊断与排除

1. 故障诊断

启动发动机，将挡位置于［中立］，主离合器手柄处于［结合］位置，液压手柄处于［下降］位置，踩踏中央浮板后部，使前部翘起，插秧机上升到顶点后，松开中央浮板，机体下降缓慢。

2. 故障排除

（1）挡位［中立］，启动发动机，主离合器"结合"，插植离合器"分离"，液压手柄处于［下降］位置，油门为满油门状态。

（2）放平插秧机，使用液压手柄将插秧机升至最高位置，松开浮板后端，使前端下降，再将液压手柄置于［下降］位置，检查下降速度，如缓慢则检查机油路是否畅通、液压缸和侧支架是否间隙过紧。

（3）如机油路不畅通，则应清洗油路和滤清器，或更换机油。

（4）如间隙过紧，则调整间隙符合技术要求。

（5）如间隙正常，则调长液压仿形控制拉线。

（6）检查液压仿形控制连接装置是否变形，若是则应拆下矫正或更换新件。

三、液压提升系统提升缓慢故障的诊断与排除

1. 故障诊断

启动发动机，将液压手柄处于［上升］位置，机体上升缓慢。

2. 故障排除

（1）机油路不畅。清洗滤清器和机油路，更换机油。

（2）液压拉线太松，控制阀不到位。调整液压拉线到适合程度。

四、液压提升系统下降缓慢故障的诊断与排除

1. 故障诊断

启动发动机，将液压手柄处于［上升］位置，机体上升至顶点后，将液压手柄处于［下降］位置，机体下降缓慢。

2. 故障排除

（1）机油路不畅。清洗滤清器和机油路，更换机油。

（2）液压拉线太紧，控制阀不到位。调整液压拉线到适合程度。

五、识读插秧机液压回路图

1. 说出插秧机基本液压回路图上符号、图形的含义。

2. 说出图上各液压部件在插秧机上的基本位置。

3. 对照液压回部路图说出各部液压回路的路线。

4. 按照液压油箱→滤芯→油管→机油泵→控制阀→油缸的顺序查看液压回路。

第五节　诊断与排除电气系统故障

相关知识

一、电路图中元件的图形符号

电子设备中有各种各样的图。能够说明它们工作原理的是电路原理图，简称电路图。电路图有两种，一种是说明模拟电子电路工作原理的。它用各种图形符号表示电阻器、电容器、开关、晶体管等实物，用线条把元器件和单元电路按工作原理的关系连接起来。这种图长期以来就一直被叫作电路图。另一种是说明数字电子电路工作原理的。它用各种图形符号表示门、触发器和各种逻辑部件，用线条把它们按逻辑关系连接起来，它是用来说明各个逻辑单元之间的逻辑关系和整机的逻辑功能的。为了和模拟电路的电路图区别开来，就把这种图叫作逻辑电路图，简称逻辑图。除了这两种图外，常用的还有方框图。它用一个框表示电路的一部分，它能简洁明了地说明电路各部分的关系和整机的工作原理。电路图中常用元件的图形符号简介如下。

1. 电阻器与电位器

符号详见图 15 − 18，其中：（a）表示一般的阻值固定的电阻器，（b）表示半可调或微调电阻器；（c）表示电位器；（d）表示带开关的电位器。电阻器的文字符号是 R，电位器是 RP，即在 R 的后面再加一个说明它有调节功能的字符 P。特殊电阻器的符号查阅有关手册。

2. 电容器

详见图 15 − 19，其中：（a）表示容量固定的电容器；（b）表示有极性电容器，例如各种电解电容器；（c）表示容量可调的可变电容器。电容器的文字符号是 C。

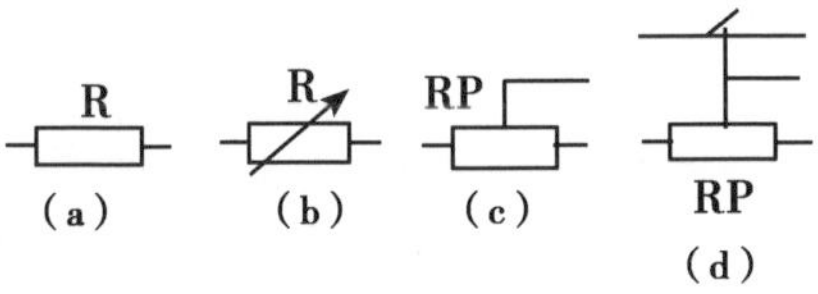

图 15 − 18　电阻器与电位器符号图 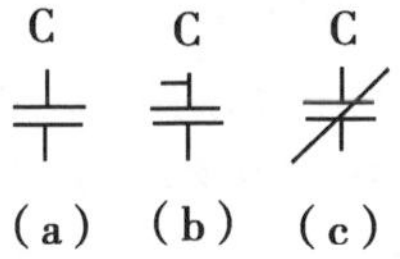　　图 15 − 19　电容器符号图

3. 电感器

电感线圈在电路图中的图形符号见图 15 − 20，其中：（a）是电感线圈的一般符号，（b）是带磁芯或铁芯的线圈。电感线圈的文字符号是 L。

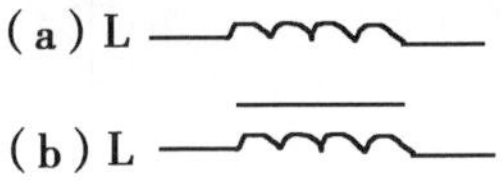

图 15 − 20　电感线圈符号图 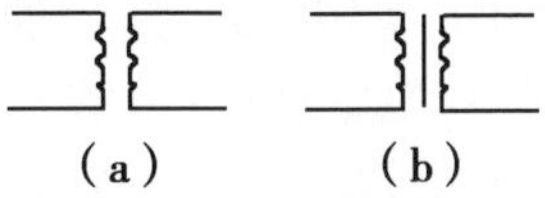　　图 15 − 21　变压器符号图

4. 变压器

见图 15-21，其中：（a）是空芯变压器，（b）是磁芯或铁芯变压器。

5. 灯泡

灯泡的电路的符号是—⊗—。

6. 扬声器

扬声器是把电信号转换成声音的换能元件。扬声器的符号是 ⊏□—。

7. 开关

开关的作用是用于电路的接通、断开或转换。在机电式开关中至少有一个动触点和一个静触点。当我们用手扳动、推动或是旋转开关的机构，就可以使动触点和静触点接通或者断开，达到接通或断开电路的目的。动触点和静触点组合一般有 3 种：①动合（常开）触点，符号见图 15-22（a）；②动断（常闭）触点，符号见图 15-22（b）；③动换（转换）触点，符号见图 15-22（c）。一个最简单的开关只有一组触点，而复杂的开关就有好几组触点。

开关在电路图中的图形符号见图 15-23，其中：（a）表示一般手动开关；（b）表示按钮开关，带一个动断触点；（c）表示推拉式开关，带一组转换触点；图中把扳键画在触点下方表示推拉的动作；开关的文字符号用 S 表示，对控制开关、波段开关可以用 SA 表示，对按钮式开关可以用 SB 表示。

图 15-22　动、静触点组合的图形符号　　图 15-23　开关的图形符号

8. 电池和熔断器

电池的图形符号见图 15-24（a）。长线表示正极，短线表示负极，有时为了强调可以把短线画得粗一些。图 15-24（b）表示一个电池组。图 15-24（c）是光电池的图形符号。电池的文字符号为 GB。熔断器的图形符号见图 15-24（d），它的文字符号是 FU。

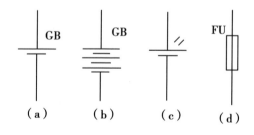

图 15-24　电池及熔断器符号图

9. 二极管和三极管

半导体二极管在电路图中的图形符号见图 15-25，其中：（a）为一段二极管的符号，箭头所指的方向就是电流流动的方向，就是说在这个二级管上端接正极，下端接负电压时它就能导通；（b）是稳压二极管符号。二极管的文字符号用 V 表示，有时为了和三极管区别，也

图 15-25　半导体二极管图形符号

可能用 VD 来表示。

　　由于 PNP 型和 NPN 型三极管在使用时对电源的极性要求是不同的，如图 15－26，所以在三极管的图形符号中应该能够区别和表示出来。图形符号的标准规定：只要是 PNP 型三极管，不管它是用锗材料的还是用硅材料的，都用（a）来表示。同样，只要是 NPN 型三极管，不管它是用锗材料还是硅材料的，都用（b）来表示。（c）是光敏三极管的符号。（d）表示一个硅 NPN 型磁敏三极管。

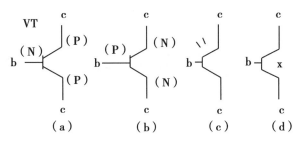

图 15－26　三极管符号图

二、插秧机电气系统主要部件组成及工作原理

（一）硅整流发电机

1. 组成

　　硅整流交流发电机主要由定子、转子、整流器和机壳等组成，如图 15－27 所示。定子由定子铁芯和三相定子绕组构成，三相绕组的首端分别与元件板和后端上的硅二极管相接。转子是发电机的磁场部分，主要由激磁绕组、磁极、滑环和转子轴组成。磁极压装在轴上，激磁绕组的两条引线分别接在与转子轴绝缘的两碳刷上。滑环是两个彼此绝缘的铜环，与装在碳刷端盖上的两碳刷接触，并用导线引到发电机外部。整流器由六只硅二极管构成，三只外壳为负极的管子装在后端盖上，另外三只外壳为正极的管子装在元件板上，元件板的一根引线接到发电机电枢接线柱上，为发电机正极。

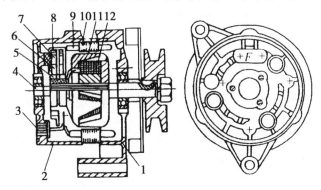

图 15－27　硅整流交流发电机结构示意图

1－前盖；2－后盖；3－硅整流器；4－转子轴；5－集电环；6－电刷；7－电刷架；
8－电刷弹簧；9－定子绕组；10－定子铁芯；11－磁极；12－激磁绕组

2. 工作原理

　　如图 15－28 所示，当发动机带动发电机转子线圈旋转时，转子线圈产生磁力线，切割定子的三相绕组，在绕组中产生大小和方向按一定规律变化的感应电动势，通过硅整流二极管，当正极电位高于负极电位，硅整流二极管导通，当正极电位低于负极电

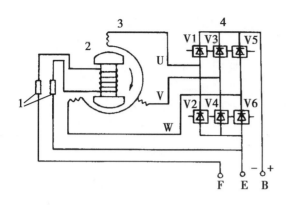

图 15 – 28　硅整流交流发电动机工作原理图
1 – 滑环电刷；2 – 转子；3 – 定子；4 – 整流器

位时，二极管截止，即不导通，这样发电机输出的电流只有一个方向，使交流电变为直流电。发动机在启动和低速运转时，硅整流发电机激磁线圈的电流是靠蓄电池供应的，随着转速的升高，发电机输出的电压升高，当发电机电压高于或等于蓄电池电压时，发电机便开始向激磁线圈供电，实现自激。为保持发电机输出电压的稳定，硅整流发电机的磁场绕组接调节器的磁场接线柱，再由调节器的"＋"接线柱与电源开关相连。

有的插秧机配备了并激式直流发电机，并激式直流发电机由发电机壳、电枢、电刷和整流子等组成。其相应的直流发电机调节器作用是限制其输出最高电压、输出电流和防止蓄电池电压高于发电机时向发电机放电。

（二）　电压调节器

1. 电压调节器的功用

电压调节器是稳定发电机输出电压的装置，其功用是自动调节和控制发电机输出电压在一定范围内，不随发电机转速的升高而升高，避免因电压过高而损坏用电设备。

2. 电压调节器的工作原理

发电机输出电压的高低，主要取决于发电机的转速和励磁电流的大小。发电机转速是由发动机转速决定，因此，只能改变发电机励磁电流来稳定其输出电压。电压调节器就是根据这个原理设计的。虽然它调节和控制的是发电机的励磁电流，实际上是稳定了发电机的输出电压。

（三）　启动电动机

1. 组成

启动电动机一般由直流电动机、传动机构、控制机构三部分组成。启动机和蓄电池组成乘坐式插秧机发动机启动系统。

（1）直流电动机　该机主要由电枢、磁极、端盖、机壳和电刷及刷架组成。电枢由电枢轴、电枢铁芯、电枢绕组和换向器组成，其作用是产生电磁转矩。磁极由铁芯和线圈组成，固定在机壳上，作用是产生磁场。端盖用于支承电枢轴，并与机壳一起密封机体。电刷固定于刷架后再安装在前端盖上，作用是引导电流。

（2）传动机构　传动机构由驱动齿轮、单向离合器、拨叉、啮合弹簧等组成。作用：启动时，使驱动齿轮沿启动机轴移出，与飞轮啮合，将直流电动机的电磁转矩传递给发动机的曲轴；启动后，当发动机的飞轮带着驱动机构高速旋转时，使驱动齿轮与飞轮大齿圈自动脱开，防止启动机超速。

（3）控制机构（又称电磁啮合机构）　安装在起动机的上部，主要包括吸拉线圈、保持线圈、静触点、动触盘和衔铁、铁芯等，用来控制起动机主电路的通、断，并控制传动机构的工作。

2. 工作原理

如图 15-29 所示，启动时，启动开关闭合，接通启动电路，其电路：蓄电池的正极—启动开关—电磁开关接线柱 S 端，此时电流分为两路。一路：S 端→吸拉线圈→M端→激磁线圈→绝缘碳刷→换向器→搭铁碳刷→蓄电池负极；另一路：S 端→保持线圈→搭铁→蓄电池负极。此时保持线圈和吸拉线圈均有电流通过，所产生的磁场力方向也一致。并使铁芯克服回位弹簧的弹力，带动触片向左移动，同时通过拉杆把小齿轮推向发动机飞轮齿圈。由于电动机是与吸拉线圈连成回路的，所以电枢线圈通入了小电流而使电枢轴慢慢转动；使小齿轮边旋转边移动。确保和飞轮齿圈较柔和地啮合。当小齿轮和飞轮齿圈完全啮合时，动触点和定触点接触，大电流经激磁线圈和电枢线圈，使电动机全力带动柴油机飞轮旋转。这时吸拉线圈被短路失去作用，只有保持线圈使电磁开关保持闭合。

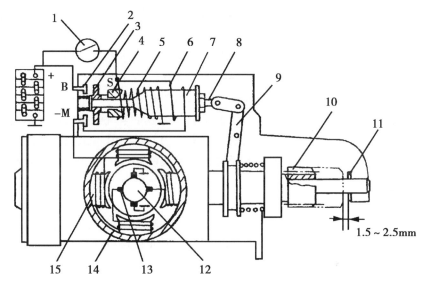

图 15-29　启动电动机工作原理图

1-启动开关；2-静触点；3-动触点；4-衔铁；5-保持线圈；
6-吸拉线圈；7-铁芯；8-拉杆；9-拨叉杆；10-驱动齿轮；
11-限位圈；12-电枢；13-电刷；14-外壳；15-磁极

发动机启动后，松开启动开关，线路断开，在最初瞬间，电流从蓄电池正极→定、动触片→吸拉线圈→保持线圈→搭铁→蓄电池负极。此时吸拉线圈流入了反向电流，使吸拉线圈与保持线圈所产生的磁场力相互抵消，铁芯在回位弹簧的作用下复位，同时带动小齿轮复位（退出啮合），动触点和静触点分开，切断了启动机的主电路，电动机停止工作。

三、插秧机取苗报警电子装置

在插秧机载秧台每一行的靠下位置有一苗条开关，它关联着一个常闭触点。当载秧台上没有秧苗上或秧苗过少时，苗条开关是弹出的，常闭触点闭合，取苗报警电路连通，取苗报警灯闪烁，报警蜂鸣器鸣叫，提醒用户补苗；当载秧台上秧苗充足时，苗条开关被秧苗压下，常闭触点断开，取苗报警电路切断，取苗报警灯和报警蜂鸣器停止工作，用户可以进行插秧作业。

四、插秧机电路图识读方法

插秧机电路图的识读方法：查找电路时，要从基本电路入手。一般从电源开始，沿着工作电流的流向查向用电设备，即按照电源→火线→熔断器→继电器或开关→电器设备→搭铁→电源的顺序进行。也可以从用电设备开始，逆着工作电流的流向，查向电源。要注意开关、继电器的初始状态，在电路图中，各种开关、继电器都是按照初始位置画出的，但是识读时必须不断分析电器设备工作状态的变化。

读图时：首先应查看电源部分的充电电路，该电路是其他各电路的公用电源。

其次，查看开关部分与电源部分的连接方法。电源开关是电源通往其他各基本电路的总开关，电源开关均用一根导线接到电源的正接线柱上。电源开关与其他基本电路用电设备的连接方式有两种：一是通过分电路的"分开关"相连；二是通过保险装置与"分开关"相连。

在插秧机上检查具体电气线路时，首先要熟悉各个电器在插秧机上的安装位置。其次要将各基本电路中各电器间的连接导线梳理清楚。由于导线都汇合成线束，只要根据导线的颜色或线号，分清线束的各抽头与什么电器相连即可。第三，各基本电路中的开关或仪表大多集中装在驾驶台附近的仪表盘上，组成了电气电路的控制枢纽，因此要熟悉仪表盘的接线。仪表盘上的接线和抽头很多，但与某一基本电路有关的只有 1~2 个。从各基本电路入手，分清仪表盘上各开关、各抽头的接线关系，就可以弄清电路了。

五、插秧机电气系统故障的分析方法

电气系统出现故障时，要对照线路图、电线序号或颜色，从电源到负载或从负载到电源的顺序进行认真检查分析，确定故障部位。农业机械电气系统故障检查方法通常用以下几种。

1. 观察法

这种方法比较直观，沿着线路寻找故障点，这种方法对明显的故障很易解决。如触点问题，接头连接问题，灯泡丝断，保险丝断等。

2. 短接法

将串联在电路中的某一控制元件两端用导线连接在一起，使其短路，可以检查被短接的元件是否断路。一般用于触点、开关、电流表和保险丝等。

3. 划火法

用一根导线，将与火线连接的导线在机体上划擦，观察有无火花及火花的大小。一般由负载端开始，沿线路每一接头触点擦划，擦划到有火，则说明故障在这以后的元件或线路上。须注意的是，为了避免大电流将保险丝烧断，擦划动作要快，划火导线直径应小于1mm。另外，发动机工作时，不能用划火法划火，以免损坏发电机整流元件。

4. 试灯法

将一12V灯泡焊出一根搭铁极和一根1m左右长的导线，导线沿电源端按被查线路的接线顺序分别与各接点相触。灯亮说明通路，不亮说明断路。用试灯法检查电路有两种方法，一种是并联法，与划火法相同，只是导线换成灯。另一种方法是串联法，将试灯串联在线路中。可以根据亮度，检查线路电阻和故障。用试灯法不会造成短路现象，所以对用电设备无损坏，比较安全。

5. 万用表法

用万用表测量设备和线路的电阻，以及各接点的电压值，判断故障比较准确。测量电阻一般用"R×1"挡或"R×10"挡即可，测量前要校正万用表。

六、插秧机电气系统常见故障的种类及原因

电气系统出现故障时，要对照线路图，认真分析，确定故障部位，予以排除。一般方法是：先检查保险丝盒中的保险丝是否烧断，接线处是否松动或接触不良。在保险丝、接线和蓄电池都良好的情况下，再根据插秧机线路图，用万用表等对线路的通断进行逐点检查，找出故障的部位和原因。

1. 高压线圈损坏故障的原因

高压线圈受潮，绝缘下降，电压过高而烧断等。

2. 启动开关接触不良故障的原因

启动开关连接螺钉松动，触点弹力下降，接触不良可能会导致：

3. 取苗报警常响的故障的原因

取苗报警常响的故障原因：载秧台靠下位置的苗条开关与一个常闭触点相关联，苗条开关被压下时常闭触点断开，苗条开关弹回原位时常闭触点复位。当这一关联失效时，无论载秧台上有无秧苗（即无论苗条开关是被压下还是弹出），常闭触点均闭合，取苗报警电路保持接通状态，从而导致取苗报警常响。

4. 蓄电池极板硫化的故障的原因

蓄电池极板硫化的故障症状：（1）正常放电时，电池的容量显著下降；（2）电解液比重比其他电池低；（3）充电时，电压上升快，放电时，电压却迅速下降；（4）极板表面有一层白色结晶，手指触摸极板可摸到大的结晶颗粒。

5. 充电电流过小、过大或不充电故障的原因

（1）充电电流过小　各连接线接头松动；发电机发电量小，可能是电机风扇皮带打滑，电刷与滑环接触不良，定子绕组有一相连接不良或断开等。

（2）充电电流过大　调节器调阻值过高，可能是调整不当或接触不良；调节器不工作，可能是其电磁线圈断路或短路、低速触点烧结、加速电阻或温度补偿电阻烧断等。

（3）不充电　不充电可能是调节器或发电机出了故障。

操作技能

一、高压线圈损坏故障的诊断与排除

1. 故障诊断

发动机无法启动或工作时突然熄火，将火花塞搭铁，无火花出现。

2. 故障排除

（1）拆下高压线圈，用万用表测量高压线圈的电阻。

（2）若线圈电阻无穷大，则说明线圈断路。

（3）应剥开线圈外包的绝缘层，拆出引出线，直到拆到断头为止。

（4）如断头靠近外表，且拆下引出线层不多的，可重新接好引出线再用。

（5）如断头接近内部的，则应更换线圈。

（6）若线圈电阻无穷小，则说明线圈短路，应更换线圈。

二、启动开关接触不良故障的诊断与排除

1. 故障诊断

启动开关拨至［开］位置且载秧台无秧苗时，补苗警报灯不亮、取苗报警蜂鸣器不响，喇叭、前照灯、转向灯均无法工作；启动开关拨至［启动］位置时发动机无法启动；已经启动的发动机在启动开关拨至［关］位置时无法熄火；工作时突然熄火。

2. 故障排除

（1）将启动开关拆下，使用万用表对启动开关在不同位置时各端子间的电阻进行测试。

（2）当开关在［关］的位置时各电路均断开；开关在［开］的位置时燃料阀电路接通；开关在［启动］位置时启动电机电路接通。

（3）若以上开关各位置的电路电阻值异常，则应检查启动开关与相应电路间的连接是否正常。

三、取苗报警常响的故障的诊断与排除

1. 故障诊断

取苗报警常响故障现象：无论秧箱中有无秧苗，取苗报警一直鸣响。

2. 故障排除

（1）首先检查单元离合器开关是否出现故障，是否被泥土堵塞。

（2）再检查蜂鸣器停止开关是否出现故障。

（3）在排除以上两点后，应检查与苗条开关相关联的常闭触点。

（4）用万用表测量常闭触点两端的电阻。

（5）若在压下苗条开关的情况下万用表显示电阻无穷小，则说明苗条开关与常闭触点间的关联失效，应使其重新关联。

四、蓄电池极板硫化故障的诊断与排除

1. 故障诊断

（1）正常放电时，电池的容量显著下降；（2）电解液比重比其他电池低；（3）充电时，电压上升快，放电时，电压却迅速下降；（4）极板表面有一层白色结晶，手指触摸极板可摸到大的结晶颗粒。

2. 故障排除

（1）若极板硫化程度较轻，可采用正常充电率一半的电流连续充电，充至电压和电解液密度达到最大值，再继续充电，当电压和电解液密度不再变化时即消除了极板的硫化；

（2）若极板硫化程度较重，则必须更换极板。

五、充电电流过小、过大或不充电的故障诊断与排除

1. 充电电流过小的故障诊断与排除

先检查风扇皮带有无松弛打滑现象。若正常，则拆除发电机"F"与调节器"F"接线柱之间的连接，使发动机中速运转，用旋具将发电机"+"与发电机"F"接线柱短接。若充电量增大，说明可能是调节器低速触点烧蚀、脏污或调整电压过低，应分别检查排除。若充电量仍过小，则说明发电机有故障应拆修。

2. 充电电流过大的故障诊断与排除

先检查调节器低速触点是否烧结而不能张开，高速触点是否烧蚀而接触不良。再检查电磁铁芯的吸力，发动机做中速转动，用旋具尖接触活动触点臂，试探电磁吸力，若无吸力，可能是电磁线圈烧断，调节器内的电阻烧断或接地不良；若有吸力，则可能是调节器活动触点臂拉簧过紧，导致调节电压过高，应重新校正。

3. 不充电的故障诊断与排除

启动发动机，在怠速状态，用导线短接调节器电源和磁场接线柱，看电流表有无反应。慢加油门，提高转速若有充电电流，说明调节器损坏，应更换调节器；若仍无充电电流，说明线路不良或发电机损坏，应检查线路或修理发电机。

六、识读插秧机电路图

1. 说出电路图上符号、图形的含义。
2. 说出图上各电器设备在插秧机上的基本位置。
3. 对照电路图说出各电路的回路。
4. 按照电源→导线→开关→保险装置→用电设备的顺序查看电路。

第十六章　技术维护与修理

第一节　定期保养

相关知识

一、公差与配合基本知识

1. 基本术语及定义

（1）基本尺寸　指设计给定的尺寸。

（2）实际尺寸　指通过测量所得的尺寸。

（3）极限尺寸　指允许尺寸变化范围的两个界限值。以基本尺寸为准，其中，最大的边界尺寸叫最大极限尺寸，最小的边界尺寸叫最小极限尺寸。

（4）尺寸偏差（简称偏差）　极限尺寸与基本尺寸的代数差叫尺寸偏差。最大极限尺寸减去基本尺寸所得的代数差，叫上偏差（孔的上偏差用大写字母 ES 表示，轴的上偏差用小写字母 es 表示）；最小极限尺寸减去基本尺寸之代数差叫下偏差（孔的下偏差用大写字母 EI 表示，轴的下偏差用小写字母 ei 表示）。

（5）尺寸公差（简称公差）　尺寸的允许变动量称为尺寸公差。公差等于最大极限尺寸减去最小极限尺寸的代数差的绝对值。

（6）尺寸公差带图（简称公差带）　由代表上、下偏差的两条直线所限定的一个区域叫公差带。公差带是限制尺寸变动量的区域。公差带图以零线表示基本尺寸线为基准，在零线以上的所有偏差均为正值，在零线以下的所有偏差均为负值。如图 16 - 1 表示。

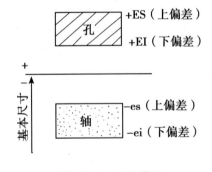

图 16 - 1　公差带图

2. 配合

基本尺寸相同，相互结合的孔和轴公差带之间的关系叫配合。配合有间隙配合、过盈配合和过渡配合 3 种类型。

（1）间隙配合　孔和轴配合时，孔的最小极限尺寸总是大于轴的最大极限尺寸，孔轴之间总有间隙的配合，称为间隙配合。

（2）过盈配合　孔和轴配合时，孔的最大极限尺寸总是小于或等于轴的最小极限尺寸的配合，称为过盈配合。

（3）过渡配合　孔和轴配合时，孔轴之间可能具有间隙，也可能具有过盈的配合，称为过渡配合。

3. 配合基准制

国家标准对组成三种配合类型的原则规定了两种配合制度，即基孔制和基轴制。

（1）基孔制 指以孔为基准件，使基本偏差一定的孔的公差带，和若干个基本偏差不同的轴的公差带形成各种配合的一种制度。

（2）基轴制 指以轴为基准件，使基本偏差为一定的轴的公差带，和若干个基本偏差不同的孔的公差带形成各种配合的一种制度。

4. 标准公差与基本偏差

（1）标准公差系列 国家标准规定的用以确定公差带大小的任一公差叫标准公差。它的大小与公差等级和基本尺寸有关，即同一标准公差等级，基本尺寸愈大，允许误差值愈大；基本尺寸愈小，允许误差值愈小。公差等级是确定尺寸精确程度的等级。国家标准规定公差分为 20 级，即 IT01、IT0、IT1、IT2…IT18，其中 IT01 级为最高级，依次降低，IT18 级为最低级。

（2）基本偏差系列 标准公差只能决定公差带在垂直于零线方向的宽度，即实际尺寸的变化范围，不能决定尺寸公差位置。基本偏差是确定公差带相对于零线位置的上偏差或下偏差，一般靠近零线的那个偏差。

基本偏差的代号用拉丁字母表示，大写代表孔的基本偏差，小写代表轴的基本偏差。孔轴基本偏差分别为 28 个。各基本偏差所确定的公差带位置，如图 16 – 2 所示。

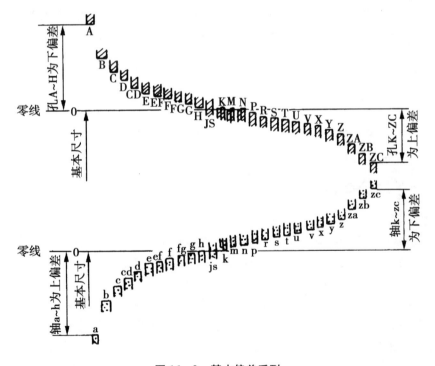

图 16 – 2 基本偏差系列

5. 公差与配合的标注方法

（1）零件图公差的标注方法 在零件图中，公差的标注有 3 种形式，如图 16 – 3 所示。①在基本尺寸后面只标注公差带代号，如图 16 – 3（a）所示。φ20H8 表示基本尺寸为 20mm，公差等级为 8 级的基准孔。φ20f7 表示尺寸为 20mm，公差等级为 7 级，基本偏差为 f 的轴。根据基本尺寸的公差代号，查有关资料可求得孔或轴的上、下偏差

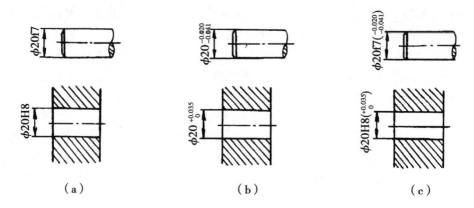

（a） （b） （c）

图 16 - 3 　公差在零件图中的标注

值。②在基本尺寸后面只标上、下偏差值，如图 16 - 3（b）所示。孔的尺寸为 $\phi 20_{0}^{+0.035}$ mm，轴的尺寸为 $\phi 20_{-0.041}^{-0.020}$ mm。③在基本尺寸后面既标公差带代号，又标上、下偏差值，如图 16 - 3c 所示，偏差值用括号括住。

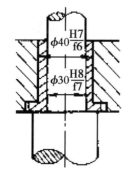

图 16 - 4 　配合的标注

（2）装配图中配合的标注方法　对配合有要求的尺寸，在基本尺寸之后应标注配合代号，分子为孔的公差带代号，分母为轴的公差带代号，如图 16 - 4 所示。

在图 16 - 4 中，$\phi 30\dfrac{H8}{f7}$ 表示：基本尺寸为 $\phi 30$ mm 的基孔制间隙配合；孔的公差带代号为 H8，是基准孔；轴的公差带号为 f7。

二、形位公差的基本知识

1. 基本概念

（1）形状误差　指实际形状对其理想形状的变动量。

（2）位置误差　指实际位置对其理想位置的变动全量。

（3）理想形状　指图样上所给出的几何形状。

（4）实际形状　指零件在加工之后，实际具有的形状。

（5）理想位置　指图样上所给出零件的两个或两个以上的几何要素（点、线、面）之间的相对几何位置。

（6）实际位置　指零件加工后，零件上各几何要素实际所处的位置。

（7）基准体系　由三个相互垂直的基准平面所组成的体系，叫基准体系。这个体系的各平面是确定和测量零件上各要素几何关系的起点。

2. 形位公差的分类及符号

形状公差有 6 个项目，位置公差有 8 个项目，其名称和符号见表 16 - 1。

表 16 – 1　形位公差项目符号

分类	项目	符号	分类		项目	符号
形状公差	直线度	——	位置公差	定向	平行度	//
	平面度	▱			垂直度	⊥
	圆度	○			倾斜度	∠
	圆柱度	/◯/		定位	同轴度	◎
					对称度	═
	线轮廓度	⌒			位置度	⊕
	面轮廓度	⌓		跳动	圆跳度	↗
					全跳度	⌰

3. 形位公差的标注方法

形位公差在图样中采用代号标注,无代号时,允许在技术要求中用文字写明。

(1) 形位公差代号　由形位公差框格和指引线、形位公差项目的符号、形位公差和有关符号、基准代号字母和有关符号组成,如图 16 – 5 所示。

框格用细实线画出,在图中应按水平或垂直位置放置。第一格填写形位公差项目的符号,第二格填写公差数值和有关符号,第三格及以后各格填写基准代号的字母和有关符号。

指引线的一端与框格的一端相连,指引线另一端用箭头指向被测要素公差带的宽度方向。当被测要素为表面或线段时,应明显地与尺寸线错开,如图 16 – 6 (a) 所示。当被测要素是轴线或中心平面时,箭头应与被测要素的尺寸线对齐,如图 16 – 6 (b) 所示。

(2) 基准符号和基准代号　位置公差总是相对于一定的基准要素而提出要求的。基准要素用基准符号或基准代号来表示。图 16 – 7a 表示的基准符号,是一短粗的短划线。基准代号由基准符号、圆圈、连线、字母组成。如图 16 – 7b 所示。

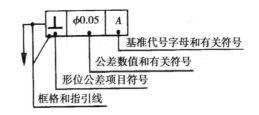

图 16 – 5　形位公差代号

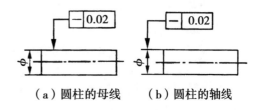

(a) 圆柱的母线　　(b) 圆柱的轴线

图 16 – 6　被测要素

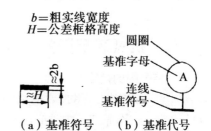

(a) 基准符号　　(b) 基准代号

图 16 – 7　基准符号和基准代号

三、表面粗糙度的基本知识

1. 表面粗糙度的定义

表面粗糙度是指机械零件加工表面微观几何形状误差。

2. 表面粗糙度对机械零件使用性能的影响

（1）对零件耐磨性的影响　加工后的零件表面高度不平，当两个表面接触时，凸起的顶峰接触，单位面积压力增大，磨损加快，影响零件使用寿命。

（2）对零件抗疲劳强度的影响　零件表面愈粗糙，表面凹痕产生应力集中现象就愈严重，特别是零件受交变载荷作用时，因应力集中而易产生疲劳断裂。

（3）对配合性质的影响　由于配合表面高低不平，对有相对运动的间隙配合来说，相配合零件的表面磨损加大，配合间隙随之增大，配合零件的运动平稳性变差；对过盈配合零件来说，装配时，表面不平处的顶峰容易挤平，过盈量减少，连接强度因之降低，破坏原有的配合性质。

（4）对抗腐蚀性的影响　零件表面凹谷处，易积聚腐蚀性物质且易深入金属内部，造成表面腐蚀。

3. 表面粗糙度符号及意义

新国标规定了表面粗糙度在图样上的表示方法。基本符号用两条不等长的并与标注的表面成 60° 的倾斜线组成，符号上方标注轮廓算术平均偏差 Ra 的极限值（μm）。表面粗糙度应用举例见表 16 – 2。

表 16 – 2　Ra 值的标注

代　号	意　义
3.2	用任何方法获得的表面，Ra 的最大允许值为 3.2μm
2.8	用去除材料方法获得的表面，Ra 的最大允许值为 2.8μm
2.8	用不去除材料方法获得的表面，Ra 的最大允许值为 2.8μm
2.8 1.4	用去除材料方法获得的表面，Ra 的最大允许值为 2.8μm，最小允许值为 1.4μm

四、机械装配图的识读方法

1. 装配图的内容

（1）一组视图　用必要的视图和各种表达方法，正确、完整、清晰地将机器或部件的构造、工作原理、零件间的装配关系，以及零件的主要结构形状表达清楚。

（2）必要的尺寸　用尺寸注明机器或部件的规格（性能）、零件间的装配关系、装配体的总体大小及安装要求等。

（3）技术要求　用文字和符号注明装配体在装配、检验、调试和使用时应遵从的技术条件和要求。

（4）标题栏和明细表　标题栏表明装配体的名称、绘图比例、质量和图号。明细表注明组成装配体的零件名称、序号、数量、材料及标准件的规格、代号等。

2. 识读装配图的方法

通过看装配图可了解装配体的名称、用途、结构形状、工作原理，了解各零件的相互位置和装配关系及主要零件的形状、作用、使用方法等，下面以图16－8说明识读装配图的方法和步骤。

（1）概括了解，弄清表达方法　首先看标题栏、明细表、产品说明书等有关资料；其次观察各个视图，从而对装配体有一个基本的感性认识。

由图16－8标题栏可知：该装配图是活塞连杆总成；作用是承受发动机工作时气缸内产生的高温气体的压力，推动活塞向下运动。通过连杆将活塞的直线运动转变为曲轴的旋转运动。由明细表可知，它由14种零件组成，还知道每种零件的名称、数量、材料等。

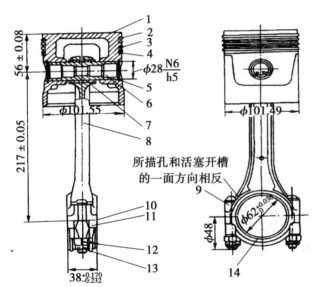

技术要求
按说明书No.120-3902122进行装配

14	连杆轴瓦	12	巴氏合金	
13	开口销2×20	12	15	GB91-26
12	连杆螺母	12	35	
11	连杆器	6	40	
10	调整垫片		08	数量视需要
9	连杆螺栓	12	40Cr	调质M12
8	连　杆	6	40	
7	连杆衬套	6	QSn-4-2.5	
6	活塞销	6	15Cr	渗碳
5	锁　环	12	65Ma	
4	油　环	6	合金铸铁	
3	中活塞环	12	合金铸铁	
2	上活塞环	6	合金铸铁	
1	活　塞	6	铝合金	
序号	名　称	数量	材　料	备　注

活塞连杆总成		比例 1:3	120-1004010-B	
		件数 6		
设计		重量	共1张	第1张
制图		（厂　　名）		
审核				

图16－8　活塞连杆装配图

（2）分析视图　了解装配图中各视图、剖视、剖面的相互关系及表达意图。图16－8共采用了两个基本视图。主视图采用局部剖视，主要表达连杆身的形状和连杆大端的形状。

（3）分析各零件间的连接方式及工作原理　由图16－8可知：活塞环装在活塞环槽内；活塞通过活塞销与连杆小头相连；活塞销端面以锁环固定；轴瓦装在连杆大头内；连杆盖与连杆用螺栓连接。

（4）分析装配图中必要的尺寸

①图16－8中，活塞裙部呈椭圆状，其短轴直径为 $\phi101.49\text{mm}$，长轴为 $\phi101.55\text{mm}$，是活塞的主要规格尺寸。

②$\phi 28 \dfrac{N6}{h5}$ 是活塞销与活塞的配合尺寸。

③连杆的大小头两孔中心距为（217±0.05）mm，是保证连杆准确地安装在活塞和曲轴之间的主要尺寸。（56±0.08）mm 表示活塞顶部平面至销孔中心的距离，是保证气缸压缩比的关键尺寸。此外，$38_{-0.232}^{+0.170}$mm、$\phi 62_0^{0.030}$mm 等尺寸也很重要。

④总体尺寸，$\phi 101.55$mm 是总长尺寸，$\phi 101.49$mm 是总宽尺寸，56 + 217 + 48 = 317（mm）是总高尺寸。

（5）分析装配体的技术要求　图 16 – 8 中，装配技术要求按右上角标注的 No. 120 – 3902122 进行。其内容摘要如下：

①安装在某台发动机上的各活塞，应在同一质量组内。

②活塞销与连杆小头孔应选配，其松紧度为：当活塞销处于垂直方向，靠活塞销本身质量，能平滑地在连杆小头孔内缓慢下降。

③装配连杆及连杆盖时，它们上面的凸块记号应朝向同一方向。

④活塞、连杆、活塞销成套装配时，应将活塞预热到 75℃，活塞销涂上润滑油后，以手指力量将活塞销推入活塞销孔中。

⑤连杆与连杆盖装配时，应使打在活塞顶上的箭头朝向连杆和盖上的凸块记号那一面。

⑥连杆大小头孔的中心线平行度的偏差在长度 100mm 时，不得大于 0.03mm。

五、液压系统零部件维护与修理要求

1. 密封圈与轴套

装配液压缸密封圈时应该所有密封圈都应更换新品，密封圈应涂以干净机油，应注意防止密封圈扭曲和损伤。装配液压齿轮泵的轴套时，应使导向钢丝的弹力能同时将两个轴套按被动轴旋转方向偏转一个角度。装配液压齿轮泵时，卸压片应装在前轴套吸油腔一边。装配液压齿轮泵的轴套时，应注意润滑油槽的旋向，对于左旋泵，主动齿轮的后轴套应为左旋螺纹，主动齿轮的前轴套应为右旋螺纹。

2. 安全阀

其作用是限制液压系统内的最高工作压力，以确保液压系统的安全运行。安全阀的开启压力是设计者确定的。安全阀的开启压力过高或过低都影响液压系统的正常工作。安全阀的开启压力需要在液压试验台上先进行检查，并通过调节其上的调节螺钉进行调整，使用中不允许随意进行调整。

3. 液压缸活塞杆

液压缸活塞杆表面磨损或划伤时，一般采用电镀方法修复，然后再磨削到标准尺寸。液压缸活塞杆的常见缺陷是磨损、划伤和弯曲。当活塞杆弯曲不甚严重时，可进行冷矫直，其直线度要求一般是每 100mm 长不得大于 0.05mm。

4. 缸筒和活塞

液压缸筒和活塞工作表面磨损后，当其配合间隙不大于 0.18mm 时，只需要更换活塞的密封胶圈即可；当配合间隙超过 0.20mm 需对缸筒内表面进行研磨修理，配置加大尺寸的活塞。研磨后的缸筒表面粗糙度一般应为 R_a 0.1～0.2m，缸筒的圆度和圆柱度误差一般不得大于 0.05mm。

操作技能

一、保养反冲式启动器

PF48 型反冲式启动器结构如图 15 – 2 所示。

（一）拆卸反冲式启动器

1. 从发动机机体外拆卸反冲启动器组合固定螺栓，取下反冲启动器组合。

2. 拉动拉绳，检查反冲式启动器拉绳是否卡住，复位弹簧是否脱钩、断裂或弹力不足，反冲卷轴是否脱焊等，找出故障部位。

3. 拆卸反冲启动器组合。

（1）拆卸卡簧，取下盖板。

（2）取下棘爪和弹簧。

（3）将拉绳卷轮从罩壳中取出，取出时注意不要让启动器螺旋弹簧自由弹出，防止伤人。

（4）将启动器螺旋弹簧理顺。

（5）调整或更换故障零件。

（二）组装反冲式启动器

1. 把拉绳从卷轮的拉绳固定孔中穿出，拉绳的一头打结固定在拉绳固定孔中，另一头并从卷轮缺口处拉出，注意拉绳不需要盘进拉绳卷轮，再将拉绳从启动器壳体的拉绳孔中穿出。

2. 将螺旋弹簧卷起，放至拉绳卷轮中心槽盘内，注意螺旋弹簧方向，按照标记正确安装，确保螺旋弹簧的外侧挂钩挂在拉绳卷轮的切口部。

3. 将拉线卷轮安装进启动器壳体，安装时注意将要将螺旋弹簧头部卡入启动器壳体中部轴体的缺口内。

4. 将拉绳卷轮旋转，使螺旋弹簧上劲，此时要注意将拉绳始终对准卷轮缺口一同旋转，不要盘入盘体内。

5. 当螺旋弹簧旋转到规定圈数后，缓慢松开卷轮，让卷轮在螺旋弹簧的带动下慢慢复位，此时让拉绳从缺口处同步盘入卷轮。

6. 在卷轮上正确安装棘爪和弹簧。

7. 安装盖板、卡簧，完成反冲式启动器安装。

8. 拉动拉绳，检查棘爪能否正常弹出。

SPW48 型插秧机的反冲式启动器拆装步骤基本同上，区别：①组装时先将螺旋弹簧卷起放至拉绳卷轮槽盘内，螺旋弹簧的外侧挂钩挂在拉绳卷轮的切口部；②后把起动拉绳在拉绳卷轮上沿顺时针方向绕 4 圈；③再将拉绳卷轮置于启动器壳体中，向左旋转拉绳卷轮；④最后将螺旋弹簧的内侧挂钩挂在启动器壳体的卡爪突起上，用手按住拉绳卷轮，轻轻拉动启动拉绳，拉出后能自动回位，才能确认安装正确。

二、更换活塞环

活塞环磨损主要原因是润滑不良、进气不干净，出现的故障现象有发动机噪音变大、发动机冒蓝烟、发动机机油消耗过快、发动机功率下降。更换步骤如下：

1. 将发动机熄火，拆卸发动机的活塞和活塞环。

2. 检查活塞环的端间隙、边间隙和漏光度。不符合要求应更换新气环和油环。

3. 将活塞环装进活塞。

4. 气环一环开口应与活塞销中心线相交45°，对于三道气环各开口相间120°；对于二道气环，各开口相间180°。

5. 油环开口应与所有气环开口错开，并且应避开各缸进气门、销座孔、侧压力以及喷油嘴的方向。

注意：应该用合适的工具取下和安装活塞环，严禁用手直接安装，并注意用力均匀，防止活塞环的损坏，活塞环装入活塞时，应涂抹润滑油。

第二节　　插秧机修理

相关知识

一、零件损坏的主要形式

1. 零件的尺寸因磨损发生变化。如零件的直径、长度和高度的改变。

2. 零件的几何形状发生变化。如零件的圆度、圆柱度、弯曲度、扭曲度、平面度等发生了变化。

3. 零件表面的相互位置发生变化。如零件表面间的同轴度、垂直度、平行度发生了变化。

4. 零件之间的配合状态发生变化。如零件之间的配合间隙、紧度的改变，偏磨、啮合状况恶化等。

5. 零件表面状态改变。如表面粗糙度变粗，产生裂纹，镀层、漆层剥落，表面腐蚀，表面刮伤和留下刮痕等。

6. 零件表层材料与基体金属的结合强度发生改变。表现在零件的电镀层、喷镀层、堆焊层与基件金属的结合状态发生了改变。

7. 零件材质发生变化。如零件本身的硬度、韧性、弹簧弹力、导电性能的变化和橡胶老化等。

8. 零件破碎、折断或烧损等损坏。

二、零件损坏的主要鉴定方法

鉴定是指对被鉴定的对象，通过各种检查、测量和试验，鉴别其技术状态，从而确定合理的修理技术措施。零件损坏鉴定有以下基本方法。

1. 感官鉴定法

不用量具和仪器，而用眼、耳、手等感觉器官对零件的技术状态做出判断，此法要求鉴定人员有一定的经验积累。如：用目测鉴定零件有无裂纹、折断、弯曲、扭曲、腐蚀、疲劳蚀损等；用小锤轻轻敲击，凭声音的变化，判定零件连接是否紧密，零件是否有裂缝等；用手晃动配合件，初步鉴定其配合间隙的大小等。感官鉴定只是初步鉴定，对一些重要零件，在感官鉴定后，还应用仪器、量具进一步验证。

2. 量具测定鉴定法

采用各种量具检查零件的配合尺寸、间隙、表面形状和位置偏差等，这种检验能对零件状态得出定量的结论。常用的量具有直尺、直角尺、钢卷尺、卡钳、厚薄规、游标卡尺、百分尺、百分表等。

3. 样板鉴定法

按图纸要求制作出精度较高的标准样板。鉴定时只需将被鉴定的零件与样板比较即可。这种方法简单、实用、高效。

4. 专用设备、仪器鉴定法

针对一些重要零部件的表面或浅层的微裂纹、孔洞等缺陷必须用专用的设备、仪器进行检查鉴定。这些缺陷有时较隐蔽，常规方法不易察觉。如发动机曲轴、连杆等大修时必须用磁力探伤仪进行磁力探伤检查；用水压试验器检查密封容器的密封性能；用弹簧试验仪检查弹簧的弹力；用动平衡试验台检查高速转动零部件的动平衡状态；用高压油泵试验台校验高压油泵的技术状态等。当然这种检查方法准确和可靠。

三、零件鉴定后的结果处理

机器零件鉴定后的处理结果分成可继续使用、需要修理和报废 3 类。正确划分既可保证修理质量，又可降低修理成本，意义重大。

1. 对可以继续使用的零件

可从 2 个方面考虑：一是不超过许可磨损值（主要零部件都有相应参照标准）；二是没有其他不允许的缺陷。对于那些已超过许可磨损而又没有达到磨损极限（是指零件由于磨损或缺陷已经达到不可能或不应当再继续使用的极限指标值）的零件，确定其是否可继续使用的依据，主要是考虑它是否能再使用一个周期，否则还是应当送修。

2. 确定需要修理的零件

主要考虑的是零件的磨损已达到磨损极限（主要零部件都规定有相应磨损极限值可参照）；有时零部件并没有达到磨损极限，但存在有其他不允许缺陷也应当送修。假如没有适宜的修复方法，或修复成本太高，就不应当确定为需送修零件而应报废更换新品。

3. 列入报废范畴的零部件

如果零件的磨损或损坏已达到了不可修复的程度，或者虽然该零件还可以修复，但因修复工艺过于复杂、修复成本高，且该配件供应又充足，这类零件宜作报废处理。

操作技能

一、检查与调试喷油器

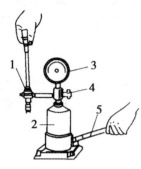

图 16 - 9 喷油器试验器
1 - 喷油器；2 - 油泵；
3 - 压力表；4 - 三通开关；
5 - 手柄

1. 检查喷油器密封性能

将喷油器的进油管接头与试验器的出油管接头相连，如图 16 - 9 所示。打开三通阀，排除油路中的空气。一面缓慢均匀地压动手柄泵油，一面拧入喷油器调整螺钉，直至使其在22.5 ~ 24.5MPa 的压力下喷油为止。观察压力表指针从 19.5MPa 下降到 17.8MPa 所经历的时间，如果在 9 ~ 20s 为合格。

2. 检查调整喷油压力

将喷油器装在试验器上（与密封性能检查相同），缓慢压动手柄，当喷油器开始喷油时，压力表所指示的压力即为喷油压力。若不符合规定值，应拧动调整螺钉，使其达到规定的喷油压力。调整好喷油压力后将调整螺钉锁紧。

3. 检查喷雾质量

在规定的喷油压力下，以每分钟 60 ~ 70 次的速度压动手柄，使喷油器喷油，其喷雾质量应符合如下要求：

（1）喷出的燃油应成雾状，没有明显可见的油滴和油流以及浓淡不均现象。

（2）喷油开始和停止时，不应有滴油现象，喷油干脆并伴有清脆、连续的响声。

（3）喷油器喷出的燃油雾锥不应偏斜，其锥角应符合规定。

二、更换曲轴

1. 清理待拆卸部位，防止灰尘进入缸体。

2. 拆卸曲轴上个连接部件。

3. 使用相应工具拆卸缸体螺母。

4. 取下侧面缸体。

5. 取出配气凸轮。

6. 使用专用工具拆卸活塞连杆。

7. 取出待更换曲轴。

8. 安装新曲轴，并修配轴承。注意安装时应涂抹润滑油。

9. 安装配气凸轮，注意齿轮与曲轴齿轮上的标记对齐。注意安装时应涂抹润滑油。

10. 安装新的缸垫。

11. 安装侧面缸体，注意将限速装置的齿轮与配气凸轮齿轮对位。

12. 旋紧缸体螺母，这里须注意的是按照对角的顺序依次旋紧缸体螺母，旋紧时须使用扭矩扳手，保证每个缸体螺母都上紧到规定扭力。

三、滚动轴承的鉴定与更换

1. 滚动轴承的鉴定

滚动轴承鉴定有外观检查、轴向间隙检查和径向间隙检查 3 项内容：

（1）外观检查　观察滚动体、滚道有无表面剥落，轴承转动是否灵活，保持架有无变形和破裂。如滚动体或滚道表面剥落严重，应予以更换。

（2）轴向间隙检查　固定轴承外环，可用百分表测量内环的轴向窜动量，该窜动量即为轴向间隙。对农机常用圆柱滚子轴承，允许不修值一般为 0.3mm，极限值为 0.6mm。

（3）径向间隙检查　将轴承装在固定的轴上，用百分表测量外环相对内环的径向活动量，该活动量即为径向间隙。农机常用圆柱碰子轴承，允许不修值一般为 0.2mm，极限值为 0.4mm。

轴承的轴向间隙和径向间隙测出后，对照该型号轴承的技术要求，综合评定轴承是否需要更换。

2. 滚动轴承的拆卸

拆卸轴承的工具多用拉出器。在没有专用工具的情况下，可用锤子通过紫铜棒（或软铁）敲打轴承的内外圈，取下轴承。

（1）单列向心球轴承的拆卸　用拉出器拆卸单列向心球轴承（图 16－10）时，把拉出器丝杠的顶端顶在轴头的中心孔上，爪钩通过半圆开口盘（或辅助零件）钩住紧配合（吃力大）的轴承内（或外）圈，转动丝杠，即可把轴承拆下。

（2）双列向心球面球球轴承的拆卸　拆卸带紧定套的双列向心球面球轴承（11 000 型）时，先将止退垫圈的锁片起平，用钩形板子把圆螺母松开 2～3 圈，

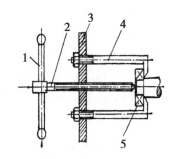

图 16－10　轴承的拆卸
1－手柄；2－螺杆；3－压板；
4－拉钩子；5－轴承

再用铁管（或紫铜棒）顶住圆螺母，用锤子敲击，使锥形的紧定套与轴颈松开，然后拆下轴承座固定螺栓，把轴承座和轴承一起从轴上取下。

3. 滚动轴承的安装

安装单列向心球轴承时，先把轴颈和轴承座清洗干净，各连接面涂一层润滑油，然后用压力机把轴承压入轴上（或轴承座内），也可以垫一段管子或紫铜棒用锤子把轴承逐渐打入。

注意：轴承往轴上安装或拆下时，应加力于轴承的内圈，如图 16－11 所示；轴承往轴承座上安装或拆下时，应加力于轴承的外圈，如图 16－12 所示。

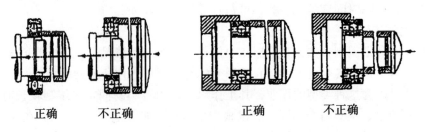

正确　　　不正确　　　　　　　正确　　　不正确

图 16－11　轴承往轴上安装　　　**图 16－12　轴承往轴上安装**

第十七章 管理与培训

第一节 技术管理

相关知识

一、信息的含义

信息是指为某种目的而带来的有用的、能为人们所认识的消息、情况等。插秧机跨区作业信息是跨区作业决策和计划的基础。信息搜集要注意准确性、时效性、系统性。插秧机跨区作业信息收集的准确性就是指信息来源和内容可靠。信息收集的系统性是指对信息进行长期、连续的跟踪，并搜集与之有密切关系的相关因素的信息。信息收集的系统性既要求对信息进行长期、连续跟踪，并进行不断补充、完善和修正，又要求信息搜集全面、完整。

二、作业计划的制定方法

作业计划编制的质量高低，直接关系到客户的满意程度和机主绩效的高低。作业计划编制需要详尽的资料，主要有总体计划、前期生产作业计划完成情况、设备状况和维修计划、生产能力和劳动力的负荷、配件和能源等的供应、成本和费用核算资料以及技术组织措施安排等。

作业计划的内容、形式和编制方法，取决于生产类型、生产组织形式、和施工作业对象的特点。插秧机作业计划一般有以下几种方法。

1. 定期计划法

这种作业计划编制方法，主要适用于作业任务不稳定的机组。这种类型的机组，由于作业任务经常变动，每隔一定时间（月、旬或周）就需规定一次工程内容的工序作业进度。所隔时间长短，取决于作业稳定程度、复杂程度和施工内容各个环节的衔接配合程度。施工内容复杂、影响生产因素多，间隔时间宜短些，一般可每旬分配一次任务；反之，则间隔时间宜稍长一些，可每月分配一次任务。

2. 临时派工法

这种作业计划编制方法，是根据作业任务、作业准备情况及各工作地负荷情况，随时把作业任务下达给各个机手的。它适用于施工或服务工作任务杂而乱，而且极不稳定的零星作业。因为这种类型的作业，其工作对象、内容不易固定，编制较长时间（月、旬）的计划进度，很难符合实际，故以根据实际情况临时派工为宜。但在采用这种方法时，应尽量使设备空闲时间最少，各工序之间衔接最紧，所需全部作业时间最短。

3. 滚动计划法

它是在每次制定计划时，根据计划执行情况和存在的问题，将原计划期循序向前期推进一段时间的灵活、有弹性的计划编制方法。运用滚动计划法编制短期计划时，虽然可以实行近细远粗的原则，但预测计划的指标和措施都应该比较具体，修订计划时调整的幅度，一般情况下也不宜过大，确定执行计划和预测计划的数据都应该比较充分，各个计划期之间，更应该注意衔接和平衡。

三、作业成本的核算方法

1. 作业成本的构成

插秧机作业成本是以机组为对象计算完成单位作业量应负担的各项费用的总和。插秧机作业成本综合反映机组作业的经济效果，是跨区作业经济效益分析的重要经济指标。

插秧机作业成本是以机组为对象计算的完成单位作业量应负担的各项费用的总和，它综合反映机组作业的经济效果，是插秧机作业经济效益分析的重要经济指标。

插秧机组在一定时期内，在作业过程中所发生的全部耗费称为机组作业费用。作业费用 F_{ty} 可表示为 7 项费用之和。

$$F_{ty} = F_n + F_w + F_x + F_l + F_b + F_{zh} + F_{gl}（元）$$

式中：F_n——油料消耗费。作业过程中消耗的油料（包括柴油、润滑油等）费用之和；

F_w——维修费。日常维修发生的工时费和更换零件与低值易损件的费用之和；

F_x——大修提存费。为保证机器大修资金和平衡作业成本而按机器原值的一定比例分摊的费用；

F_l——机器折旧费。进行作业的插秧机在使用年限内因有形和无形损耗减少的价值转入成本后形成的费用；

F_b——劳动报酬。机组作业人员劳动报酬；

F_{zh}——资金占用费。作业过程中因占用资金（包括自有固定和流动资金及贷款）而形成的费用；

F_{gl}——管理费。管理和组织生产所发生的费用分摊形成的费用，包括非生产人员的劳动报酬、办公费，属于共同使用的间接性固定资产提取的折旧费、修膳费、低值易耗品消耗费、差旅费、技术培训费、技改费、养路费、运输管理费、保险费、年检费、工商管理费等。通常按插秧机发动机功率分摊管理费。

单位作业量成本 C_{ty} 可表示为：

$$C_{ty} = \frac{F_{tr}}{U_{zul}}$$

式中：U_{zul}——计算期作业量或计算周期作业时间。

驾驶员在核算作业成本时，要根据实际情况正确核算，如：折旧年限切不可生搬硬套，欠条要防范风险，自备修理也要计算其中等，这样得出的成本才符合实际情况。

2. 降低成本的途径

影响作业成本的因素很多，归纳起来有外部因素和内部因素两个方面。外部因素有收费价格、零配件及油料的供应及价格水平等。但是，在外部因素难以控制的情况下，降低作业成本主要从内部增加作业量和尽量减少成本支出寻找途径。

（1）控制能源消耗　要提高机手操作水平，保持机具良好的技术状态，道路上以经济速度行驶，作业中合理使用油门，降低能源消耗费。

（2）控制劳动消耗　要重视机手的技术培训，提高劳动生产率，合理安排劳动力，充分发挥各个人员的劳动积极性。

（3）控制修理费　机手平时要加强机具的保养，作业时严格按操作规程办事，从而减少机具故障率，提高作业效果。

（4）控制生活支出　机组人员要对生活开支有一个整体计划，在外出作业时要安排一个简单、易行、实用的生活计划，要坚持厉行节约，反对铺张浪费。

3. 劳动定额的制定方法

制定劳动定额应使其符合水平先进合理的标准。所谓水平先进合理，就是在正常的条件下，大多数人经过一定努力可以达到，部分人员可以超过，少数人能够接近的定额水平。只有保持劳动定额水平先进合理，才能充分调动劳动者的积极性。制定劳动定额的主要方法有经验估计法、统计分析法和技术测定法。

4. 机组定员的构成

（1）技术人员　指从事技术工作并具有驾驶操作及维修技术能力的人员。

（2）管理人员　指从事行政、生产等管理工作的人员。

（3）服务人员　指服务于职工生活或间接服务于生产的人员。

5. 编制定员的方法

一般以下几种定员方法：按劳动效率定员；按设备定员；按岗位定员；按比例定员；按组织结构、业务范围和职责分工进行定员。

操作技能

一、制定插秧机作业计划

具体要求：

（1）提出作业计划的起止时间、作业地点、完成的作业量及总投入费用。

（2）提出投入的设备及人员数量。

（3）提出设备保养及维护的时间。

（4）提出设备所需的油料、配件及人员生活必需品的数量。

二、核算插秧机单台作业成本

（1）计算出单台插秧机作业期间的燃料消耗费、维修费、大修提存费、机器折旧费、劳动报酬、资金占用费、管理费等各项费用。

（2）按照计算公式计算出单台机器作业成本。

第二节　培训与指导

相关知识

一、教案编写知识

教案是指导课堂教学的方案，编好教案是上好课的先决条件，也是每位任课老师必须认真完成的工作之一。编写教案可分为三个阶段：

1. 准备阶段

（1）学习本学科教学大纲　了解掌握本学科和总目的要求和每单元的具体要求，还要了解本学科在理论教学、实习教学等方面的要求。对教学中要求学员掌握的基础知识、基本技能、基础理论，做到心中有数。

（2）钻研教材　认真阅读教材，掌握其知识理论的系统和内在的联系，清晰了解每章节的知识点、技能点等，把握其中的重点、难点和关键点。

（3）了解学员　学员是教学对象又是教学主体，编写教案之前必须了解学员已有知识、技能基础、思想状况、动机需要、智能水平和学习兴趣习惯，以便在教学中注意这些问题。

2. 教案编写阶段

（1）教案编写的要求　①教学目的要明确。②教学重点要准确。③教学难点处理要适宜。④教学方法手段要合理。⑤教学内容要简洁明了，通俗易懂，循序渐进。⑥板书提纲挈领，一目了然。⑦教材分析要准确，简明扼要，易记。⑧教学过程要组织严密紧凑、气氛活跃。

（2）教案编写的内容　完整的课时教案主要包括以下内容：①基本情况。教学班级、学科内容、授课时间、课题。②核心内容。教学目的要求、教学重点、教学难点、教学方法手段、课的类型。③教学步骤及教学时间安排。组织教学、导入定向、新授课、巩固练习、反馈教学效果、布置作业。

教案毕竟是一个设计方案，在讲授过程中，可以根据当时听讲人的实际情况作一些适当调整。现场讲授时要求声音洪亮，条理清晰，语言通俗易懂，比喻恰当。讲授完毕后，答疑要突出主题、简明扼要、通俗易懂，不是简单地重复所讲过的内容。

3. 教案评估阶段

定期对每次教案的编写和执行进行回顾评价以不断改进提高。

二、对插秧机操作工培训教学要求

1. 对初级插秧机操作工

通过教学，使培训者了解从业人员的职业道德知识和相关法律法规知识，培养良好的职业道德，遵纪守法；熟悉机械常识；掌握插秧机发动机、传动系统、行走系统、液压仿形及插深控制系统、插植系统、操作系统等的一般构造；掌握插秧机驾驶操作的作业技能以及维护保养的一般知识；掌握插秧机调整方法及排除简单故障的方法。

2. 中、高级插秧机操作工

通过教学，使培训者了解从业人员的职业道德知识和相关法律法规知识，使培训者能够遵纪守法，具有良好的职业道德；熟悉机械常识；熟悉插秧机发动机、行走系统、插植系统、液压系统和电器系统等基本构造、工作原理。掌握插秧机驾驶操作作业技能以及学会插秧机的维护保养技术和常用调整方法；会分析排除插秧机常见故障。

三、培训教学计划制定

1. 根据行业职业标准等级要求，确定培训目标。

2. 确定培训对象的基本要求。

3. 根据行业职业标准等级理论要求，确定开设的课程，并提出各课程教学的具体要求。

4. 根据行业职业标准等级技能要求，确定开设的技能训练项目，并提出训练项目的具体要求。

5. 按照行业职业标准等级培训课时要求，科学分配各课程理论教学的学时和技能训练项目学时。

6. 依据培训目标、理论教学和技能训练要求，确定成绩考核方法。

四、编写教案

根据培训教学计划和教案编写要求编写教案。

五、常用的培训方法

培训方法主要有课堂讲授法、比较法、循环法、工具法、案例法、范例演示法、实践练习法、调查法、角色扮演法和启发式培训法等。

六、培训指导教师应具备的品质

教师应具备的品质：①扎实的知识基础。②丰富的实际工作经验。③良好的心理素质。④良好的专业形象。⑤专业的授课技巧。⑥对工作认真负责的态度。⑦钻研新技术、不断探索求新的精神。

操作技能

一、设计编写教案表

根据教案的编写要求，设计教案表，见表17-1。

表 17 - 1　教案格式表

授课日期		时间分配	复习提问（min）：
所需学时			内容讲授（min）：
累计学时			课堂小结（min）：
课　　题：			
教 学 目 的：			
教 学 重 点：			
教 学 难 点：			
教学方法及教改手段：			
教 学 用 具：			
教 学 内 容：			
教材分析及教学过程：			

二、化油器怠速调整培训教案

1. 编写化油器怠速调整培训教案

编写化油器怠速调整培训教案时，可参考表 17 - 2。

表 17 - 2　化油器怠速调整培训教案表

授课日期	1.8	时间分配	复习提问（min）：3
所需学时	0.5		内容讲授（min）：24
累计学时	5		课堂小结（min）：3
课　　题：化油器怠速调整			
教 学 目 的：掌握化油器怠速调整的要点与方法			
教 学 重 点：化油器的结构、调整要点			
教 学 难 点：化油器怠速调整			
教学方法及教改手段：结合实物、挂图进行讲解			
教 学 用 具：化油器实物、挂图			
教 学 内 容：化油器的结构，怠速调整部位，调整方法			
教材分析及教学过程：			

2. 教学过程

（1）导言　上节课，我们学习了插秧机燃料供给系统的组成，今天主要讲汽油机化油器的怠速调整。

（2）复习提问　插秧机燃料供给系统的组成。

（3）教学内容　化油器的组成和作用：化油器的主要由浮子室、浮子、针阀、喷油管、量孔、喉管、混合室、节气门、油门等组成。其作用是将汽油雾化与空气混合形成可燃混合气，并根据发动机的工作需要，提供浓度适宜的可燃混合气体送入各个汽缸，保证发动机在各种工况下都能最有效地工作。

化油器怠速调整方法：怠速调整主要是通过空气调整螺钉和节气门螺钉来实现的。空气调整螺钉在化油器靠进气口或排气口处，节气门螺钉在油门线旋转臂处。一般采取"一高一低"的方法调整怠速。所谓"一高"，就是在调整空气调整螺钉时，要尽力使发动机的转速升高（其目的是使怠速供油系统的油气比例为最佳）；而"一低"，就是在调整节气门螺钉时要尽力使发动机的转速降低（其目的是使节气门的开度减小，从而减少供油系统的供油量）。

调整步骤：①准备。当油门转把完全放松后应有一定自由间隙，空气滤清器应装好，并确认其他部件性能完好，油品符合标准。然后，启动发动机使其预热，将阻风门完全打开。②预调。一是将空气调整螺钉拧到底，再反转 1.25 圈；二是调整节气门螺钉，以保证当油门转把完全放松后，发动机能以一定转速运转。③调低。调整节气门螺钉，使发动机转速尽可能的降低。④调高。调整空气调整螺钉，使发动机转速尽可能的升高。⑤重复③、④的步骤。如此反复几次耐心地调整，直到得到满意的怠速。

（4）课堂小结　总结化油器怠速调整方法步骤，布置课后作业。